CHRISTIAN DAVENPORT
Translated by Atsushi Kurowa
Shinchosha

クリスチャン・ダベンポート
黒輪篤嗣 訳

宇宙の覇者 ベゾスvsマスク

ELON MUSK, JEFF BEZOS,
AND THE QUEST TO COLONIZE THE COSMOS

THE SPACE BARONS

2014年、スペースＸ本社でのイベントで、有人飛行用に設計された新しいドラゴンを公開するイーロン・マスク。
Courtesy of NASA/Dimitri Gerondidakis.

2016年、カリフォルニア州モハーヴェでのイベントで新しいスペースシップツー（通称ユニティ）を披露するリチャード・ブランソン。
Copyright © 2016, Ricky Carioti/Washington Post.

2004年、スペースシップワンの弾道飛行後、同機の前に立つブライアン・ビニー、ポール・アレン、バート・ルータン（左から）。この飛行によりＸプライズを受賞。
Copyright © Mojave Aerospace Ventures LLC; courtesy of Scaled Composites.

2017年、コロラド・スプリングスで開かれた宇宙シンポジウムで、乗員カプセルとニューシェパードの新しいブースターを披露するジェフ・ベゾス。*Courtesy of Christian Davenport.*

2016年、モハーヴェ上空で
滑空試験飛行を行なう
ヴァージン・ギャラクティック
のスペースシップツー。
Courtesy of Virgin Galactic.

2016年、スペースＸの
ファルコン9がケープカナヴェ
ラル空軍基地でエンジン試験前
の燃料注入中に爆発。
Mike Wager/US Launch Report.

2014年、スペースシップツーの
墜落事故後、現場となった
モハーヴェ砂漠で、国家運輸
安全委員会のクリストファー・
ハート委員長と同委員会の
調査官と話をするヴァージン・
ギャラクティックのパイロット、
トッド・エリクソン。
Courtesy of the NTSB.

2016年、商業衛星を軌道に
投入後、大西洋上の船に
着地するファルコン9。
Courtesy of SpaceX.

2016年、大西洋上の船に着地後、
カナヴェラル港に到着した
ファルコン9のブースター。
Courtesy of SpaceX.

2016年4月2日、西テキサスにあるブルーオリジンの施設から発射されるニューシェパード。*Courtesy of Blue Origin.*

2014年、国際宇宙ステーションへの物資輸送ミッション完了後、切り離されるスペースＸの宇宙船ドラゴン。
Courtesy of NASA.

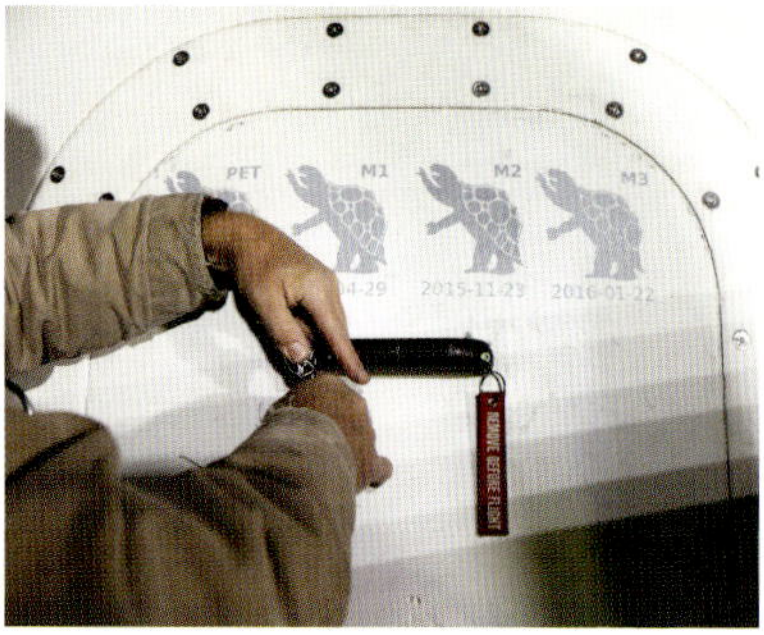

ブルーオリジンのブースターには、打ち上げのたび、自社のマスコットである亀が描き入れられる。
Courtesy of Blue Origin.

2017年、モハーヴェ空港の格納庫から出されたポール・アレンのストラトローンチ。世界最大の飛行機。ロケット３基を空中発射できる。*Copyright © Stratolaunch Corporation.*

火星に近づくスペースＸのBFRロケット。アーティストによる想像図。
Courtesy of SpaceX.

ヘザーへ

E BARONS

宇宙の覇者　ベゾスvsマスク　目次　CONTENTS

THE SPAC

CHRISTIAN DAVENPORT

―第３部　できないはずはない―

※訳注は〔　〕で示した。また原書の［　］はそのまま［　］とした。

宇宙の覇者　ベゾスvsマスク

考えるとは、結局のところ、見えているものをよく見ることで、
気づいていなかったことに気づき、
それによって目には見えないものを見ることなんだ。

――ノーマン・マクリーン『リバー・ランズ・スルー・イット』

序章──「着陸」

海抜2万5000フィート〔約7・6キロ〕の上空についにロケットの姿が現れた。ふつう、ロケットが爆弾のように空から落ちてきたら、慌てふためくことだろう。だがシアトル郊外にあるブルーオリジン本社の従業員用ラウンジに集まったおよそ400人はちがった。地上に迫ってくるブースターを目にすると、期待に胸を躍らせた。

「エンジン始動まで推定10秒」管制官の声が響きわたる。

ラウンジを埋め尽くした従業員たちは、ほぼ全員エンジニアだ。ロケットの自由落下を映し出した大型スクリーンにじっと目を凝らしながら、手で口を覆う者もいれば、座ったまま身を乗り出して、手を固く握りしめる者もいる。話し声はしない。誰もが息を詰めて、成り行きを見守っている。

「エンジン点火」と、管制官が告げた。「推力発生」

そのとたん、部屋じゅうから歓声が沸き起こった。2015年の感謝祭〔11月の第4木曜日〕の3日前に当たるこの日、西テキサスにあるブルーオリジンの試験場からロケットが打ち上げられたのは、つい3分前のことだった。ロケットは超音速で上昇を続け、やがて宇宙空間との境界線とされる海抜高度100キロメートルを越えた。しかしロケットが下降している今、エンジンの推力は逆の働きをしていた。ロケットが墜落しないよう、落下のスピードを抑えているのだ。

ロケットの高度が下がり続ける。

2000フィート〔約600メートル〕。

1000フィート。

500フィート。

ロケットが地表付近に達すると、エンジンから放たれる炎で土煙が舞い上がった。ラウンジにいる従業員たちがいっせいに椅子から立ち上がった。ロケットは制御されており、着陸する熱気球のようにゆっくりと降りてくる。

「高度150フィート〔約45メートル〕」管制官が告げる。

「高度70フィート」

「高度50フィート。速度安定」

エンジンからもう1回、最後の噴射があって、煙幕の向こうに鮮やかな橙色の光がきらめく。そして、エンジンが止まった。

「着陸完了」

部屋はたちまち興奮のるつぼと化した。互いに抱き合ったり、ハイタッチし合ったりして、狂喜乱舞する従業員たち。着陸台の中央にはロケットブースターが巨大なトロフィーのように見事に立っていた。

ジェフ・ベゾスは自社の所有する西テキサスのロケット発射場の管制室から、打ち上げの一部始終を見守っていた。のちに「あれは人生で最高の瞬間だった。目が潤んでしまった」と語った。

28日後、また別のロケットが空から落ちてきた。このブースターは前のよりもはるかに大きく、はるかに速いスピードで宇宙を飛んできていた。その速度は宇宙空間との境界線を越えるだけでなく、ペイロード〔搭載物〕を軌道高度に投入できるほどのものだった。この着陸を成功させるのはさらに至難の業であり、失敗の可能性は桁ちがいに高い。

フロリダ州ケープカナヴェラルの夜空に向けてロケットが打ち上げられてから約10分後、とつぜん、ロケットエンジンから出る炎が遠くにある街灯のようにぱっと夜空に現れた。炎はそのまま信号灯のように明滅しながら雲のあいだを降りてきた。

２０１５年のクリスマス前のこの日、ロサンゼルス郊外にあるスペースXの本社ではテレビ画面の前に従業員たちが集まっていた。従業員たちはロケットを目にしたとたん、ブルーオリジンのライバルたちと同じように沸き立った。

イーロン・マスクは屋外に出てロケットの帰還を見守った。それから管制室に駆け戻って、ロケットが着陸台に堂々と立つ姿をモニター画面で確かめた。ベゾスと同じように、人生で最高の日と感じたはずだ。「歴史的な瞬間」とマスクはこの成功を評し、「火星都市を実現できる自信がいっきに深まった」と述べた。


宇宙時代の幕開けから約50年間、宇宙空間まで達したロケットが地上に垂直に着陸したことは一度もなかった。それが今、ひと月足らずで2回、行なわれた。

これまでの宇宙飛行ではおもに打ち上げが盛大に祝われてきた。しかし着陸というと、人々の記憶に残っているのは、地上への着陸ではなく、ニール・アームストロングとバズ・オルドリンによる月面着陸か、さもなければ火星探査機キュリオシティ号によるいわゆる「恐怖の7分間」の火星への着陸だった。ロケットのブースターが焼け焦げながらも地上にしっかり立つ姿は、新時代の到来を予感させた。ついにアポロ11号のあの感動が再現される日が来る、近い将来に実現すると多くの人が信じていながらいっこうに実現しなかった次の大飛躍がついに実現するのだと、期待させた。

さらに特筆すべきは、この着陸――NASA（米航空宇宙局）にもできなかった偉業――が国ではなく、民間企業2社によって成し遂げられたことだ。2社とも、再利用可能なロケットの開発に執念を燃やす大富豪の支援のもと、宇宙飛行の費用を劇的に下げる可能性を秘めた新技術の開発に取り組んできた。

ロケットの1段目はこれまで何十年も、ペイロードに宇宙まで達する推進力を与えたあとは、海に没したままにされていた。マスクとベゾスにはこれがとんでもない無駄遣いに思えた。まるでニューヨークからロサンゼルスへのフライトのたびに、飛行機を捨てるようなものだ、と。そのふたりが今、ロケットは上に向かって飛ぶだけでなく、下に向かって戻り、目標地点に正確に着陸できることを証明してみせた。数十年来薄れていた有人宇宙飛行への人々の関心が、これによってふたたび呼び覚まされた。

着陸の成功に沸いたのは、ブルーオリジンとスペースXばかりではない。ネット上にアップされた着陸の動画は、増え続けるファンたちによって何百万回も再生された。1960年代のブームを彷彿させる盛り上がりだ。かつてフロリダ州のココアビーチの岬が宇宙ファンで埋め尽くされたように、ユーチューブやソーシャルニュースサイトのレディットに宇宙ファンのアクセスが殺到した。新しい宇宙時代の幕開けに興奮する若者たちのようすは、かつてジョン・グレンを乗せたロケットが地球周回軌道へ向けて打ち上げられたときの親の世代の熱狂ぶりと同じだ。グレンのロケットが大空を突き抜けて宇宙へ達した瞬間には、いつもはけっして感情をあらわにしない冷静なニュースキャスター、ウォルター・クロンカイトですら、生放送中、「すごいぞ、ベイビー！」と叫んだほどだった。

米国の宇宙事業の復活をここまで牽引したのは、ふたりの億万長者、マスクとベゾスだ。ふたりは手法でも性格でも、好対照をなしている。平気でむちゃなことに挑むマスクは、がむしゃらに前に進もうとし、成功によっても失敗によってもたえず世の注目を集めた。いっぽうのベゾスは物静かな秘密主義者で、謎めいたロケット開発を極秘裏に進めた。

ただし、参入者はこのふたりだけではない。リチャード・ブランソンも宇宙旅行の提供を約束している。宇宙から地球を眺め、数分間の無重力体験を楽しめる旅行だという。マイクロソフトの共同創業者ポール・アレンは、民間初の有人宇宙飛行を成功させた宇宙船に出資し、さらに、史上最大の飛行機の開発にも取り組み始めている。ハワード・ヒューズの飛行機スプルース・グースよりも大きいその飛行機は、上空1万メートルからロケットを「空中発射」できるという。さらに「ブラックアイス」と名づけられた新型のスペースシャトルもひそかに開発しているらしい〔ポール・アレン氏は日本でも広く報じられたとおり、本書の原書刊行の約半年後、2018年10月15日、逝去された。氏の宇宙にかけた夢は、この飛行機の開発を含め、氏の設立した宇宙輸送企業ストラトローンチ・システムズ社に引き継がれている〕。

これらの「宇宙の覇者」はいずれも世界的な大企業――アマゾン、マイクロソフト、ヴァージン、テスラ、ペイパル――を築いて、それぞれ小売り、クレジットカード、航空の各業界に破壊的な変革をもたらした者たちだ。今、それらの破壊者たちが莫大な私財を投じて、宇宙旅行を大衆の手に届くものにするとともに、これまで国主導で行なわれてきた有人宇宙飛行の限界を打ち破ろうとしている。

新たな地平を切り拓こうとするドラマチックな奮闘の物語は、まるで映画のようだ。リスクと胸躍る冒険の数々があり、テストパイロットが犠牲になった墜落事故があり、ロケットの爆発があり、破壊工作の嫌疑がある。弱小ベンチャー企業が強大な「軍産複合体」を相手取って起こした訴訟があり、ホワイトハウスまで巻き込んだ政治闘争があり、人類を月や火星に運ぶという壮大な構想があり、そしてもちろん、新たな「宇宙探査の黄金時代」（ベゾス）の先触れをなす歴史的な着陸の成功がある。

この物語を活気あるものにしているのは、新しい宇宙開発を引っ張るマスクとベゾスのあいだに芽生えた競争心だ。ふたりの対抗意識は訴訟やツイッターの発言、それぞれのロケットの着陸の意義や推力をめぐる論争、さらには発射台の争奪戦となって表れる。猛烈に突っ走る〝兎〟イーロン・マスクと、秘密主義でゆっくり歩む〝亀〟ジェフ・ベゾス。先行するのはマスクだ。ただしレースは始まったばかりで、ベゾスに慌てるようすはない。一歩一歩、着実に前進を続けている。

ションに到達する。
2013年３月　ベゾスが大西洋の海底からF-1エンジンを回収する。
2013年９月　スペースXとブルーオリジンのあいだで、第39A発射台の利用をめぐって緊張が高まる。ベゾスがNASAに認可される軌道飛行用ロケットをつくるより、「フレームダクトで踊るユニコーン」を見る公算のほうが高いと、マスクが述べる。
2014年４月　スペースXが国防総省の打ち上げ契約をめぐり、米国空軍に対して訴訟を起こす。
2014年９月　スペースXとボーイングがNASAから宇宙飛行士を国際宇宙ステーションへ輸送するミッションを請け負う。契約額はスペースXが最大で26億ドル、ボーイングが最大で42億ドル。
2014年10月　ヴァージン・ギャラクティックのスペースシップツーがモハーヴェ砂漠に墜落する。
2015年４月　ブルーオリジンがニューシェパードを打ち上げ、初めてロケットを宇宙空間付近まで飛ばすことに成功する。
2015年６月　ファルコン９が宇宙ステーションへ物資を運ぶために打ち上げられたが、途中で爆発する。
2015年９月　ブルーオリジンがケープカナヴェラル空軍基地の第36発射台から新しい軌道飛行用ロケットを打ち上げると、ベゾスが発表する。
2015年11月　ニューシェパードが着陸に初めて成功する。
2015年12月　ファルコン９が着陸に初めて成功する。
2016年２月　リチャード・ブランソンが新しいスペースシップツーを公開する。
2016年９月　ファルコン９が発射台で燃料注入中に爆発する。
2016年９月　マスクが国際宇宙会議で登壇し、火星への移住計画を発表する。
2016年10月　ブルーオリジンのニューシェパードに使われた最初のブースターが、発射と着陸を５回繰り返したのち引退する。
2017年１月　ブルーオリジンが月面に物資を運ぶ事業計画をNASAに売り込む。
2017年２月　マスクが民間人ふたりの月周回旅行を有料で実施する計画を発表する。
2017年９月　マスクが月面基地の建設計画を発表する。

タイムライン

2000年9月　ジェフ・ベゾスがブルーオリジンの前身ブルーオペレーションズLLCを設立する。
2002年3月　イーロン・マスクがスペース・エクスプロレーション・テクノロジーズを法人化する。
2003年12月　スペースシップワンの最初の動力飛行が実施される。
2003年12月　マスクがワシントンDCでファルコン1を披露する。
2004年9月　リチャード・ブランソンがスペースシップワンの技術ライセンスを取得し、2007年までに世界初の商業宇宙飛行を実現すると宣言する。
2004年10月　スペースシップワンがXプライズを獲得する。
2005年3月　ブルーオリジンの最初の飛行試験機カロンが試験飛行を行ない、高度96メートルに達する。
2006年3月　スペースXがファルコン1の1回目の打ち上げを行ない、失敗に終わる。
2006年8月　NASAが商業軌道輸送サービス事業で、スペースXと2億7800万ドルの契約を交わす。
2006年11月　ブルーオリジンの試験ロケット、ゴダードが打ち上げられ、高度87メートルまで達する。
2008年9月　スペースXのファルコン1が初めて地球周回軌道に達する。
2008年12月　NASAが国際宇宙ステーションに物資を運ぶ事業で、スペースXと16億ドルの契約を交わす。
2010年1月　オバマ大統領がNASAの予算案を発表し、ブッシュ政権時代に始まったコンステレーション計画の中止を表明する。
2010年4月　オバマ大統領がケネディ宇宙センターで演説するとともに、第40発射台を訪れ、マスクと会う。
2010年6月　ファルコン9の1回目の打ち上げが成功する。
2011年7月　NASAのスペースシャトルが最後の飛行を終える。これにより米国には宇宙飛行士を宇宙へ送る手段がなくなる。
2011年8月　ブルーオリジンの試験ロケットPM2が西テキサスに墜落する。
2011年12月　ポール・アレンがロケットの「空中発射」に使える世界最大の航空機ストラトローンチの開発計画を発表する。
2012年5月　スペースXの宇宙船ドラゴンが民間機で初めて、国際宇宙ステー

―第1部　できるはずがない―

PART I "IMPOSSIBLE"

第1章 ――「ばかな死に方」

2003年3月6日。

ジェフ・ベゾスはこんな死に方をするのはまっぴら御免だと思った――。

ベゾスは深紅のヘリコプターの助手席に座っていた。同乗者はカウボーイに、弁護士、それに「チーター（ペテン師）」のあだ名で呼ばれるパイロットという奇妙な組み合わせだった。パイロットは以前、銃口を突きつけられて、ニューメキシコ州の刑務所のグラウンドに降り、受刑者3人の脱獄を手伝わされたことで広く知られていた。時刻は午前10時を少し回ったばかりだった。照りつけがきびしくて、朝の涼しさはもうどこにもなく、気温はいっきに高まっていた。穏やかだった風が強まる中、4人を乗せて最大積載量に達していたヘリコプターが、カシドラル山近くの谷から離陸した。しかし標高の高い西テキサスの温まった薄い空気の中で、思うように揚力を得られなかった。

ヘリコプターは上昇できないまま、地表付近を飛び回り始めた。機体はどんどん加速したが、いっこうに谷から出られなかった。

「くそっ！」チーターががなった。

後部座席では、未開拓地の案内役として雇われたカウボーイ、タイ・ホランドがじっとにらんでいた地形図から顔を上げた。ベゾスはホランドの前の助手席で固まっていた。ホランドの横、パイロットの後ろの席には、ベゾスの弁護士エリザベス・コレルがいた。チーターは必死の形相で操縦桿をはげしく操って、ベゾスの回想によれば「木と木のあいだを縫うように飛んだ」。

これはまさにホランドが心配していた事態だった。この季節には風が強まる。乾燥しきった砂漠に風が吹き荒れて、タンブルウィードを転がし、土煙を巻き上げる。とりわけ砂漠から１５００メートルほど高いところにあるこのあたり、遠くから眺めると巨象のように見える丘へと続くなだらかな斜面は、強風に見舞われやすかった。とはいえ、最大の問題は風ではなかった。窮地に陥ったのは、搭乗者たちの重さと、標高の高さと、温まった薄い空気という悪条件が重なった結果だった。

わずか数分前、谷に降りた際、ホランドは次の目的地に向かって急いで出発するべきだと訴えていた。しかしベゾスはあたりをぶらついて、土地をもっと見てみたがった。そこからは約１３０キロ先のメキシコ国境まで続く景色が見渡せた。何もない荒野が果てしなく広がる光景は、多忙な毎日を送るベゾスのような人間には安らぎを与えたにちがいない。山腹の斜面がなだらかに砂漠につながり、荒涼とした褐色の大地がどこまでも続いている。豊かな緑に囲まれたベゾスの地元シアトルとは大ちがいだった。ベゾスはこの日の朝、南テキサスにある祖父の牧場で夏を過ごした子どもの頃の思い出を語っていた。その口ぶりには、このごつごつとした不毛の荒野を気に入っていることがはっきりと感じられた。

ホランドはベゾスについて、大金持ちであることと、本を売る商売で儲けたことぐらいしか知らなかった。インターネットにアマゾンというサイトがあると聞かされても、何のことだかさっぱりわからなかった。ただ、このカシドラル山の麓《ふもと》でベゾスが静かなひとときを過ごすあいだに、風が強まっていることと、ヒマラヤ杉が風に吹かれて不吉な音を立てていることはわかった。

「早くここを出発したほうがいい。風が出てきた」とホランドはいった。「風が吹いたら、ここではヘリなんて飛ばせないぞ」

案の定、ヘリコプターはトラブルに見舞われた。操縦桿を握るチーターは、まるでロデオの暴れ馬を乗りこなそうとしているかのように懸命に機体を制御しようとした。しかしどうすることもできなかった。もはやしっかりと摑まって、衝撃に備えるぐらいしかできないと、覚悟を決めた。機体ははげしい勢いで地面に落ちると、盛り上がった土に着陸用のスキッド（そり）がぶつかって、ひっくり返った。地面に打ちつけられた回転翼は粉々に砕け、いつ機内に突き刺さってもおかしくなかった。

機外の景色が上下逆さまになり、ヘリコプターはそのまま小川に突っ込んだ。奇しくも小川の名は「カラミティー（惨事）」だった。機内では、搭乗者たちが墜落の衝撃でピンボールのようにあちこちに体をぶつけ、最後には横倒しになったヘリコプターの中でがくんと横向きに傾いた。

浅い小川に浸かったヘリコプターの機内には、すぐに小川の水が流れ込んできた。ホランドは気づくと、いつの間にか口の中に入っていた水を飲み込んでいた。恐ろしい墜落事故に遭いながらも生き延びたのだから、小川なんかで溺れ死にたくなかった。夢中でシートベルトを引っ張って外そうとした。しかし墜落の混乱と極度の興奮状態のせいで、外すのに手間取った。ついさっき命を救ってくれたシートベルトに今や胸と腹をきつく押さえつけられ、脱出を阻まれていた。

ベゾスはコレルの無事を確かめようとして後部座席をのぞき込んで、その姿がないことに気づいた。

「エリザベスはどこだ？」とっさに大声で叫んだ。

誰からも反応はなかった。と、そのとき、ホランドの下の水面から手が出ているのが見えた。横転した機内でコレルの上になったホランドが、自分では知らずにコレルを水中に閉じ込める格好になっていたのだ。ふたりは慌てて彼女のシートベルトを外して、頭を水面から出してやった。コレルは水から出ると、めいっぱい息を吸い込んだ。腰に強い痛みがあった。それでも死ぬことは免れた。奇跡的にも、全員が助かった。

4人はひとりずつヘリコプターから這い出て、岸辺に集まり、体の具合を確かめた。ベゾスとチーターはダッシュボードに頭をぶつけたときに切り傷やあざを負った程度だった。コレルは腰椎を骨折していた。ホランドは腕と肩に鋭い痛みを感じた。墜落のときか、シートベルトを外そうと格闘したときに筋肉を断裂したようだった。

大破したヘリコプターを目にすると、助かった自分たちの幸運が身にしみて感じられた。尾翼は墜落で取れてしまっていた。本体は小川の中に横倒しになり、機体上部の主回転翼も残っていなかった。水面にはそこらじゅうに燃料が漏れ出していた。コレルはあやうく川の水で溺れかかったが、ヘリコプターの炎上を避けられたのは川の水のおかげだった。周囲を見ると、木々は大ばさみで切り刻まれたようにずたずたで、地面もめちゃくちゃになっていた。ベゾスがわずか数分前に味わっていた景色の静謐さはそこにはもはやなかった。

「あの光景はおぞましかった。わたしたちはほんとうに幸運だった」とベゾスはのちに語っている。

「全員が無事だったことが信じられない」

ホランドは最初から、ヘリコプターを使うことに乗り気ではなかった。自分がヘリコプターに乗った経験が一度もなかったからだけではない。あるいは、天気が荒れやすい辺鄙《へんぴ》な場所を飛ぶことになるからだけでもなかった。未開拓地の地所を見たいのなら、馬で行くのが最善の方法だと思ったからだ。馬はホランドにとってはよく慣れた移動手段でもあった。「わざわざヘリなんかで飛ぶより、馬に乗っていったほうが、土地のようすがよっぽどよくわかる」というのが、ホランドの考えだった。

ところがベゾスと弁護士は「ひどく急いでいた」とホランドはいう。馬で行くとなると、数日かかる。ベゾスたちには数時間しかなかった。

ホランドがこの遠出に同行したのは、不動産屋を営む友人に頼まれたからだった。友人は牧場を購入しようとしているベゾスのため、土地を案内してくれないかと、持ちかけてきた。このあたりの土地のことを誰よりもよく知るホランドは、喜んで力になろうと引き受けた。39歳だというベゾスの土地の購入目的については、おおかた週末にくつろぐための場所を探しているのだろうと思った。牛を何頭か飼って、カウボーイのまねごとでもしたいのだろう。もしかしたら、南テキサスの祖父の牧場で夏を過ごした子どもの頃の思い出に浸りたくなったのかもしれない、と。

ホランドはコンピュータを持っていなかった。当然、インターネットとも無縁だった。「なんにも知らなかった。彼のことも、アマゾンのことも、インターネットだとか、なんだとかいうことも」という。

当時は、ベゾスがウォール街の仕事を辞めて、インターネットで書籍の販売を始めてから10年ほど経ち、アマゾンの飛躍が始まった頃だった。２００２年1月、初めて四半期単位で利益が出て、５００万ドルの黒字となった。成長は続き、扱う商品は本から音楽ソフト、玩具、服、キッチン用品、家電製品へと次々と拡大した。それにつれて顧客たちはあらゆるものをインターネットで買うことに慣れていった。２０００年、アマゾンはその年に刊行されたハリー・ポッターの新作を40万部売り、さらに3年後、次作『ハリー・ポッターと不死鳥の騎士団』では、１４０万部を売った。

インターネットバブルの崩壊で多くの企業が倒産に追い込まれる中、アマゾンは躍進を続けていた。２００3年初頭、ヘリコプター事故の数カ月前、アマゾンがふたたび黒字を計上したとき、あるアナリストはワシントン・ポスト紙に次のように語っている。「世界は最悪の暴落を経験しました。ですが、今、新しい巨大企業が誕生しようとしています」

アマゾンは「急速に大きくなれ」という戦略のもと、インターネットの便利さとサイトの売りである商品の安さで顧客を魅了した。手っ取り早く大儲けできるという喧伝にたいていのインターネットベンチャー企業が踊らされている時代だったが、じっくり構えて、着実に歩を進めた。識者からは絶対にうまくいかないと批判されながらも、低価格を維持し、無料配送をやめなかった。

1990年代末、ビジネスウィーク誌には「死に体のアマゾン」と蔑まれ、バロンズ紙には不格好な姿のベゾスの写真つきで「はったりのアマゾン」という記事を書かれた。ベゾスは聴衆の前で、「母がきらいな写真なんです」といって、その写真を紹介したことがある。

しかし2003年初めにはすべての主要部門で売り上げの2桁増を成し遂げ、自社の方針に対するベゾスの自信は揺るぎないものになった。「順調に進んでいます」とベゾスは述べた。「正しい投資を行なっています。それは株主と顧客の長期的な利益につながるものです」

iPhoneが登場する4年前だったが、ベゾスにはインターネットの時代はまだ始まったばかりだという確信があった。ヘリコプターの墜落事故の数週間前、ベゾスはTEDで講演し、インターネットを初期の家電産業にたとえた。2003年におけるインターネットは、まだコンセントが発明されておらず、電気器具を照明用のソケットに接続する必要があった1908年の家電産業と同じだというのが、ベゾスの見立てだった。

「もし今のインターネットがまだまだ始まったばかりのものだと本気で信じるなら、夢がどこまでも大きく膨らむでしょう。わたしは本気で、自分がそういう時代にいるのだと思っています」とベゾスは力強く語った。

アマゾンの成功でベゾス自身の富もいっきに増えた。2003年、アマゾンの株価が3倍に高まったことで、ベゾスの純資産は30億ドル増え、51億ドルに達したとフォーチュン誌で報じられた。米国の長者番付でもニューヨークのメディア王マイケル・ブルームバーグや、製造業と投資の大会社を持つコーク兄弟を抜いて、32位に躍り出た。
要するに2003年3月は、不動産の購入にはちょうどいい時期だった。それはほんとうに好きなことに打ち込む自由をいくらか自分に許すことでもあった。ただし、そのことを人に話すことはめったになかった。

ベゾスはこんなテキサスの奥地の、ガラガラヘビとミュールジカとオオツノヒツジがそこらじゅうにいるほかは何もない場所で土地を買う理由については、いっさい話さなかった。ふだん牛を相手に暮らすホランドも、余計なおしゃべりをしない温厚な人物だったので、あえて尋ねなかった。ホランドにはベゾスは「別世界」の人間、共感できない相手のように感じられた。

ヘリコプターを使うことに不安を感じたホランドは、パイロットがチャールズ・ベラであることも気にかかった。ベラはカイゼルひげを生やした喧嘩っ早い粗野な男で、地元エルパソでは有名人だった。「チーター」というあだ名は、自動車のレーサー時代、レースに敗れて腹を立てたほかのレーサーたちから「いんちきをした」と非難されたことからついたものだ。ベラ本人は2009年にある雑誌で「あれは褒め言葉だったんだ」と語っている。ハリウッドでも雇われたことがあり、『ランボー3』や『チャック・ノリスの『テキサスSWAT』など、何本かの映画でヘリコプターのパイロットを務めた。パイロットの仕事に加え、自宅では熊や、狼や、ピューマや、アリゲーターなどの猛獣をはじめ、いろいろな動物も飼っていて、地元の猟区管理者からときどき動物のことで協力を求められることもある。エルパソ・タイムズ紙にはあるとき、「チーターは動物の扱いを心得ている。けがをしたピューマの檻に平気で入っていって、それを子猫みたいにおとなしくさせてしまう」という猟区管理者の言葉が紹介された。

とはいえチーターを何より有名にしたのは、脱獄事件だ。１９８８年、チーターは自家用ヘリコプター「ガゼル」――ちなみに『ランボー３』の撮影で使ったのもこのヘリコプターだった――で刑務所内に乗り込んで３人の囚人を脱獄させ、２時間逃げたあげく、逮捕され、共犯の罪に問われた。それでものちにＯ・Ｊ・シンプソンの弁護団に加わることになる名うての刑事弁護士Ｆ・リー・ベイリーが弁護人となって、巧みな弁論を展開し、無罪を勝ち取った。

本人の供述によれば、事件の朝、チーターは不動産の物件を見たいという、今回のベゾスと同じことをいってきた女の依頼で、ヘリコプターを飛ばした。真っ赤なパンツに、花柄模様のシャツを着ている女だった。女はその朝、ルームメイトの銃を持ち出してきていた。「ケイティーへ。銃を借りるわね。きょうのわたしはあなたより銃が必要だから」という書き置きを残して。

ヘリコプターが離陸すると、女はすぐ３５７マグナム拳銃を取り出して、チーターの頭に突きつけ、自分の恋人とその友人ふたりを脱獄させるために刑務所へ行けと命じた。恋人は殺人罪で終身プラス60年の拘禁刑を科され、収監されていた。

女はかなりの巨体で、チーターによれば、体重はゆうに１００キロを超えていた。「これはやばいなと思ったよ。このあまっこがその男に惚れられてるとまじで信じてんなら、もうどうやったって止められないぞってね。だって、ほかに男を見つけることなんて、一生できそうにない女なんだから」と、チーターは数年後、テキサス・マンスリー誌に語った。

チーターは銃を奪い取ろうとしたが、数日前に喧嘩で手を痛めていたせいで、女から銃を取り上げられなかったという。ヘリコプターは刑務所内の野球場に降りて、３人の囚人が待っている一塁付近に着陸した。３人はすかさずヘリコプターに乗り込んだ。ただしひとりは機内に入れなくて、スキッドにしがみつくことになった。監視塔では看守が発砲を始めていた。チーターは頭の中が真っ白だった。

「あまっこの恋人って野郎が銃でおれの顔をひっぱたいて、さっさとヘリを出さねえと頭を吹っ飛ばすぞって脅しやがった」とチーターは述べている。「だが、エンジンはすでにめいっぱいになってたんだ。温度計は完全に振り切れてた。いつ爆発してもおかしくなかった。すると、そいつともうひとりの男が、スキッドにいた奴を突き落とした。それからひとりがいったん機外へ飛び降りて、ヘリの横を走って、ヘリが離陸できたところでまた機内に戻ってきた」

ヘリコプターはかろうじてフェンスを乗り越え、刑務所から飛び立つことができた。しかしすぐにもっと大きな問題が発生した。FBIの追跡隊が出動したのだ。FBIのヘリコプター「ブラックホーク」に2時間近く追われて、やがて、逃げ切れないことがはっきりし、チーターは結局、アルバカーキ空港にヘリコプターを着陸させた。

そして今また、自分のヘリコプターが大破して、水没するという大きな災難に見舞われていた。今回は、荒野の真っ只中で、世界有数の大金持ちといっしょに墜落した結果だった。

ベゾスたち4人はずぶ濡れになり、携帯電話もつながらない文明から遠く隔たった場所で、なすすべもなく立ち尽くしていた。しかし考えてみれば、もっと悪い結果になっていてもおかしくはなかった。命は助かったのだ。カラミティー川の岸辺にたたずんでいると、ささやかながらほっとする気持ちが湧いた。ベゾスはホランドのほうを向いて、ほほえんだ。

「あなたのいったことが正しかったようだ。未開拓地の旅には、やはり馬でなくてはだめなようだ」

あやうく死にかけた男はそういい、異様に大きな声で笑った。その笑い声は谷に響きわたった。

「歯をむき出して大笑いしていたよ」とホランドはいう。「よっぽどおかしかったんだろ。わたしにはどこがおかしいのか、まるでわからなかったがね」

チーターは救助隊に信号が届くことを期待して、ヘリコプターのトランスポンダーの電源を入れた。いっぽうホランドは何キロも先にある民家に助けを求めるため、徒歩で出発した。

しかし４人はさほど長く待たずにすんだ。まもなく国境警備隊のヘリコプターが上空に現れ、その後、ブリュースター郡の保安官たちが未開拓地の救助隊とともにやって来てくれた。

保安官のロニー・ドッドソンはまず現場のようすを眺め渡した。小川に赤い鉄くずと化したヘリコプターがでんと横たわっていた。地面のあちこちにヘリコプターの翼でえぐられた跡があった。次に奇妙な４人組に目を向けた。職業柄、悪名高いチーター・ベラのことはよく知っていた。地元の牧場主であるホランドのこともすぐにわかった。だが、独特の風貌をした小柄な男はこのあたりの人間ではなさそうだった。やけに親しげだったが、ドッドソンにはそれが誰なのかまったく見当がつかなかった。

ようやくいくらか見当がついたのは、救急隊がピックアップトラックで到着したときだった。救急隊員のひとりがタイム誌の１９９９年の「今年の人」に選ばれた人物がいるのに気づいて、目を丸くした。

「あの人をご存じないんですか」と救急隊員はまったく驚いていない保安官にいった。「アマゾンの創業者ですよ」

アマゾン？　確かに、その名は聞いたことがある。ただ、サイトを利用したことはなかった。「あまりアマゾンとは縁がなかったものでね」とドッドソンは数年後に語っている。「アマゾンは本を売るだけだと思っていて、わたしはまったく本を読まない。そうなると、わざわざ見ないだろ？」

救急隊はベゾスとコレルを病院へ搬送した。そこでベゾスは切り傷の手当てをしてもらい、コレルは骨折した腰椎の治療を受けた。ホランドはシートベルトを無理に外そうとして負傷した腕の痛みが取れていなかった。「わたしは痛みとともに長い人生を送ってきた。だから、それがいくらかまずい痛みだとわかった」とホランドはいう。医師から専門医の受診を勧められたが、もうその日は休みたかった。

「シャツを着て、外へ出たら、まっすぐ酒場へ向かったよ」

墜落の噂が広まると、アマゾンは事故をできるだけ軽微なものに見せようとし、「ベゾスは元気です。弊社の業務は通常どおり行なわれています」と述べる以外、コメントを拒んだ。数年後、ベゾスは事故が実際にはかなり深刻だったことを認めたが、死にかけたことは相変わらず軽く笑い飛ばしていた。

「よくいうでしょう、走馬灯のように人生のさまざまな思い出がぱっとよみがえるって」と、2004年、ファスト・カンパニー誌のインタビューでベゾスは語った。「このときの事故はけっこうゆっくりとしていました。だから数秒は考える時間があったんです」

ベゾスはそこでトレードマークの大笑いをしてから続けた。「正直いえば、その数秒間、わたしの頭の中では特に思い出がありありとよみがえるなんてことはありませんでした。何より思ったのは、『こんなばかな死に方があるか』ということでした。

人生が変わるなんていう体験ではありませんでした。得たものがあれば、それはいたって現実的な教訓だったと思います。いちばんよくわかったのは、ほかに手段があるなら、ヘリコプターは使うなということです。翼が固定した飛行機ほどは、信用できませんから」

この事故からほどなく、ロナルド・スタスニーの電話が鳴り始めた。電話をかけてきた弁護士は、礼儀正しく、けっして丁寧な言葉遣いを崩さなかったが、同時に恐ろしいほど粘り強く、同じことを求めてきた。1カ月以上、エリザベス・コレルは謎めいたクライアントの代理で電話をかけているとだけいい、クライアントの名前は絶対に明かさなかった。いっぽうのスタスニーも頑なに同じ返事をし続けた。「悪いが、あの牧場を売るつもりはない」と。

牧場のキッチンの窓から見えるテキサス州の最高峰グアダループ山の眺めは最高だった。加えて、牧場の周囲には西テキサス、シエラディアブロ、ベイラー、アパッチ、デラウェアの美しい山々が番兵のように聳え立っていた。3万2000エーカーの広大な土地は、鶉《うずら》や、鳩や、ピューマの生息地だった。立派な枝角を持つ大型の鹿が蛋白質に富んだ草を食べる姿もあちこちで見られた。スタスニーの孫たちは、このテキサスの平原にある金銀の鉱山の坑道跡や先住民の遺跡で探検ごっこをすることで、何ものにも代えがたい思い出をつくっていた。

スタスニーにはそんな土地を手放すつもりはなかった。ましてや素性のわからないシアトルの弁護士を通して、名も明かさない人物に売るなんて考えられなかった。自身もサンアントニオで弁護士をしているスタスニーにとって、ここは都会の喧噪を離れて心身を休める憩いの地だった。引退後はここで妻とふたりでのんびりと暮らす計画も立てていた。

煉瓦づくりの古い家は1920年代まで遡る。土地の歴史をひもとけば、テキサス州で最も由緒ある牧場のひとつであるフィギュア・ツー・ランチとつながりも見出せた。フィギュア・ツー・ランチは1881年、テキサスの警備隊テキサス・レンジャーズとアパッチ族の最後の決戦の舞台になった場所だ。この土地の過去の所有者には、テキサスに牛の放牧を広めたひとり、ジェイムズ・モンロー・ドアティーや、路上で銀貨をばらまいて回り、「銀貨のジム」と呼ばれた石油王の御曹司、ジェイムズ・マリオン・ウェスト・ジュニアがいる。

スタスニーはかなりのお金を注ぎ込んで、この土地や建物の手入れをしていた。母屋には冷暖房設備もつけ加えた。雹《ひょう》の嵐で屋根にくぼみができたときには、屋根を取り替えようとしたが、屋根職人に「この屋根はもう今ではどこでもつくられていない、たいへん貴重なものだ」といわれ、取り替えを思いとどまるよう説得された。灌漑のシステムを整えたり、荒れ野に道を開いて、馬以外でも未開拓地に行けるようにしたりもした。猟師たちには、敷地内に入ることに加えて、納屋の後ろの小屋を鹿狩りの拠点に使うことまで許して、感謝された。

それでもシアトルの弁護士、コレルはあきらめなかった。コレルの匿名のクライアントはこの土地に執心していた。やがてスタスニーにも知らされたように、買い取りの話を持ちかけられた地主はスタスニーだけではなかった。コレルは近隣の土地の所有者たちにも同じ話をしていた。それらの土地をすべて買い取るだけの財力を持った人物が背後にいるということだった。弁護士がかけてくる電話の頻度から判断するなら、その人物は本気で買いたがっているようだった。近隣の地主はひとりまたひとりと土地を売った。

ついには、スタスニーも売ることにした。クリスマス休暇に家族と話し合ったうえで、2004年の初め、売却に応じた。提示された買い取り額は申し分なかった。退職後に暮らすための牧場を買ってもお釣りが来る額だった。売却の目的は明かしていない――守秘義務契約を交わしていた――が、売却額は750万ドルと報じられた。

謎の購入者は次々と牧場を買い占めていった。正体を隠すため、購入は風変わりな名の企業名で進められた。ジョリエット・ホールディングス&カボット・エンタープライゼス、ジェイムズ・クック&ウィリアム・クラーク・リミテッド・パートナーシップス、コロナド・ヴェンチャーズという名だ。これらはそれぞれ米国西部、ニュージーランド、グレートバリアリーフ、メキシコ、カナダで未知の世界を切り拓いた冒険者の名にちなんでいた。そしてこれらの企業はすべて、シアトルの郵便私書箱９４３１４を使うある無名の企業とつながっていた。その企業の名も変わっていて、ゼフラムＬＬＣといった。

じつはこの企業名に購入者の正体と意図を知る手がかりが隠されていた。ゼフラムとは、ＳＦドラマ『スタートレック』の中で、空間をワープできる宇宙船を発明した登場人物の名だった。フルネームはゼフラム・コクレーン。やはり冒険者であり、超光速エンジンは「前人未踏の地に勇気をもって行くことを可能にする」と語っている。

近隣のヴァンホーンという町では、カルバーソン郡とハズペス郡の土地を何者かが買い占めようとしているという噂が広まり始めていた。ラリー・シンプソンにはそれが誰なのか、すぐにぴんと来た。シンプソンはヴァンホーン・アドヴォケートという週刊新聞のオーナーで、その編集主任を務めていた。同紙は人口２１００人の町民向けに、シンプソンのオフィス用品店の裏の敷地で数人の記者によって発行されている地元紙だ。シンプソンは郡の空港でパートタイムで働いてもいた。ベゾスが不動産屋を引き連れて自家用ジェット機でやって来たことはそこで耳にした。ヘリコプターの墜落事故もみんなの話題になっていた。ただ、億万長者がなんのために土地を買おうとしているのかは誰にもわからなかった。

シンプソンはこのことにさほど興味を引かれたわけではなかった。シアトル・タイムズ紙に語ったところによると、「わたしは自分から出しゃばっていったわけではないんです。大都市の記者でしたらそうするところなのかもしれませんが」という。しかし、２００５年1月のある月曜日、ベゾス本人が事務所にふいに現れた。ジーンズにブーツというラフな格好のベゾスは、気軽な口ぶりで「こちらで発表してもらいたいニュースがあるのだけれど」と告げた。側近は連れておらず、温厚そうな紳士がひとりそばに控えているだけだった。

こうして発行部数1000部ほどのヴァンホーン・アドヴォケート紙が特ダネを得ることになった。シアトルに拠点を置くブルーオリジンという世にはまだあまり知られていない宇宙企業の事業用地として、ベゾスが土地を次々と購入しているというスクープだ。2000年の創設以来、ブルーオリジンのことは極力秘密にされ、事業計画もまったく明らかにされていなかった。電話帳にもその名は掲載されていない。従業員は近所の人から仕事のことを尋ねられたら、「科学研究所に勤めている」と答えていた。ある業界関係者はエコノミスト誌に次のように話している。「わたしが知るかぎり、このことを知る者は全員、口外するのを厳禁されています。ですから、わたしのこの発言もどうか記事に書かないでください」

ヘリコプター事故の報道後、ブラッド・ストーンというニューズウィーク誌の若手記者がベゾスの企みに関心を持った。アマゾンについて書いたその著書『ジェフ・ベゾス　果てなき野望』（日経BP社）によると、ストーンはワシントン州の企業データベースでブルーオリジンLLCの登録情報を調べて、ある晩、シアトルの工業地区にある倉庫に足を運んだ。そして建物の外で1時間ほど待ってから、ごみ箱をあさり、大量の書類を取り出した。その書類の中にはコーヒーのしみがついた社是があって、そこに「宇宙で確固とした地位を築く」と書かれていたという。

ストーンはニューズウィーク誌に「宇宙に進出するベゾス」という記事を掲載するにあたって、ベゾスにコメントを求めたが、ブルーオリジンの目標について詳しい話をすることは拒まれた。「現段階ではまだブルーが何かを発表したり、何かについてコメントしたりすることは時期尚早と考えています」と、ベゾスからの返信のメールには書かれていた。ただ、ある憶測の誤りについてははっきりと正したがっていた。それはベゾスがＮＡＳＡに対する不満から宇宙事業へ進出をしようとしているのではないかという憶測だった。ＮＡＳＡはアポロ計画以降、停滞していることを多くの人から批判されていた。

「ＮＡＳＡは国の宝です。ＮＡＳＡに不満を抱くことなど考えられません」とベゾスは記していた。「わたしが宇宙に関心を持つのは、ひとえに5歳のとき、ＮＡＳＡによって宇宙への興味をかき立てられたからです。5歳の子どもを何かに夢中にさせられる政府機関がほかにあるでしょうか」。ニール・アームストロングとバズ・オルドリンが月面に降り立った１９６９年、ベゾスは5歳だった。

しばらくのあいだ、ブルーオリジンの社員はベゾスの友人でSF作家のニール・スティーヴンスンひとりだけだった。ふたりは１９９０年代半ば、ディナーパーティーで初めて出会い、そこでロケットの話を始めた。スティーヴンスンによると、「同じテーブルにいたほかの連中はみんな退屈していた」が、ふたりはたちまち意気投合した。「ベゾスがすごく詳しいことはすぐにわかった」

やがて友情が深まると、ふたりはワシントン湖を見下ろすシアトルのマグナスン公園で、いっしょにモデルロケットの打ち上げを楽しむようになった。あるとき、モデルロケットのパラシュートが落下の途中で木の枝に引っかかってしまった。スティーヴンスンの回想によると、「わたしが気づくより先に、ベゾスは木まで走り、木をよじのぼっていた」。枝はそれほど太くなかったので、「自分の体重をかけて枝をゆすろうとした」。結局、ベゾスの妻のマッケンジーが夫に降りてくるように頼んでいるところへ、犬の散歩に来た人が通りかかって、杖でパラシュートを突いて落としてくれた。

１９９９年、ベゾスとスティーヴンスンはいっしょに昼間の映画館に『遠い空の向こうに』を観に行った。ＮＡＳＡのエンジニアで作家のホーマー・ヒッカムの人生を描いた映画だ。ベゾスはジャケットの内側にピーナツバターのサンドイッチを隠して座席まで持ち込んだ。映画のあと、コーヒーショップに行くと、ベゾスは宇宙企業をやってみたいと前々から思っていたと打ち明けた。「それでわたしはいったんだ。『じゃあ、今すぐ始めるといい』とね」と、スティーヴンスンは当時を回想していう。

すぐ始めない理由はないではないか。なんのために先延ばしにする。小さい頃からずっと宇宙に憧れてきて、今や宇宙事業を手がけられる立場にいるのだ。

「さっそくそれで話が動き出したんだ」とスティーヴンスン。

スティーヴンスンが最初の社員として採用され、やがてスティーヴンスンの紹介で、その友人も何人か採用された。友人たちは「応用物理学者の奇抜なアイデアを即座に理解し、評価できる者たち」だった。社内での肩書きは平等主義に貫かれていて、みんな単純に「メンバー」ないし「技術スタッフ」と呼ばれた。スティーヴンスンはさまざまな役割を担い、「イーサネットの配線だとか、研磨機の操作だとか、ロケットの部品のパシベート処理（つまり、過酸化水素と反応しないよう残留物を完全になくす処理）だとか、あれこれと地味な作業もやった」と自身のウェブサイトに書いている。

ベゾスはシアトルの工業地区内サウスネヴァダ通り13番地のビルを買い、そこで宇宙に関する一種のシンクタンクのようなものを立ち上げた。スティーヴンスンはパートタイムで勤務し、午前に執筆をすませてから、午後いっぱいこのオフィスで仕事をした。ベゾスはメンバーたちに任せきりにすることはなく、頻繁に意見を交換し合い、毎月1回、土曜日のミーティングに参加した。最初の目標は、化学ロケットを使わずに宇宙に行く方法を見出すことだった。化学ロケットの技術は40年前からほとんど進歩していなかったからだ。ベゾスによると、最初の3年間、「既存の化学ロケットに代わる方法をすべて徹底的に研究した。それまで誰も考えなかったような新しい代替の方法もいくつか考案した」という。

まったく新しい技術を開発するため、チームはあらゆる可能性を検討した。どんなにばかげた考えであっても無視しなかった。「ブレインストーミングの段階では、途方もないアイデアも拒んではいけない」とベゾスはいう。

中でもいちばん途方もないアイデアだったのは、おそらくブルウィップの効果を使おうというものだ。ブルウィップは古くから知られていて、確かにその効果には目を見張るものがある。鞭《ウィップ》で円を描くと、先端ほど円が大きく広がって、先端部分のスピードはじつに音速を超えるまでに達するのだ。「なぜ腕だけで、音速を超える速さでものを動かせるのかといえば、それは運動量の保存のおかげだ」とベゾスはのちにいっている。運動量は質量と速度の掛け算で決まる。だから、先端ほど細くて軽い鞭を振ると、先端部では運動量を保存するため、おのずと速度が上昇する。鞭のあのピシッという鋭い音は、じつは音速で生じているのだ。

「そこから『じゃあ、大きなそういう仕組みをつくってみたらどうか』というアイデアが出た」とベゾスは続けた。「巨大なブルウィップをつくって、軌道まで飛ばしたいものをその先端につければいいというアイデアだ。先端につけるものは、カプセル型宇宙船でも、物資でも、そのほかなんでもかまわない」

それでもやはりロケットエンジンは必要になる。何を飛ばすにしても、軌道に達する速度をそれに与えるためにはロケットエンジンが欠かせない。ただ、ブルウィップ効果が働けば、宇宙船で運べる重量は増すし、距離も延びる。そんなブルウィップは巨大なものになることはまちがいない。「宇宙にそういうものを飛ばすには、貨物列車ぐらいの大きさの鞭が必要になる」とベゾス。「この案は、実際にやろうとすると問題だらけだったよ。２、３時間も分析を加えたら、非現実的であることがはっきりする案だ。わたしたちが知るかぎり、こんなアイデアは過去に一度も検討されたことはなかった」

そこでチームは、ブルウィップはあきらめ、「もっと理にかない、もっと真剣な」方法について研究した。

そのひとつはレーザーだった。

地上のレーザーの電場から空を飛ぶロケットにビームを照射し続けることで、比推力の高い（つまり効率のよい）液体水素の推進剤を熱するという案があった。チームはこの案を真剣に検討し、コンサルタントとしてジョーダン・ケアを雇って、研究の準備もさせた。問題は、必要なエネルギーを生み出すためには、かなり大きなレーザーの電場が必要になることだった。「だからコストの観点からは、この案もやや非現実的だ」とベゾスはいう。

それでも理論上は可能だ。もしレーザー技術が向上すれば、レーザー推進でロケットを宇宙へ打ち上げることも可能になるだろう。しかし今はまだその段階には至っていない。

レーザーが無理なら、巨大な宇宙砲はどうだろうか。「さまざまな砲身を持つ弾道型の発射装置」で、ジュール・ヴェルヌの小説さながらに、宇宙に向かって物体を弾丸のように発射する方法だ。もちろん「G［重力加速度］が大きすぎて、有人飛行には向かない」。それでも「物資を宇宙に届けるのには使える。

そこでチームはレールガン技術に着目した。レールガン技術は、マッハ7（音速の7倍の速度）で砲弾を発射できる兵器の開発をめざして国防総省で研究されていた（ちなみに米国の空対地ミサイル「ヘルファイア」の弾速はマッハ1）。レールガンでは火薬の代わりに電磁パルスが使われる。すさまじい勢いで着弾するので、砲弾に爆薬を仕込む必要がないのだ。

3年に及んだ研究の末、ベゾスと少人数のチームは「化学ロケットがやはり最善の方法」という結論に達した。「単に妥当な方法というのではなく、申し分のない打ち上げ方法だ」とベゾスはいう。ただし条件がひとつあった。再利用可能にするという条件だ。それまでのロケットはたいてい使い捨てだった。1段目はペイロード（搭載物）を宇宙まで飛ばす役割を終えると、切り離されて、海に落下し、二度と使われなかった。したがって打ち上げのたびに新しいロケットが必要だった。毎回、精密なロケットエンジンを一から慎重に組み立てなくてはいけなかった。まるで自分の命を犠牲にして針を使い、一生を輝かしく終えるミツバチのようだった。1回ですべてが使い果たされる。しかしロケットはほんとうにそういうものである必要があるのだろうか。海の底に沈んで、腐食し、ごみと化すのではなく、航空機のように何度も飛べるものにならないのだろうか。

そういう何度も使えるロケットこそ、ベゾスがめざしているものだった。

「実績のある手法に頼るほうに舵が切られてから、わたしがあの会社で役に立てる範囲は減った。せいぜい軌道解析を手がけるぐらいだった。それで2006年末、円満に社を去ることに決めた」

スティーヴンスンは小説『七人のイヴ』（早川書房）を「ジェフに」捧げ、作中でブルーオリジンとブルウィップのことを書いている。

最初の数年、ベゾスがブルーオリジンのことを公《おおやけ》に語ることはいっさいなかった。ついにその沈黙を破ったのが、ヴァンホーン・アドヴォケート紙のオフィスをふいに訪れたときだった。ベゾスは編集主任のシンプソンと向かい合って座り、ブルーオリジンの計画を明らかにした。このニュースは2005年1月13日、「ブルーオリジン、宇宙事業用地にカルバーソン郡を選ぶ」という見出しで報じられた。

「シアトルに拠点を置くベンチャー企業、ブルーオリジンが、民間資金による航空宇宙事業の試験施設及び事業所をヴァンホーン北部のコーンランチに開設する予定であることが、本日、発表された」という文章でシンプソンの記事は始まっている。この一面記事の横に並んでいるのは、「第56回家畜品評会」の広告だった。

記事に引用されたベゾスの発言には、「テキサスは昔から航空宇宙産業のいちばんの中心地です。そのテキサスに拠点を置けることにとてもわくわくしています」というような常套句もあった。

しかしシンプソンの記事はブルーオリジンの目標に関していくつか興味深い洞察も加えていた。とりわけ「宇宙を人類の生活圏にすることを可能にする乗り物や技術」の開発をめざしているという指摘は目を引いた。ブルーオリジンは3人以上を乗せて弾道飛行できるロケットの開発を計画していた。記事では「宇宙旅行」という言葉は使われていなかったが、それこそベゾスがいわんとしていたこと、頭の中で構想を描いていたことだった。

ブルーオリジンのロケットにはほかにも特徴があった。それは過去のいかなるロケットにもないものだった。発射台から打ち上げられたあと、ブルーオリジンのロケットは、記事に書かれていたとおり「垂直に着陸」するのだ。

再利用可能なロケットの開発は、宇宙業界の長年の夢だった。国もそれに挑戦し、挫折していた。1990年代にデルタ・クリッパー・エクスペリメンタル（DC－X）というロケットが、数千メートルの高さまで達してからゆるやかに着陸するという飛行を何度か繰り返したことはあった。しかし、宇宙まで飛んだロケットが着陸を果たしたことは一度もなかった。

スティーヴンスンはそれを実現できると確信していた。「2000年と1960年では状況はどうちがうか？　何が変わったか？　エンジンはいくらか改良されたが、化学ロケットエンジンであることに変わりはない。かつてと大きくちがうのは、コンピュータセンサーや、カメラや、ソフトウェアだ。垂直着陸という課題は、60年には存在しなかったが２０００年には存在するそれらの技術で克服できる」とスティーヴンスンは述べた。

ヴァンホーン・アドヴォケート紙のインタビューの中でベゾスは、「この事業が本格化するまでには数年かかる」と明言している。それでもチームに焦りはなかったし、全米でトップクラスの技術者を何人か採用してもいた。それらの中にはＤＣ-Ｘの計画や失敗に終わった民間の宇宙ベンチャーに携わった経験のある者もいた。またこのインタビューでベゾスは、税金ではなく、私財を投じてこの事業を手がける点も強調した。

「民間資本の、非政府による事業です」とベゾスはシンプソンに語った。

この時点でベゾスは17億ドルの資産を持ち、フォーブス誌の長者番付でも順位を上げていた。少し前、カリフォルニア工科大学の科学者たちが新しい望遠鏡を導入するための資金集めの一環で、ベゾスとスティーヴンスンを昼食会に招いた。ところがベゾスに財布を開かせることはできなかった。

「ベゾスがブルーオリジンにお金を注ぎ込もうとしていることがよくわかりました」と、当時、同大に勤めていて、昼食会でブルーオリジンのメンバーの隣に座った科学者のリチャード・エリスはいう。「彼らは有人宇宙飛行の意義を熱心に説いていました。『新しい発想で取り組めば、革命を起こせる』と」

革命は西テキサスで始まることになる。土地の登記簿によると、ベゾスは最終的に、西テキサスで33万1８５９エーカーの土地を購入した。ロードアイランド州のほぼ半分に匹敵する面積だ。「ロケットを組み立てたり、打ち上げたりするには、緩衝地帯がたっぷりあったほうがいいですから」と、ベゾスはチャーリー・ローズのトーク番組で話している。

ベゾスが手に入れたのは緩衝地帯だけではなかった。そこには家族で過ごすための牧場もあった。ベゾスが子ども時代に夏を過ごし、自立の精神を学んだ祖父の南テキサスの牧場を思い出させる牧場だ。ロケットの打ち上げと着陸が行なえるそこは、どんな大きな夢でも描けるほど広く、宇宙進出の拠点になる場所だった。

第2章 ギャンブル

ポーカーを大勝負というより単なる遊びと考え、実力以上の金を持ってラスベガスにやってくる金持ちを、真剣なポーカープレイヤーたちは「鯨」と呼ぶ。太ったおいしい獲物、大金をせしめる絶好のチャンスというわけだ。当然、そんな人物がなんの警戒心も抱かずに「鮫」だらけの賭場にふらりと現れれば、噂はたちまち広まる。

アンディー・ビールがラスベガスのカジノ、ベラージオに現れたのは、2001年の初めだった。ビールはそれまでにラスベガスを訪れた「鯨」とかなりちがっていた。長身の恰幅のよい人物で、ハイステークスポーカーのテーブルに腰を下ろして、チップをどっさり置くと、目をきらきらと輝かせて、優しそうな笑みを浮かべ、早くポーカーを始めたがった。ブラインドは80ドルと160ドルだった。これは最低160ドル賭けなくてはいけないことを意味した。数回の賭け金の上乗せ後、賭け金の総額はたちまち1000ドルを超えた。

ビールは2、3回プレイすると、退屈した。派手なギャンブルを楽しみにして、ダラスから飛行機でやってきており、もっと胸がどきどきする賭けがしたかった。そこで「もっと賭け金を高くしたい人はいませんか」と尋ねた。

こうして、ここに「鯨」がいることがみずから宣言された。おいしい獲物がベラージオにいる。翌日、プロのプレイヤーたちがベラージオに集まって、ビールの来店を待った。その中にはワールドシリーズで優勝経験のある者も何人かいた。賭け金は2000ドルからスタートした。しかし30分後には、ビールはさらなる刺激を求めた。

「もっと賭け金を増やしませんか」

賭け金は6000ドルに引き上げられた。しばらくはそれで満足していたビールだったが、やがて8000ドルへの引き上げを求めた。

同じテーブルでは、ジェニファー・ハーマンがひやひやし始めていた。ハーマンはのちにワールドシリーズでブレスレットを2回獲得するほどのプロプレイヤーだが、そんな高額の賭け金で戦ったことはなかった。この「鯨」は恐ろしいほど攻撃的だった。がんがん攻めてきて、めったにゲームを降りず、毎回、賭け金を引き上げた。賭け金があまりにも高くなりすぎ、百戦錬磨のプレイヤーたちでさえついていけず、緊張を募らせた。

「ゲームの参加者全員が困惑してたわ」とハーマンはのちに振り返っている。「誰にとっても経験のない金額だった」

この「鯨」は頭が切れて、ずる賢く、情け容赦なかった。莫大な富という武器でどんどん攻め込み、法外な額に賭け金をつり上げることで相手を精神的に打ちのめした。プロたちはこの男は「鯨」ではないのではないかと思い始めた。

じつは、ビールは不動産投資で財をなした大富豪で、全米で有数の業績を上げるテキサスの銀行の所有者でもあった。加えて、大学は中退していたが、整数論に熱中する数学の天才だった。1637年から数学者たちを悩ませてきたフェルマーの最終定理を学ぶと、自分でも数学の問題を考え出した。その問題は際立って難解だったことから、やがて学者たちに注目され、「ビール予想」と名づけられた。正式な教育を受けていない人間がそんな問題をつくったことに学者たちは驚愕した（ビール予想とは、$A^x + B^y = C^z$のA、B、C、x、y、zが正の整数であり、かつx、y、zがすべて2より大きいとき、A、B、Cは共通の素因数をもつことを証明せよという問題だ）。「単独で研究していて、数学界の動向を知らない人物が、現在の数学界の最先端の研究活動にきわめて近い問題を考え出したことは驚きだ」とノーステキサス大学数学科の教授R・ダニエル・モールディンは書いている。

1997年、米国数学界がこの問題の解答を募集し、ビールが5000ドルの懸賞金を提示した。解答はなかなか出ず、賞金は毎年5000ドルずつ上乗せされ、1万ドルになり、1万5000ドルになり、やがて5万ドルに達した。2013年になっても正答はもたらされず、ビールは懸賞金をいっきに100万ドルに引き上げた。

ベラージオでは、ドイル・ブランソンやテッド・フォレストといった超大物を含むプロたちが、このダラスの銀行家と戦うには、みんなの賭け金をひとまとめにして、一対一の勝負を挑むしかないと一致団結して、「コーポレーション」なるグループを結成した。ところが初戦でいきなり、ビールにまんまと500万ドルを献上してしまった。

「われわれはもうすっからかんだ」とブランソンはいった。「おめでとう。これでテキサスへ帰っていただきたい。日をあらためて、また来ていただければ、そのときにはあなたとお手合わせする金を持っているかもしれない」

しかしビールはまだ帰りたくなかった。ベガスにはギャンブルをするために来たのだ。

500万ドルを失ったら、ふつうの人はもう誘惑に乗らないだろう。しかしコーポレーションの面々はギャンブルをなりわいにする者たちだ。巻き返しのチャンスが目の前に転がっていれば、それに飛びつかないではいられない。さっそく知り合いに連絡を取って、彼らのポーカーの実力を知る人たちから、おのおのが数万ドルずつ借りた。1時間後、ベラージオのハイステークスポーカールームに100万ドルが届けられた。コーポレーションがテーブルに戻った。ビールの戦い方の特徴やスタイルやリズムに前より慣れていた。夜明けまで続いたこの大一番で、コーポレーションは見事に500万ドルを取り戻した。

それからしばらく、ビールはラスベガスにたびたび戻ってきては、コーポレーションを相手にラスベガスの歴史に残る戦いを演じた。2004年のあるときには、1170万ドルの勝利を収め、また別のときにはプロたちから1360万ドルを奪った。しかしその後、1回のゲームで1660万ドルを失った。

コーポレーションには知るよしもなかったが、ビールにとってポーカーはカタルシスの手段だった。もっとはるかに重大な賭けで敗れて、はるかにひどい痛手を負ったことへの慰めだった。じつはビールはこの少し前に宇宙企業を設立していた。航空宇宙学でも、エンジニアリングでも、ロケット科学でも、まったくの門外漢だったので、周囲からは正気の沙汰ではないといわれた。ずぶの素人《しろうと》に宇宙企業を一から立ち上げることなどできるはずがない。〝中年の危機〟の思いつきのようなことで財産をむだにするべきではない、と。

宇宙計画は国の出資で行なわれているものしかなかった。民間企業が成功する見込みは、地球から見える火星ぐらい小さかった。ビールはそれでもひるまなかった。政府から支援を受けなくても宇宙企業を始められる自信があった。過去に例がないことも関係なかった。宇宙は政府の独占領域であり、素人が立ち上げた民間企業に参入の余地がないことを知っても、ためらわなかった。ラスベガスと同じように、オッズが高いほど見返りが大きいのだと考えるばかりだった。

ポーカーでは、たまたまいい手札が回ってきて、運で勝つこともある。宇宙事業ではそれはない。

一段階ずつ、精密さと完璧さを求められる。ミスの許されない世界だと、宇宙業界の友人からは教えられた。その友人たちによると、あらゆる夢想家を引きつけるとともに最後にはその夢を粉々に打ち砕く宇宙業界には、次のようなジョークがあるという。

宇宙で最も早く百万長者になる方法は何か？

億万長者になってから始めることだ。

ビールは1997年、ビール・エアロスペースを設立すると、すぐにテキサス州マグレガーにある昔の軍の試験場を購入した。そこはかつてテキサスの州花にちなんで「ブルーボネット軍事プラント」と呼ばれた施設だった。この広大な施設では第二次世界大戦中、武器が製造され、重さ45キロから900キロの爆弾が生産されていた。マグレガー市は元々サンタフェ鉄道とコットンベルト鉄道の路線の合流地点にある静かな都市だったが、戦時中、ブルーボネットの生産拡大とともに急発展を遂げた。

「ブルーボネットはそれ自体が町のようだった。居住区から警備と消防の部門、店、商人、娯楽、バスの運行、定期刊行される工場新聞まで、すべて揃っていた」と施設の歴史には記されている。

戦後は米空軍がこの施設を引き継いで、さらに拡張し、飛行機に搭載する加速用の固体推進剤やロケットの試験場として利用した。また長い間、ミサイルの推進装置の試験にも使われた。施設がやがて閉鎖されるまでに、この施設で生産された米軍やNASA向けのロケットエンジンは30万基以上にのぼった。

ビール・エアロスペースが試験場を探していたとき、この施設は誰にも使われていなかった。ビールは笑われながらも、アポロ時代に月面着陸を成し遂げたロケットエンジン以降で最大となるロケットエンジンの壮大な製造計画を立てていた。機を見るに敏なビールには、宇宙事業はＮＡＳＡと米軍に牛耳られてきた分野、政府による独占のせいで硬直した分野に見えた。これはつまり、のちに本人が述べたように、「すばらしいビジネスチャンスが眠っている。いくらでも改善の余地がある」ことを意味した。

ビール・エアロスペースの設立にあたってのビールの目標はシンプルなものだった。「2億ドル以下の費用で打ち上げられるロケットを開発すること」だ。コストを大幅に下げ、市場に価格破壊をもたらすロケットを開発し、それによって成熟した業界をひっくり返そうとビールはもくろんでいた。

これは子どもの頃からビールが使っている戦法だった。１９６０年代、11歳のビールはおじのデニーといっしょに救世軍へ行って、１ドルで壊れたテレビを買い取り、それを修理して40ドルで売った。19歳のときには、地元ミシガン州ランシングで、６５００ドルで家を買い、それを月１１９ドルで貸した。高校卒業後は1年、学業を中断して、不動産投資に専念した。

ミシガン州立大学に入学したのは、母親の気持ちをくんだからだった。正規の教育のなかでその類い希な才能を磨いてほしいという思いが母親にはあった。しかしビールは不動産の世界に入りたくてしかたなかった。頭の中は商売を発展させることでいっぱいだった。すぐに15件の物件を手に入れると、リノベーションを施し、貸し出した。

結局、大学は休みがちになり、単位を取得できず、最後には中退した。それが結果的には莫大な収入につながった。まだ20代前半の頃、政府の競売にかけられたテキサス州ウェイコの国有マンションを21万７５００ドルで落札したのが始まりだ。マンションの実物は見ておらず、テキサスにすら行ったことがなかった。3年後の１９７９年、そのマンションを売って、１００万ドル以上の利益を手にした。数年後には、そのような転売を繰り返して何百万ドルという財をなすミリオネアになっていた。

1980年代後半、不良債権危機が発生したときも、そこから利益を上げる方法を見出した。300万ドルの自己資金で銀行を設立して、債権を割引価格で買いあさったのだ。「ほかのみんなが倒産すれば、競争相手が消えることになります」と、ビールは2000年にダラスのある雑誌で語っている。

ビールの銀行は全米で有数の高収益の銀行に成長し、90年代半ばにその資産は10億ドルを超えた。ビールは今や、地球外への関心を追求できるだけの富を獲得していた。

ビールは航空宇宙分野に関することも、それまでと同じ方法で学んだ。独習という方法だ。ロケット科学や、エンジンの仕組みや、推進力について書かれた本を片っ端から読んでいった。そしてエンジニアや科学者に声をかけて、ビール・エアロスペースを設立し、宇宙飛行のコストを劇的に下げるという目標を掲げた。

ビールが立ち向かった相手は、ロッキード・マーティンやボーイングなど、政府からの受注契約を独占している請負業者だった。それらの企業は新しい技術を開発することに加えて、その複雑怪奇な受注契約の仕組みを味方につけることで、業界に確固たる地位を築いていた。またビールは、衛星技術のブームが到来しようとしていることも見て取った。衛星技術の新しい市場が生まれれば、そこでは軌道に向けて迅速かつ低価格でロケットを打ち上げられる企業が必要とされるにちがいなかった。

しかしビールには宇宙事業に興味を持つもうひとつ別の理由があった。それは保守的なテキサスの銀行業界や不動産業界の人間に話したら、必ず、眉をひそめられそうな理由だった。じつはビールは人類の未来を心配していた。いつの日か、地球には小惑星が衝突するのではないか。そうなったら、かつて絶滅した恐竜と同じように、人類も滅亡するのではないか。人類の存続のためには、それまでに太陽系のほかの惑星で暮らす方法を見つけておかなくてはいけないのではないか。「そのことで夜、眠れなくなるというわけではありません」と、ビールは小惑星の衝突について述べている。「10億年後とか、数億年後とか、数百万年後とかにそれは起こりうることですから。でも、あと20年の猶予しかない可能性だってあります。だとすれば、ほかの惑星への移住計画は急ぐに越したことはないでしょう。そういう取り組みにどれほどの意義があるかは、誰にも完全にはわかりません。あらゆる知識が揃っているわけでも、問いすらまだわからない状態の中、あらゆる答えが出ているわけでも、これまでしてきたことによってどれほど前へ進んだかがわかっているわけでもありませんから」

ビールは全米でトップクラスのエンジニアを雇った。それはロッキードや、ボーイング、オービタル・サイエンシズから引き抜いた者たちだった。それらの集められたエンジニアたちは、巨大な重量物運搬ロケット「ＢＡ－２」の開発を始めた。完成すれば、アポロ時代にＮＡＳＡのサターンＶロケットに使われたＦ－１エンジン以降で最大の液体燃料エンジンになるはずだった。３段ロケットで、高さは72メートルあり、およそ20トンのものを地球低軌道に投入できた。

２０００年初め、ビール・エアロスペースはマグレガー市の施設を初めて使い、アポロ計画以降で最大の液体燃料エンジンとなる第2段エンジンの試験に成功した。その巨大エンジンは数百人が見守る中、轟音を響かせて、炎を吐き出し、わずか21秒で28トンの推進剤を燃焼し尽くした。

しかし自社が前進を続けるいっぽうで、ビールは先行きに不安を募らせた。当時の報道によると、ビールは約2億ドルの私財を事業に投じ、ＮＡＳＡや軍から納税者のお金を一銭も受け取っていなかった。いちばん心配だったのは、巨大なロケットをつくることの技術的なむずかしさでもなければ、宇宙の危険でもなく、政府によって業界への参入を阻まれることだった。

NASAと国防総省は長年、ロッキード・マーティンやボーイングなどの大手と組んで、数々の事業を行なっており、ビール・エアロスペースのような実績のないベンチャー企業にあえて発注することに関心はなかった。ビールには国から助成を受けている企業と競争しなくてはならないことが不当に思えた。

ビールはこの問題をワシントンに持ち込み、1999年の上院公聴会で次のように証言した。「弊社は公平な場で競う能力を十分持っています。われわれにとって最大のリスクは、善意にもとづく政府の介入によって、さまざまな競合企業が有利になったり、不利になったりすることで、初めから勝負がついてしまい、競争の場の公平性が失われることです」

政府は企業からサービスを買うべきだが、企業のロケットの生産を手助けするべきではないと、ビールは主張した。政府の大規模事業に費やされる何十億ドルという資金は、ロケットの製造工場がある一部の地域に恩恵をもたらすかもしれないが、それは自由市場の働きを阻害するものであり、何もいいものを生み出さないだろうと、ビールは警告した。

「企業の実験的な試みのために何十億ドルという助成金を支払うことは、どうか控えてください」と、上院委員会に提出されたビールの訴えには記されている。「公的な資金を費やすことで、雇用は生み出せるでしょう。ですが、低コストの商業宇宙飛行は絶対に実現できません」

2000年、ビール・エアロスペースがエンジンの燃焼試験に成功してから数カ月後――この試験はNASAや航空宇宙業界に自社の実力を知ってもらうために行なわれたものだったが――ビールがまさに恐れていた展開になった。NASAがスペースシャトルに代わる再利用可能な宇宙船の開発をめざす計画として、「宇宙打ち上げ構想」と名づけた数十億ドル規模の計画を発表したのだ。

ビールはこれでとどめを刺されたと思った。国から助成を受ける企業に太刀打ちできるはずがない。

宇宙産業がふつうの産業になってほしいという願いがビールにはあった。政府も顧客のひとりであって、唯一の顧客ではない産業だ。しかしそれが実現するのは、何年も先のことだった。

２０００年10月、ビールは自社の「すべての活動を停止する」と発表し、すみやかに廃業した。自社の技術の高さについては、「過酸化水素水を用いた低コストの推進装置では大きな進歩をもたらした」と胸を張った。重役たちにも「ＢＡ－２Ｃロケット発射装置の開発を最終的には成功させられる自信があった」。「ＢＡ－２Ｃ」の事業は「民間史上最大の資金が投じられた、大規模な打ち上げシステムの開発事業」だった。

そのいっぽうで報道発表は企業の声明というより、将来の予言のように読めた。「ＮＡＳＡと米国政府が発射システムを選び、助成を行なうかぎり、民間の打ち上げ産業は生まれないでしょう」

政府は介入せず、自由市場を発展させるべきだと、ビールは書いていた。そのときに初めて、宇宙事業がＮＡＳＡの独占から解放され、新しい宇宙経済が誕生するだろう、と。

「もしマイクロソフト社やコンパック社が創業したばかりの頃、米国政府がパソコンのシステムをひとつかふたつ選んで、助成していたら、コンピュータ産業は今のような発展をしていたでしょうか」とビールは指摘し、さらに次のような思いを吐露している。

おそらくＮＡＳＡもいつかは民間部門に門戸を開こうとするだろう。おそらくビールの取り組みは既成の秩序に一定の打撃を与え、大きな夢を描く次のベンチャー企業のために道を切り拓いたといえるだろう。それでも自分の挫折は、ロケット科学の修得だけでは不十分であることを示している。これから宇宙企業の設立をめざす者は――ワシントンで、法廷で、世論という法廷で――ビールが打ち破れなかった強固な既得権益に対し、戦争を仕掛けなくてはいけない。宇宙企業を成功させるのは、自分には夢のまた夢に思えた。それは幻だった。

ビールにはふたつの選択肢があった。ひとつは既成の秩序に仲間入りし、「ボーイングやロッキードのような政府の請負業者の役を務め」、NASAや国防総省の求めるシステムを築くという選択肢であり、もうひとつは完全に事業をやめるという選択肢だ。

自分に配られた手札を見ると、それは勝ち目のない手札であることがわかった。ビールはゲームを降りることにした。

ビール・エアロスペースが去ると、マグレガー市は貴重なテナント――収入源――を失った。市は突然、数百エーカーもの産業用のリース物件を背負わされた。しかもその借り手はなかなか見つからなさそうだった。ロケットの試験にだけ最適で、ほかの用途にはほとんど向かない施設を借りたいなどという奇特な人が、果たしてこの世にいるだろうか。ロケット企業を始めようとする人などほかにいるだろうか。数学の天才で大富豪でもあったビールが挑戦し、挫折したことは、今や、懐疑的だった人たちの考えが正しかったことを示す教訓的な実例になっていた。

マグレガーのこの施設は、ビールの勇敢なギャンブルの証しであり、民間宇宙事業という新しい魅力的なビジョンの象徴だった。しかし1年以上経っても、借り手はつかなかった。空いたままの施設には蛇や蠍《さそり》が入り込み、雑草が生い茂り出した。試験装置は錆び始めた。建物は破れた夢の寂しさを漂わせていた。テキサスの灼熱の太陽の下で朽ち果てる運命にある荒地のようだった。

そんな状況だった2002年のあるとき、マグレガー市の管理官にジム・カントレルと名乗る人物からふいに電話がかかってきた。上司の指示で事業用地を探しているという。カントレルはモハーヴェ砂漠やユタ州で、周辺環境のことを気にしないで業務ができる人里離れた場所を探していたが、どこにも見つからなかった。そんなとき、スペースニューズ誌に載っていた写真を思い出した。それはビールのエンジン試験の記事に添えられた写真だった。記事にはその試験場がマグレガーにあることが記されていた。

市の管理官は気さくで親切な、テキサスなまりの強い人物だった。

「何か、お困りですか?」

カントレルはビールがロケットの試験に使っていた施設に興味があるのだが、見学の許可を得るためには誰と話をすればいいかを知りたいと告げた。

「あなたが今話している相手がその持ち主ですよ」と管理官はいった。

カントレルは、イーロン・マスクというのが自分の上司の名で、その人物はインターネットで財産を築き、スペース・エクスプロレーション・テクノロジーズという会社を設立したところだと説明した。管理官はマスクのことを知らなかったが、あの物件に興味をもってくれる人であれば、誰であっても、いつ来てくれても、大歓迎だった。

カントレルとマスクはマスクの自家用ジェット、ダッソー・ファルコン900で飛んできた。マスクは敷地を見回すと、借りることをすぐに決めた。カントレルによると「完璧だ」といったという。マスクはリースの契約書にサインし、2003年から利用することになった。197エーカーと、試験装置と、5棟の建物で、賃料は年4万5000ドルだった。

マスクとビールは世代こそちがったが、多くの点で似ていた。テレビの修理と販売を子どもの頃に手がけたビール同様、マスクも子どもの頃から起業家精神に富み、16歳のとき、弟のキンバルとともに地元南アフリカ共和国のプレトリアで、ビデオゲーム店を開こうとした。しかしその企ては都市計画の規制に引っかかり、市から許可が下りなかった。「親には内緒だったんだ」とキンバル。「ばれたときにはこっぴどく怒られたよ。おやじはすさまじい剣幕だった」

イーロンの子ども時代はつらく苦しいもので、父親との折り合いも悪かった。幼少時からイーロンが際立った聡明さを示していたことから、母親は息子をふつうより早く学校に入学させた。その結果、イーロンはクラスでいちばん年下の、いちばん体の小さい生徒になり、格好のいじめの標的にされた。「南アフリカは荒っぽい所だ」とキンバルはエスクァイア誌に語っている。「荒っぽい文化なんだ。荒っぽいとはどんなことか想像してみてくれ——その想像よりももっと荒っぽいんだ。イーロンはほかの子たちからひどいことをされた。そのときの経験が兄の人生には大きな影響を与えている」

イーロン・マスクは17歳で高校を卒業すると、南アフリカを離れた。最初は、カナダの親戚のもとに引っ越し、そこでクイーンズ大学に入学した。その後、ペンシルベニア大学に移って、物理学と経済学の学位を得て卒業した。そのときにはスタンフォード大学への入学が決まっていて、電気二重層コンデンサーの技術を研究し、電気自動車で使える新しいバッテリーの開発をめざすつもりでいた。

ときは1995年、インターネット時代が幕を開けようとしている頃だった。「インターネットは人間の本質を根底から変えるものだと感じたんです」とマスクは2012年の講演で語っている。「人類に神経系を与えるようなものでした」。そう考えたマスクは指導教官に、休学して、インターネットで会社を興せるかどうか試してみたいと告げた。指導教官は「いいでしょう。おそらくきみは戻ってこないでしょうが」と応じた。ふたりが言葉を交わしたのはそれが最後になった。

マスクは新聞のオンライン化を支援する「ジップ2」という会社を立ち上げ、成功を収めた。ニューヨーク・タイムズ紙からハースト社まで、次々と顧客を獲得したこの会社は1999年、コンパックに約3億ドルで売却された。マスクは次にインターネット銀行、X.comを設立した。ペイパルと合併したX.comのオンライン決済システムは急成長し、顧客の数は2年で100万人を超えた。「広告にお金をかける必要もなかった」という。2002年7月、イーベイがペイパルを15億ドルで買収すると、マスクの純資産は1億8000万ドルに膨れ上がった。マスクは31歳だった。

ペイパルの売却前から、マスクは次に自分がやりたいことは何か、人類の将来に自分が貢献できることは何かを考えていた。ビールはかつて他の惑星への人類の移住の実現のために自分の力を役立てたいと述べた。マスクも同じようになんらかの備えの必要性を感じていた。

もし太陽が燃え尽きたら、どうなるのか。小惑星が地球に衝突したら、どうなるのか。

確かに宇宙には巨大な岩がたくさんあった。例えば、NASAが2000年代半ばに発見したものは、カレッジフットボールのスタジアムを埋め尽くせるほど大きかった。最初、はるか遠くにあるその物体はぼんやりとした煙の玉のように見えた。が、そうではなかった。NASAの天文学者たちは自分たちが目にしたものに唖然とした。その小惑星は地球に危険なほど接近する軌道を描いていて、ディレクTVやXM－レディオの人工衛星のすぐ下を通りすぎそうだった。その大接近は2029年に起こると予想された。危機感を抱いたNASAの科学者は日付まで算出し、4月13日と割り出した。その運命のニアミスの日は、いうまでもなく金曜日だった。

ただし、小惑星が地球に接近したとき、地球の重力の影響でその軌道がわずかにずれる可能性があり、その場合、ふたたび太陽の周りを回ったあと、7年後に地球に衝突する恐れがあった。せめてもの救いは、約6600万年前に地球に衝突し、恐竜と全生物種の75パーセントを絶滅させた小惑星に比べたら、小規模であることだった。とはいえ、爆弾のようなものが地球にぶつかることに変わりはない。NASAの科学者が小惑星の大きさと速さから計算した結果、太平洋に落ちた場合、5キログらい地球にめり込んで、巨大なクレーターを生み出し、高さ15メートルの津波をカリフォルニアにもたらすことがわかった。

さらに、津波の第一波の50秒後、海の水が小惑星の衝突で海底にできた深い穴にどっと流れ込む。これが第二の津波を引き起こす。第一波の威力はさほどではない。400メートルほど海岸から内陸に入ってくるだけだ。それでも海岸沿いに並ぶ瀟洒な邸宅も、テラス席で夕日を眺めながらカクテルを飲める高級レストランもすべて、押し流されて、海に呑み込まれ、さかまく渦の中で粉々に砕ける。そしてしばらくして襲いかかってくる第二波では、無数のがれきを含んだ波がサンドペーパーのごとく、波の通り道にあるものをことごとく運び去るだろう。

天文学者たちはこの小惑星を「アポフィス」と名づけた。死と闇を象徴し、別名「混沌の王」とも呼ばれる古代エジプトの神のギリシャ語名から取られた名だ。

幸い、数年に及ぶ研究で、より正確なアポフィスの軌道が計算できるようになった結果、2029年に接近するのは確かだが、7年後に地球に衝突する恐れはないことがわかった。当面、心配はいらないようだ。

しかし今のところ起こる可能性の低いことではあっても、NASAは宇宙の監視に真剣に取り組んでいる。監視専門のスタッフを置いた惑星防衛調整局という部局もある。まるで『博士の異常な愛情』に出てきそうな名称だが、同局では地球付近にある物体が年間1500個、新たに発見されている。どれも地球に衝突すれば、相当な影響を及ぼすという。

宇宙の歴史においては、人類が登場したのはごく最近のことだ。生命を与えられてからまだ1回の瞬きほどの時間しか経っていない。生命も知性という恵みも、永遠の存続を約束されているわけではない。宇宙業界ではあいさつ代わりに「あの宇宙計画は順調か？」とよくいわれる。宇宙は小惑星によって、それと同じ問いを人類に投げかけているようだ。宇宙に逃げる準備は順調に進んでいるか、と。

マスクはその問いについて、それから「やがてやってくる絶滅のとき」の可能性について、真剣に考え始めた。解決策として思いついたのは、移住できる星を見つけることだった。人類を複数の惑星で生きる種にして、別の惑星に人類をバックアップしておき、万一、地球が不具合を起こしたコンピュータのようにクラッシュした場合に備えるという策だ。金星は大気の成分が地球とちがいすぎる。水星は太陽に近すぎる。最善の移住先は火星だと、マスクは考えた。

ある晩、パーティーのあと、ロングアイランドからニューヨーク市へ向かって、車を走らせているときのことだった。助手席には大学時代の友人アデオ・レッシが座っていた。夜遅く、後部座席の者たちは眠っていたが、レッシとマスクのふたりは夢中で話し込んでいた。

「わたしたちはふたりとも宇宙に関心があった。でも、その話は出たとたん、すぐ退けられた。『宇宙は金がかかりすぎるし、むずかしすぎる。やっぱ、無理だな』って」とレッシはエスクァイア誌に語っている。「それから3キロぐらい進んだときだ。『でも、いくら金がかかって、どれぐらいむずかしいんだろう』と思い直した。さらに3キロ進むと、『金がかかるとか、むずかしいとかいっても、不可能なほどではないはずだ』となった。そういう具合にどんどん話が膨らんで、ニューヨーク市との境のミッドタウントンネルまで来たときには、宇宙で自分たちが何ができるか調べてみようという話になっていた」

その夜、マスクはホテルに戻るとさっそくＮＡＳＡのウェブサイトを開いて、火星に行く計画を探した。

「もちろん、そういう計画があるはずだと思ったからさ」とマスクはのちにいっている。「ところが、見つからなかった。最初は、自分の探し方がいけないんだと思った。ウェブサイトのどこかには必ずあるはずだ、どこかわかりにくいところに隠れてるんだとね。結局、ウェブサイトにはどこにも載ってないことがわかった。これにはがっかりした」

ウェブサイトにそれがなかったのは、そもそもそういう計画がなかったからだった。太陽系の端まで探査機を送るという大事業を成功させてはいたが、ＮＡＳＡの宇宙事業はマンネリズムに陥っていた。九・一一とその後の２つの戦争に世間の関心が向く中、影が薄くなった宇宙飛行は十分な資金を得られず、後回しにされている状況だった。１９７２年にユージン・サーナンが月面に降り立ったのを最後に、ＮＡＳＡは高度数百キロ程度のいわゆる地球低軌道より遠くへ宇宙飛行士をひとりも送っていなかった。

ＳＦの大ファンだったマスクは、自分がおとなになる頃には、アポロの月面着陸ミッション以後、着実に進められた宇宙計画によって、月に基地ができ、火星旅行も始まっているだろうと思っていた。60年代に10年足らずで米国が月に人間を送れたのなら、今頃はもっと大きなことが実現していてもおかしくなかった。

マスクは「愕然」とした。

「アポロが最高到達点だったなんてことにはしたくなかった」とマスクはいう。「将来、子どもたちにこれが精一杯だったなんていいたくない。わたしは子どもの頃、月に基地ができる日や火星旅行が始まる日を心待ちにしてた。それがそうならず、進歩が止まってしまってる。こんなに残念なことはない」

宇宙計画の現状について詳しく調べるにつれ、「愕然」とする思いはさらに強まった。国際宇宙ステーションは感嘆に値するものだが、ＮＡＳＡが宇宙飛行士をそこへ送る方法には決定的な欠陥があると思われた。スペースシャトルの本体は母親に負ぶわれた赤ちゃんのようにロケットの側面に載せられていて、ミッションを中断するすべを持たない。また機体に翼がある宇宙飛行機なので、再突入時には厳密に定められたコースをたどることが求められる。「わずかでもずれただけで、機体がばらばらになってしまう恐れがある。それに脱出システムがないから、ひとたびなんらかの問題が発生すれば、もうおしまいだ」

加えて、コストのこともあった。NASAは毎年、数えるほどしか宇宙に行かない宇宙計画に、年間数十億ドルの予算を投じていた。しかもたいていその行き先は地上からわずか400キロ程度の距離にある国際宇宙ステーションだ。400キロといえば、ワシントンDCからニューヨークまでの鉄道路線の距離と変わらない。天文学者ニール・ドグラース・タイソンがいうように、スペースシャトル計画は「すでに何百回も行っている場所に鳴り物入りで行った」だけのものだった。

物理学と経済学を修めていたマスクには、これらは大きな問題のひとつのセットであり、創造的な発想――と新たに手にした富――で解決できる課題に見えた。アポロ時代と現在のちがいは、冷戦のライバル関係がないことだった。しかしまた、資金と政治的意志も失われていた。アポロ計画が終わってから、NASAは慢性的な資金不足にあえいできた。宇宙はもはや世の人々の関心事ではなかった。スペースシャトルはありきたりで、退屈なものと化し、注目されるのは悲劇が起こったときだけだった。

宇宙は相変わらず国の独占領域だったが、大胆なことをやってのければ、宇宙への興味を呼び覚まし、世の中の関心を高め、NASAの予算を増やすことができるのではないかと、マスクは考えた。

そこで伝説の興行師P・T・バーナムも目を見張りそうな途方もない計画を立てた。メディアで大々的に報じられれば、宇宙への興味をふたたびかき立てられるだろうという狙いからだ。それはこんな計画だった。どこかでロケットを買ってきて、火星へ向けて植物の種のつまった温室を打ち上げる。種は栄養ゼリーでくるみ、火星に着陸すると、その栄養ゼリーが溶けるようにしておく。そうして不毛の惑星に生命を育むシステムができたら、荒涼とした赤い大地に緑の植物が茂るようすをカメラで撮影し、その写真を地球に送り返す。名づけて「火星オアシス」計画。費用については、1500万ドルから3000万ドルで実現できると試算した。

マスクはロサンゼルス空港のそばのマリオットホテルに全米でトップクラスの航空宇宙分野の専門家を集めて、会合を開いた。のちにNASAの長官になるマイケル・グリフィンの姿もそこにあった。また、NASAの花形機関ジェット推進研究所の研究員で、1997年に火星着陸を成し遂げた重さ10キロの探査機「マーズ・パスファインダー」の事業において、エンジニアの指揮を執ったロブ・マニングも出席していた。複数の航空宇宙企業に勤めた経験のあるマイケル・レンベックの計算では、マスクの計画はマスクの試算よりもはるかにコストがかかりそうだった。レンベックは1億8000万ドルという数字を紙に走り書きし、マニングにそれを渡した。マニングも自分で計算した数字をその紙に記した。

ふたりの計算結果の差は1000万ドルもなかった。マスクが考えるほど安上がりな計画ではないことは確かだった。火星はやはり手強く、とてつもなく遠かった。レンベックは宇宙産業で長年仕事をしてきた経験から、計画全体に懐疑的にならざるをえなかった。「商業価格までコストを下げようと、目を輝かせてがんばる者たちを過去におおぜい見てきた」が、そういう者たちはみんな、宇宙エンジニアなら誰もが骨身にしみて知っている大原則を忘れていた。それは「宇宙はむずかしい」ということだった。

レンベックの計算では、マスクの見積もりは「少なくとも1億ドル、実現可能な額とのあいだに開きがあった」。しかし「マスクは否定的な意見には聞く耳を持たなかった」とレンベックはいう。

みずから開いた会合で痛い指摘をされたマスクだったが、ひるまず、むしろやり遂げてみせるという気持ちが強まった。

とはいえ国内で見つけられた最も安いロケットは、およそ5000万ドルするデルタⅡだった。そこでロシアに三度、足を運んで、大陸間弾道ミサイルの再生品にいいものがないかどうか探した。しかしやはり安くはなく、リスクも大きすぎた。ロケットの購入は思っていたほど簡単ではなかった。

調べるにつれ、過去40年、ロケット技術がほとんど進歩していないことがますますよくわかった。21世紀初頭にロシアと米国で打ち上げられたロケットは、アポロ時代のものと大差なかった。独力で成功をつかんだシリコンバレーの起業家にはそれはまったく目を疑うことだった。

「70年代初めに買ったコンピュータが今、ここにずらりと並んでいるようなものです。みなさんの携帯電話よりも処理能力で劣るコンピュータが」と、マスクは2003年のスタンフォード大学の講演で語った。「あらゆるテクノロジーの分野が長足の進歩を遂げています。なのに、この分野だけなぜか進歩していない。そこで、わたしはそのことを深く探り始めたわけです」

マスクはエンジニアを集めて、毎週土曜日、定例会合を開き、そこで「打ち上げのコストと信頼性という問題にはどう取り組むのがベストか」の検討を始めた。

マスクもビール同様、このことについて書かれた本をすべて読んだ。そこから導き出された結論は、ロケットを手に入れるには自分でそれを組み立てるのがいちばんいいということだった。ばかなことはやめておけと友人から何度さとされても、確信は揺らがなかった。かつてのビールと同じで、なんとしても宇宙飛行のコストを下げたかった。そのためにロッキード・マーティンやボーイング、ノースロップ・グラマンなどの請負業者が長年、甘い汁を吸ってきた国主導のビジネスモデルを覆すつもりだった。

2002年3月14日、マスクはスペース・エクスプロレーション・テクノロジーズを法人化した。親しい友人の多くがこれは思いとどまらせなくてはいけないと感じた。いちばん古いアドバイザーだったカントレルでさえ、この新会社からは身を引いた。マスクの才能には一目置いていたが、「こんなことが成功するとはとうてい思えなかったんです」とカントレルはいう。

マスクはあらゆる国が乗り越えられなかった壁でさえも乗り越えてみせるつもりでいた。宇宙時代の黎明期である1957年から1966年までのあいだに、米国では424基のロケットが軌道に向けて打ち上げられた。そのうち343基の打ち上げが成功した。つまり打ち上げの失敗率は20パーセント近くにのぼっていた。年間の回数でいえば、毎年平均で8回、打ち上げが失敗していたことになる。たいていはロケットが火の玉に包まれるはげしい爆発を伴うものだった。1966年以降、年間の失敗数は1～3回になり、2000年以降は1回以下に改善された。いい換えると、国の宇宙計画は信頼性の確立に近づくのにさえ50年近い年月を要したということだ。

とはいえ、まだ大事故を起こしがちだった。2003年初め、スペースシャトル、コロンビア号が大気圏再突入の際に空中分解し、乗員7人全員の命が奪われた。

宇宙事業の経験のない大富豪がロケット会社を立ち上げたり、有人宇宙飛行をめざしたりするのは、無謀以外の何ものでもない。

うそだと思うなら、アンディー・ビールに聞いてみればいい。

「スペースX」の名で知られるようになるマスクの新会社は、ロサンゼルス空港にほど近いエルセグンド市イースト・グランド通り1310番地の古い工場で産声を上げた。マスクはすでに第1号機となるロケットの主力部分のスケッチを描いていた。それはシングルエンジンのあえて華やかさを排した地味な代物だった。ほかの人がロケットをレーシングカーにたとえるなら、自分は喜んでホンダ車にたとえたかった。実用的で、信頼でき、安いロケットだ。「ホンダのシビックなら、購入して1年以内にはまず故障しない」とマスクはファスト・カンパニー誌に語っている。「安くて信頼できる車が手に入れられる。ロケットもそれと同じようにしたい」。人工衛星など、重さ500キロ以上のペイロードを、他社よりはるかに安い約600万ドルで打ち上げ、地球低軌道に投入できるようにすることが目標だった。

ほどなくスペースXの最初のロケット、ファルコン1が組み立てられた。「ファルコン」は『スター・ウォーズ』に登場する宇宙船ミレニアム・ファルコンから取り、「1」は第1段エンジンの数を表していた。しかしわずか1年ほどでロケットを完成させながら、マスクはNASAの誰からも興味を持ってもらえなかった。

ワシントンはマスクを歯牙にもかけなかった。ビールのときと同じだった。体制側——大手の請負業者、議員、NASAの大多数——は、マスクの宇宙企業をよくある金持ちの道楽のひとつにすぎないと見ていた。遊び半分であり、どうせ成功しないと踏んでいた。マスクのしていることを真剣に受け止める者はほとんどいなかった。

「当初、われわれはNASAにどうか興味を持ってくださいとお願いするような立場でした」と、当時スペースXの戦略関係部長だったローレンス・ウィリアムズは話す。

2003年末、マスクはNASAのほうから来てくれないのならこちらから出向けばいいと考えついた。ちょうど連邦航空局（FAA）が国立航空宇宙博物館でライト兄弟の動力飛行100周年祭を開催しようとしているときだった。マスクはそこに自分の新しいロケットを携えて、乗り込むことを思いついた。

祭典の日に合わせ、スペースXは7階建ての高さのロケットを特注のトレーラーに載せて、米国を縦断し、ワシントンDCまで運んだ。ワシントンDCに着くと、警察の護衛のもと、一行はインデペンデンス通りを賑々しく進んだ。途中、国立公園ナショナル・モールの前も通った。ナショナル・モールはこれまでに数々の華やかなイベントや、行進や、抗議行動の舞台となってきた場所だが、こんなものが登場するのは初めてだった。

当時32歳だったマスクが連邦航空局の建物の前にロケットを駐めると、国立航空宇宙博物館に向かって歩いていた観光客たちは、凍えるほど寒い日だったにもかかわらず、立ち止まって、路上の展示物を唖然とした表情で見つめた。ふだんはホットドッグの屋台が並ぶ場所に、全長21メートルの真っ白なミサイルがでんと鎮座していた。朝のラッシュアワーに道路が大きなトレーラーですっかりふさがれていたので、タクシーも何事かと驚いて止まった。このショーはシリコンバレー流の威勢のいい売り込みではあった。アップルの新製品発表のようなものだ。とはいえスティーヴ・ジョブズが新製品を大衆に印象的に売り込む技術を完成させる前のことだ。

マスクはこのような騒ぎを起こすことで自分の小さなベンチャー企業が成し遂げたことを披露した。NASAに向けて、無料ドリンクを求めて集まってくる議会スタッフたちに向けて、そして取材にかけつけた報道陣に向けて。たとえそれがまだ飛んだことのないロケットだったとしても。

しかし飛べるのだろう、やがて飛ぶのだろうと思わせた。道端に置かれたその姿は、計算された併置の効果を見事に上げていた。博物館の中にはNASAの輝かしい過去がある。月面着陸船、マーキュリー計画の有人衛星カプセル、アポロ計画の残響、アポロ計画から生まれやがて打ち捨てられた夢の数々……。そして博物館の外には、新しい未来を築こうとするひとりの男がいる。安くて信頼できる宇宙船を作り、いつか火星に植民するという、型破りなこの男にいかにもふさわしい奇抜な目標を携えて。

マスクが売り込んだのはロケットだけではなかった。そのロケットを通じて、小さなベンチャー企業でも宇宙で成功できるという大それた考えも訴えていた。ビールは多くの人たちの予想を上回る成果を上げ、それによって宇宙産業への外部からの参入を阻んでいる壁にひびを入れた。とはいえ、マスクがビールと同じ轍を踏みたくなかったら、信頼できるロケットを開発するだけでは不十分だった。業界の秩序をひっくり返す必要もあった。そのためには優れた技術力だけでは足りない。虚勢と蛮勇も求められた。エゴにもとづく強い思い込みと、幸運と、体制にどこまでも楯突こうとする反骨精神がなくてはならなかった。

インデペンデンス通りでの行動を告知した報道発表で、マスクは自社の新しいロケットを「宇宙飛行のコストを劇的に下げるもの」と宣伝すると同時に、競合相手のロケットを、コストが4倍高いうえ、信頼性ではるかに劣るとこき下ろした。さらに、NASAが乗員7人の命を奪ったスペースシャトル、コロンビア号の事故から10カ月経ったその時点で、まだ打ち上げを見合わせている状態だったことにもつけこんだ。

「スペースシャトルの発射が再開されず、人工衛星の打ち上げが滞っている今、新しい宇宙飛行の手段がますます必要になっています」と報道発表には書かれ、ファルコン1が再利用可能なロケットであることがアピールされていた。

午後8時に開かれたレセプションでは、NASA職員や議会スタッフ、連邦航空局職員がひしめくなか、マスクが短いスピーチを行ない、停滞した宇宙産業にとってスペースXは復活の起爆剤になるだろうと話した。

「ロケットの開発の歴史を振り返ると、あまり成功してきたとはいえません。いや、成功は一度もなかったともいえます。成功を、コストや信頼性の面で大きな進歩を遂げることだと定義するならです」とマスクはいい、「宇宙産業に久々に成功のチャンスをもたらすのが、スペースXであるとわたしは思います」と結んだ。

外には報道陣を招いていた。ロケットはスポットライトで照らし出され、そばに演台が用意してあった。マスクは演台に上がると、「このワシントンDCで、このロケットを発表することができ、たいへん光栄です」とあいさつした。

自称セレモニーの達人はほかにも発表を用意していた。このファルコン1は皮切りにすぎないといい、すでにファルコン5の開発を始めていると発表した。ファルコン5は第1段エンジンを5基搭載した、ファルコン1をはるかにしのぐパワーを持つロケットだった。これも他社のロケットより格段に安いという。「宇宙へ運ぶ積載量の単位当たりのコストで世界新記録を樹立するでしょう。それは何にも勝る大きな進歩です」

ファルコン5が完成すれば、収益性の高い大型衛星市場への参入が可能になる。それはこれまで国の大手請負業者に独占されてきた市場だ。したがって、このナショナル・モールでの派手なイベントは、新しいロケットを発表する以上の意味を持っていた。それはロッキード・マーティンやボーイングに対する威嚇射撃でもあった。ビールは頑強なその支配の前に屈した。しかしマスクには新しいロケットと、新しく手に入れた莫大な財産という武器があった。その財産を惜しむつもりはなかった。

マスクの攻勢が始まろうとしていた。

第3章 ──「小犬」

マスクがインデペンデンス通りでロケットを披露してから1カ月後、NASAの長官シーン・オキーフのもとに、スペースXの能力と将来性に関する全21ページの報告書が届いた。「機密情報を含む。閲覧のみ。配布厳禁」と、その2004年1月29日付けの書類の表紙には記されていた。

NASAにはスペースXのことを聞き知っていても、真剣に受け止める者はほとんどいなかった。しかしオキーフはマスクと活気にあふれた開発陣に興味を引かれ、虚心にようすを見守りたいと思っていた。そこで側近のひとりで、当時チーフエンジニア室の高官だったリアム・サースフィールドをカリフォルニアに派遣し、スペースXが有望な企業かどうかを探らせた。

サースフィールドは宇宙事業の民営化の支持者で、積極的な民間部門の活用を提言する報告書も書いていた。スペースXはまさに待ち望んだ企業だったが、評価を甘くするつもりはなく、ベテラン職員3人を視察に同行させた。マスクの工場に足を踏み入れた一行は、スペースXのエルセグンド本社を訪れた初めてのNASAの役人となった。

そこはサースフィールドが知っているどんなロケット会社ともちがった。社内には卓球台やエアホッケーのテーブルが置かれ、セグウェイを乗り回す従業員の姿があった。マスクはマクラーレンの1000万ドルするF1マシンで格納庫の扉から工場フロア内に入って、自室前に車を乗りつけていた。それでも従業員たちの仕事ぶりは確かだった。熱心にエンジンやハードウェアの組み立てが行なわれていた。社内を見て回ると、当時従業員はわずか42人――ほとんどがエンジニア――しかいなかったが、知った顔がちらほらあるのに気づいた。それらは世界のトップクラスの宇宙航空企業にいた人物だった。

「積極的な人材の獲得が行なわれている」とサースフィールドは報告書に記した。「技術力が高い、精鋭揃いのチームである」

何よりマスク本人にとても感服した。驚くほどロケット技術に精通し、推力の科学やエンジンの設計のことを深く理解していた。きわめて熱心で、一心不乱で、決意にいささかも揺るぎがなかった。「これは成功をつかむまで絶対にあきらめないタイプの男だ」とサースフィールドは思ったという。

その日いち日、マスクはファルコン1とファルコン5の実物大模型や、エンジンの設計や、有人飛行に使える宇宙船の計画を自慢げに紹介するいっぽうで、サースフィールドを質問攻めにした。NASAの内部事情はどうなっているか？　自社のような会社はどう思われているか？　また、高度な技術的な問題についてもいくつも尋ねた。例えば、排気装置から放出される熱がロケットのエンジンコンパートメントに向かって戻ってきてしまう「底部加熱」の問題についても、詳しい話が交わされた。これはマスクが計画しているような、複数のエンジンを隣り合わせに置くロケットで特に注意すべき問題だった。

こうしてNASAに友人をつくったマスクは、それから数週間にわたって、質問のメールを「ひっきりなしに」サースフィールドに送ってきたという。マスク自身、冗談めかして、メールは「弊社の最大の武器」と告げてきた。

「ほんとうに次から次へとメールを送ってきました」とサースフィールドはいう。「問題に出くわすと、それを解決するまでは気がすまないようでした。そういう姿勢で、ともするといち日に18時間仕事に没頭しているのですから、まさに成功に向かって突き進んでいました」

マスクがとりわけ興味を示したのは、国際宇宙ステーションのドッキングアダプター、つまり宇宙船との結合部分だった。マスクのチームが開発に取り組んでいる宇宙船も国際宇宙ステーションとのドッキングをめざしていた。寸法はどれぐらいか、ロックをかけるピンはどういう設計か、さらにはハッチのボルトはどういう形状かということまで知りたがった。サースフィールドが関連資料を送ると、マスクからはさらに新しい質問が返ってきた。

「たいていの人には恐怖心があります」とサースフィールドはいう。「あれやこれやと心配し、なるべく自分が無能な人間に見えないように気を遣っています。イーロンにはそういう恐怖心がまったくありません。無知をさらけだしてしまうようなことでも、平気で質問します。全問題とじっくり向き合って、あらゆる知識を吸収しようとする態度にほんとうに感心しました。全身全霊で打ち込んでいることがはっきりとわかり、あたうかぎりの支援や手助けをするに値する人物だと思えました」

サースフィールドはNASAへ戻ると、上司たちにマスクはかなり有望だと話した。オキーフへの報告書には、ファルコン1は「最初の試験で打ち上げに成功するだろう」――1回で成功するとはかぎらないが――という予想を書いた。そして次のように結論づけた。「スペースXは優れた品質と確かな将来性を備えている。NASAがこのベンチャー企業に出資することには、十分に正当な根拠が見出せる」

しかしNASA本部には懐疑的な見方をする者のほうが多かった。

「NASAの95パーセントぐらいの人から、マスクはほぼ確実に失敗すると思われていました」とサースフィールドはいう。「わたしはみんなにこういって回りましたよ。『疑うのはもっともだ。イーロンが進む道は山あり谷ありだろう。だが、この男は最後には必ずやり遂げる』と」

サースフィールドが報告書を提出してからひと月後、マスクからふたたびメールが届いた。ただ、今回のメールはいつもと調子がちがった。ちょうどこの直前に、NASAは別の民間宇宙企業、キスラー・エアロスペースと2億2700万ドルの随意契約を交わしていた。マスクはなぜ競争入札が行なわれず、他社がこの契約から締め出されたのかを知りたがった。

マスクが莫大な資金という武器を持っていたのに対し、キスラーはNASAとワシントンDCに強力なコネを持っていた。キスラーを率いるジョージ・ミュラーは、アポロ時代に有人宇宙飛行局の局長を務めた航空宇宙業界の重鎮だった。1960年代末、ウェルナー・フォン・ブラウンとともに、月に人間を送るというジョン・F・ケネディの目標の実現に貢献した人物であり、NASAでは英雄視されていた。

ミュラーはアポロ計画後、最初の宇宙ステーションの設計に携わったほか、「スペースシャトルの父」とも呼ばれた。マスクが生まれた1971年には、「アポロ計画のシステムの設計に数々の貢献をした」功績により、当時の大統領リチャード・ニクソンからホワイトハウスのイーストルームの式典で国家科学賞を授与された。

退官後は民間部門に転身し、ゼネラル・ダイナミックスの上席部長を経て、小さなスタートアップ企業であるキスラーの最高経営責任者に就任した。キスラーは2003年に6億ドルの債務の返済が滞って、破産申請をしており、苦境に陥っていた。NASAからの受注は社を沈没から救うものになった。

マスクは激怒した。たとえ違法とはいえなくとも、不公平な契約だと感じた。これに対してサースフィールドは、キスラーの窮状を説いたうえで、同社の幹部とNASAの古くからの結びつきに触れ、「キスラーの資金調達は不安定（控えめな表現）ではないかと懸念されますが、われわれが毎年ぱっぱと使っている年間の予算に比べたらその額はポケットの小銭ほどです」とマスクをなだめた。

スペースXは心配に及ばないと、サースフィールドは書いた。じきに別の件で受注できるだろう、と。しかしこの返事はマスクをさらに怒らせ、決意を固めさせた。アンディー・ビールと同じく、マスクにはNASAの役割は特定の企業を支えることではないはずだという思いがあった。競争によって技術が改良され、製品の安全性が高まり、コストが下がると考えるからだ。既存の秩序があって、そこへの参入が許されないなら、その秩序をぶっ壊す以外になかった。

マスクはNASAの上層部に抗議の意思を伝え、ワシントンのNASA本部で話し合いの場を設けさせると、今回の随意契約に関して、会計検査院に法的な異議申し立てを行なうと脅した。社内からは、スペースXを生かすことも殺すこともできる政府機関にそんな脅しをかけるのは賢いビジネスのやり方ではないと諌める声も上がった。話し合いの場で、NASAはマスクに、訴訟はスペースXの利益にならないと言い渡した。もしNASAを訴えるなら、スペースXとは仕事をしない、と。

「NASAを訴えるのはよせと、みんなにいわれた」とマスクは当時のことを語っている。「勝算は10パーセント以下だといわれた。将来の顧客を敵に回すんじゃない、と。わたしはたいていこんなふうに答えた。『許せることではない。これは競争入札で決めるべき契約だ。それがそうはなっていない』」

マスクにとっては正しいか、まちがっているかの単純な問題だった。しかしNASAともうまくつき合っていかなくてはならない部下たちには、そういう論理だけでは心許なく感じられた。

「顧客関係を担当する人間としては、それはいつもとても不安でしたよ」と、のちにスペースX社の社長兼最高執行責任者になるグウィン・ショットウェルはいう。「でも、イーロンは正しいことのために戦うんです。正しいことのために戦って、誰かを不愉快にさせてしまっても、仕方がないといってね」

創業時からスペースXの合い言葉は、「不可能にも思える大胆な目標をかかげよ。誰がなんといおうと、ひるむな。突き進め。限界を打ち破れ。それでこそスペースXだ」だったと、ショットウェルは話す。「それがこの会社のいわば取り決めでした」

マスクの態度は傲慢なぐらい自信に満ちあふれていて、それがスペースXの社風にもなっていた。「スペースXで働く人は、厚かましくなくてはならないんです」とショットウェルはいう。「意見をどんどんいい、自分をどこまでも押し通すことが求められます」

ただ、スペースX社の中でもワシントンに勤務し、政府関連の業務に携わる数少ない社員のひとり、ローレンス・ウィリアムズは、NASAとの話し合いでNASA側からいわれたことに対し、動揺せずにはいられなかった。長年、ワシントンで仕事をし、下院科学宇宙技術委員会の補佐スタッフを務めたこともあるウィリアムズには、NASAのメッセージは明白だった。それは「イーロン、きみがもしそのとおりにするなら、きみは負けるうえ、NASAから仕事は絶対に受けられないぞ」ということだ。

しかしマスクは意に介さなかった。「表情ひとつ変えませんでしたよ」とウィリアムズは話す。「誰もがきびしい口調で止めているのに、イーロンはうちのいちばん大事な顧客に対して訴訟を起こすことに、まったくためらいがありませんでした。わたしは20年以上ワシントンで働いてきましたが、あれほどの信念と自信の持ち主は見たことがありません。自分が信じることのため、なんのためらいもなく、すべてを失うリスクを冒そうというのですから」

突き進め。限界を打ち破れ。

スペースXは訴状の中で、今回の契約がキスラーを救済するために結ばれたものであることを示す証拠として、サースフィールドのメールさえ持ち出した。「これがイーロンのやり方なんです」とウィリアムズはいう。「政府の契約に対する不服申し立てに、リアム・サースフィールドからのメールを添付してしまいました。サースフィールドは当時、NASAにいるおそらく唯一のわれわれの友人だったにもかかわらずです。『これがキスラーの命綱だ。心配するな。困ったことになっても、なんとかする』といって」

スペースXは非営利組織「政府のむだ遣いに反対する市民団」の支援も受けた。組織の代表トム・シャッツは、NASAが「ほかの入札者をまともに審査しないで、完全自由競争の原則を無視し、ペテンを働こうとしている」事実がこれで発覚したと述べた。そして、「不当な随意契約は、NASAの出身者にリベートが支払われていることを強く匂わせる。これはNASAの民営化の取り組みには凶事だ」と続けた。

この戦いは議会にも持ち込まれた。マスクは2004年5月、上院委員会に招かれ、ロケットの未来と民間企業の果たすべき役割について証言することになっていた。しかしいつものように遠慮せず、この場も自分のために利用しようと思いついた。前もって用意したマスクの証言は、出だしから手きびしい批判を展開し、議会が長らく愚かな予算を許してきたことを指摘するものだった。

「過去数十年間は、新しい有人宇宙輸送システム開発の暗黒時代でした」とマスクはいった。「何百万ドルという国の事業が次から次へと失敗しました。それも宇宙へ行くどころか、発射台へすら達しませんでした。

宇宙に対する社会の関心はどんどん薄れました。探検家の国に無関心はもとから備わっているものではありません。進歩のなさのせい、何度もがっかりさせられたせいで生まれたものです。米国が月に降り立ったとき、わたしたちは誓いを立て、人々に夢を与えたのではないでしょうか。そのときには、やがてふつうに技術が進歩すれば、大資産家とか、映画『ライトスタッフ』に描かれているような宇宙飛行士とかではなく、ふつうの一般の人が宇宙から地球を眺められる日がやってくると感じられました」

マスクはそう述べたうえで、議会にはその実現を後押しするために3つのことができるといった。業界に競争が起こるようもっと賞金を増やすこと、宇宙へ行くコストを下げられる乗り物に重点を置くこと、政府事業の発注を公平にすることの3つだ。

これはマスクがキスラーの契約をめぐる争いで焦点にし、議会の注意を引きたいことだった。「スペースXなどほかの企業には、米国の納税者に尽くすための競争に参加する機会が与えられませんでした」とマスクはいった。さらにキスラーへの批判もつけ加えた。「キスラーによる受注は不可解です。同社は昨年の7月から破産していて、めぼしい業績を上げていないのですから」と。

しかしマスクが不服の声明を読み終える前に、ジョン・ブロー議員（ルイジアナ州選出、民主党）が異議を申し立てた。上院公聴会でそういう不服の申し立てを行なうことは「係争の相手がいない場で、係争中の問題を持ち出すことであり、明らかに不公平」だと。

が、むだだった。マスクは平気な顔で、発言を続けた。さらにマスクの弁護士も、競争入札を経ずに交わされたキスラーの契約が不当であることを巧みに論じた。

その後、係争を審査した会計検査院は、NASAにこの契約を破棄することを命じた。スペースXの勝利だった。これで今後のNASAの発注事業では、スペースXも契約獲得の競争に参加できるようになった。

「すごい大番狂わせだった。九分九厘負けるといわれたほうが勝ったんだから」とマスクはのちにいっている。「みんなが予想しなかった結果だ。会計検査院がスペースXの側を支持するなんて、誰も思ってなかった。会計検査院にも、勇敢で誠実な真人間がいるということだ。彼らには心から敬服する。スペースXの申し立てを退けるよう圧力がかかってたはずだからね。それは相当な圧力だったと思う。だが会計検査院の裁定で勝利を得られたことは、スペースXの未来にとってとても大きなことだった」

マスクはこうしてキスラーの契約をめぐる法的な争いでは大勝利を収められた。しかしそれによって味方はひとりも増えなかった。むしろ、航空宇宙博物館でのイベントでマスクが支持を取りつけようとしたワシントンの人間からは、冷ややかな目で見られた。

２００４年初頭、スペースXとノースロップ・グラマンのあいだに争いが生じた。ノースロップは国防総省からスペースXのロケット開発の監督を任された企業だった。国防総省は衛星の速やかな打ち上げに役立つ新技術を切望しており、この勇ましい小さな企業への関心を高めていた。ある空軍の高官はマスクを「先駆者《パスファインダー》」と呼び、「われわれとしても彼には成功してもらいたい」と語った。

とはいえ国防総省がこの新興企業とその型破りなやり方を信用するためには、まずは製造の工程や、従業員や、エンジンの設計について詳しく知る必要があった。しかし限られた予算の中ではそのための人員を割くことはできなかった。そこで最も信頼できる請負業者を選んで、その監督を任せることにした。

こうしてノースロップ・グラマンの技術者の一団が、スペースXのエルセグンド工場に派遣され、常駐することになった。唯一の問題は、ノースロップも国防総省向けにロケットの部品を製造しており、スペースXの競合企業だったことだ。そこにはどうしても利害の対立が伴った。国防総省はこの問題には最大限対処することを約束し、ライバル企業に派遣されたノースロップの従業員は、似た事業に携わる自社の従業員と接触しないよう、自社から隔離されることが取り決められた。

監督対象の企業の秘密が監督企業によって持ち出されないよう「われわれはあらゆる努力をする」と、国防総省の役人はウォールストリート・ジャーナル紙に語った。

しかし実際に講じられた措置は気休め程度でしかなかった。2004年1月、当時スペースXの事業開発の責任者だったグウィン・ショットウェルは、ノースロップから派遣されたチームがノースロップを利するためにその立場を悪用するのではないかと気がかりだった。ウォールストリート・ジャーナル紙の記事によると、ショットウェルが会議の場に乗り込んで、ノースロップのチームに自社でエンジンの開発に携わっている者がいないかどうか明らかにするよう迫ると、8人中5人のメンバーが手を上げたという。

空軍はノースロップのチームを別の会社、エアロスペース・コーポレーションの技術者チームと交代させた。しかし穏便にはすまなかった。ノースロップはすかさず攻撃を開始し、5月、スペースXがノースロップのロケットエンジンの設計を不当に利用したとして、訴訟を起こした。スペースXの主任推進エンジニアを務めるトーマス・ミュラーは、ノースロップの子会社からマスクによって引き抜かれた人物だった。ノースロップは、ミュラーが内部情報を持ち出したと訴えた。さらに、「社外秘」という印の押された書類が多数、スペースXに渡っているとも訴えた。

スペースXは嫌疑を否定し、ひと月後、逆に訴訟を起こして、反撃に出た。それはノースロップが監督者の立場を悪用して、企業スパイに手を染めようとするような「盗み見」を働き、「機密情報を保護し、悪用しない」という取り決めを守らなかったという訴えだった。

最終的には和解が成立し、両社とも訴えを取り下げた。法廷闘争を続けても金と時間をむだにするだけだと、マスクは語った。それでも大企業の弱い者いじめに、スタートアップ企業が決然と立ち向かったことには意味があった。「ノースロップはわたしたちがこれほど刃向かうとは思ってなかったはずだ」とマスクはいう。

南アフリカで過ごした幼少時代、マスクはひどいいじめを受けた。階段から突き落とされて、病院へ運び込まれたこともあった。マスク少年は本とコンピュータの世界に逃げ込み、何時間も読書やゲームに没頭した。

スペースXが成功を収めるためには、ナショナル・モールで行なったような見世物だけでは足りなかった。前に進むには、戦わなくてはいけない。マスクは力と力の真っ向勝負を挑むつもりだった。もうやられるだけのいじめられっ子ではなかった。


九・一一後の数年で、国防総省と情報機関はかつてなく宇宙技術への依存を深めていた。衛星はますます大きな役割を担い、僻地に派遣されることの多い地上の部隊に安定した通信手段をもたらした。また衛星から発されるGPSの信号は各種の武器や、精密誘導兵器や、イラクやアフガニスタンの戦場に大量投入されたドローンの操作に使われた。

そのような衛星を計画どおりに宇宙に打ち上げることは重要であるとともに、大きなビジネスでもあった。この分野ではNASAが名声と権威を博するいっぽう、当時、最大の出資者となっていたのは国防総省だった。長年、宇宙の安全保障市場はボーイングとロッキード・マーティンに支配されてきた。法律上、国防総省は「宇宙利用の手段を確保」することを義務づけられており、それは軍事及び情報活動用の衛星を打ち上げるために最低2基以上のロケットを常備することを意味した。1基は予備だ。理論上、企業は互いに競い合うはずで、価格は下がるはずだった。

1998年、国防総省は数億ドル規模の打ち上げのコンペティションを実施した。このコンペティションで最大の成果を上げたのはボーイングで、19件の打ち上げ契約を得た。ロッキードによる契約の獲得は9件に留まった。これは国防総省の供給業者の中で断トツの地位にあったロッキードには信じられない結果だった。ところが連邦捜査官の捜査で、ボーイングが数千ページに及ぶロッキードの機密データを不正に入手し、それがコンペティションでボーイングを著しく利したことが明らかにされた。

このスキャンダルはワシントンを揺るがし、空軍が航空大手ボーイングとの取り引きを停止する事態に至った。これはウォールストリート・ジャーナル紙の表現を借りれば「国防総省の大手請負業者に科された過去数十年で最もきびしい処分」となった。ボーイングはこの処分で10億ドル相当の契約を失い、7件の打ち上げ契約はロッキードに移った。さらにロッキードには競争抜きで3件の打ち上げ契約が与えられた。

「これほど大規模な事例は聞いたことがない」と、当時の空軍長官代理ピーター・ティーツは嘆じた。

しかし2005年までに両社は和解に至った。あるいは至らざるをえなかった。両社によれば、市場に大企業2社を支えられるほどのビジネスがなくなってしまったという。そこで両社は互いの打ち上げ事業をひとつに統合する計画を発表した。この合併で国防総省の請負業者としては過去に例のない巨大企業が誕生することになった。ユナイテッド・ローンチ・アライアンスと名づけられた新会社は、国防総省の請負業者のトップ2企業が組んだものだった。この結果、数十億ドル規模の市場は1社に独占されることになった。

2社はひとつにまとまることで、国防総省に対して絶対的に有利な立場に立った。国防総省にはほかに衛星の打ち上げを頼める企業がなかった。国防総省は合併を許しただけでなく、合併でできた会社に追加の契約も与えた。その契約によって、新会社は数億ドル規模の間接費をすべてまかなえた。

マスクはすでにキスラーを訴え、ノースロップ・グラマンと戦っていた。今回の独占企業の誕生を黙って見過ごすつもりはなかった。この合併はスペースXにとっても由々しいものだった。アライアンスは少なくとも2011年までの大型契約をすべてわが物にしようとしていた。スペースXは2005年10月、訴訟を起こし、2社が「力ずくのやり方」で国防総省に合併を認めさせたうえ、契約を独占し、「政府にロケットの打ち上げを売る市場に、競争の形すら完全になくしてしまった」と訴えた。

「スペースXはボーイングとロッキード・マーティンの支配的な地位を脅かしている」と訴状には記された。「スペースXは宇宙飛行のコストを劇的に下げ、打ち上げの信頼性を大きく高める新技術と新ビジネスモデルを開発した。スペースXが現在開発中のロケットはボーイングやロッキード・マーティンのロケットより、性能が高く、なおかつ格段に安く打ち上げられるものになるだろう」

さらに2社について、国防総省に「ボイコット」をちらつかせて、要求をむりやり呑ませ、「スペースXを含む他社をすべて契約から除外させようとしている」ことを非難した。

まだロケットを打ち上げた実績のない企業には、これはかなり無謀な訴訟だった。ロッキードとボーイングは訴えられた事実を否定し、スペースXの訴えは却下された。こうして誕生したアライアンスは、10年にわたって安全保障に関わる打ち上げを独占し、国防総省から数十億ドルの契約を獲得することになった。

マスクは断固戦い続けるつもりだった。しかしボーイングとロッキードの側はマスクやその血気盛んな新興会社を特に怖がっていないようだった。

スペースXのワシントンでの活動を担っていたウィリアムズによると、ロッキードのロビイストは「議会でわれわれを『きゃんきゃん鳴く小犬』といっていた」という。もういっぽうの大企業も、スペースXのロケットを「自転車部品でつくった代物」とばかにしていた。

マスクのビジョンと大金に支えられたスペースXは、確かに大言壮語を吐いていた。しかしまだ実績がなかった。宇宙産業では、口先だけの者は軽んじられる。ロッキードとボーイングは私的な議員の会合以外の場所でも、スペースXを愚弄した。

「スペースXには有言実行であってほしいと思います。これまでのところ、競争に参加する資格があることは示されていません」と、ロッキードのスポークスマンはニューヨーク・タイムズ紙に語った。ボーイングの発言も同様に侮蔑的だった。「宇宙にロケットを打ち上げることはたいへんな難事業です。スペースXを競合相手と見なせるかどうかを判断するには、まずはロケットの打ち上げを実施してもらわないといけません」

マグレガー工場では、そのロケットの開発が進められていた。マスクの率いる少人数のチームがテキサス平野で取り組んでいたのは、エンジンの燃焼試験だった。その作業はマスクがそれまでに経験したことのないものだった。ソフトウェアに不具合があれば、「404」というエラーメッセージが出るか、あるいはハードディスクがクラッシュする。エンジンの試験では計算をまちがえると、大爆発が起こって、窓を揺らすほどの轟音が響きわたった。そのつど近くの牧場の牛たちがびっくりして、いっせいに逃げ出した。あまりに頻繁に失敗し、そのたびに大騒ぎが起こるので、娯楽のほとんどないマグレガーで毎日を送るスペースXの従業員たちは、牧場にビデオカメラを設置して、鳥のようにぱっと散る牛たちを録画して楽しんだ。

市から最初に借りた敷地はあまり広くはなかったので、ほどなく手狭になり、借りる敷地が追加された。197エーカーから256エーカーに増えるまではすぐだった。それがさらに631エーカーに増え、やがて1000エーカーを超えた。最終的には、一帯すべての借主になった。総面積は4000エーカーに及んだ。けたたましい音を立てる敷地から約6キロほど西には高校があった。エンジンが大きくなり、煙と火が増え、騒音がひどくなるのに合わせて、敷地は次々と広げられた。

本社はカリフォルニアに置かれていたが、「すごいものがほんとうに見たかったら、ぜひテキサスに来てほしいといってるんだ」とマスクは話した。「そこでわたしたちは実際にエンジンに火をつけてる。わたしたちの先進のエンジンのほとんどがそこにある」

近くの州立公園では、管理人が看板を立てて、ときどき遠くから聞こえてくる轟音は世界の終わりを告げるものではなく、スペースXのエンジンの音だと、来園者に注意を促した。「マザーネフ州立公園には昼夜を問わず、ときおり雷鳴のような音が聞こえてきます。空が晴れていれば、心配は要りません。打ち続く雷鳴は、当公園の北約10キロにあるスペースX社のロケット研究開発施設からのものです」

中央テキサスのエンジニアたちも、ワシントンで支配層と戦うために雇われた弁護士たちに負けないぐらい、大きな「騒ぎ」を引き起こしていたわけだ。マスクはシリコンバレーの若き天才として、次々と派手なショー——注目を浴びる訴訟、警察に護衛されたインデペンデンス通りでのパレード、上院の公聴会、大音響をとどろかすロケットの試験——を繰り広げていた。

スペースXはまだいかなる業績も上げてはいなかった。今後、いっぱしの企業に成長できるかどうかは、まだはっきりしなかった。マスク自身、成功の確率を10パーセントと見積もっていた。それでも全力を傾けたパフォーマンスによって、少なくとも最初の目標のひとつは達成しつつあった。宇宙への興味を呼び覚ますという目標だ。

とにもかくにも、マスクはまちがいなく人々の関心を集めていた。

マグレガーからおよそ800キロ西では、ベゾスがこっそり購入した土地で、ロケット企業の立ち上げをひそかに進めていた。徹底した秘密主義者のベゾスは、マスクが何かと騒々しく、先を急ぐのとは正反対で、何事もひそかに、ゆっくり行なった。マスクはインデペンデンス通りにロケットを持ち込んで脚光を浴びたが、ベゾスは自社のすることを隠そうとしていた。

ベゾスがロケット企業を始めたという噂はスペースXにも届いた。マスクは詳しいことを知りたがった。「きっと彼は心配だったんじゃないか。投資家たちにおかしな道楽を始めたと思われるのが」と、マスクはのちに語っている。2004年頃、ふたりは夕食をともにした。

「ロケットの仕組みの話になったとき、彼が誤った方向に進もうとしてることがわかったんだ」とマスク。「それでわたしはできるかぎりのアドバイスをしようとした。（中略）彼らがめざしてるエンジンの仕組みでは、ゆくゆくは行き詰まりそうだった」

ベゾスが考えたアイデアの中には、スペースXがすでに試したものがあった。「じつは、おれたちもそれは試してみたんだ。でも、まったくうまくいかなかった。同じ失敗をしないよう、それはやめておいたほうがいい」とマスクはベゾスに助言した。しかし「精一杯、彼のためになるアドバイスをしようとしたんだが、おおむね無視された」という。

マスクとちがい、ベゾスは急いでいなかった。いくらでも実験と失敗を繰り返し新しいアイデアを試したいと思っていた。たとえマスクたちが試して、失敗したアイデアであっても、自分たちで試してみたかった。ベゾスには桁外れの辛抱強さがあった。何せこの男は、西テキサスの自分の所有地にある山中に「長期的に考えることのシンボル」として、1万年時計を設置した人物なのだ。1万年にわたって時を刻むその時計には「１００年ごとに1目盛進む『世紀針』がついていて、１０００年に1回、カッコーが出てくる」という。

羽のロゴに加え、ブルーオリジンには紋章がある。シアトルにほど近いワシントン州ケントの本社の壁にものちに掲げられることになる紋章だ。たいへん凝ったアートになっていて、地球や月のほか、宇宙の各高度に達するために必要な速度など、さまざまな象徴的な事物があしらわれている。よく見ると、そこには人間が死すべき運命であることを示す砂時計もある。

「時間はあっという間にすぎ去る」と、ベゾスは社内を案内しながらいったことがある。ブルーオリジンの開発はのんびりとしているように見えるが、切迫感がないわけではないし、方向が定まっていないわけでもない。ただ、「一度に一歩ずつ進むほうがかえって早く目的にたどり着ける」を信条にしているのだ。

ブルーオリジンのモットーは「グラダティム・フェロシテル（一歩ずつ、果敢に）」という。その言葉は紋章の下にも記されている。しかし紋章の中に描かれているシンボルの中で最も重要なものといえばきっと、星に手を伸ばす一対の亀だろう。これは兎と亀のレースの勝者を称えたものだ。

亀はブルーオリジンのマスコットにもなっている。ベゾスが気に入っている米海軍特殊部隊の格言、「ゆっくりはスムーズ、スムーズは速い」を体現する動物だからだ。これもスペースXの「突き進め。限界を打ち破れ」と好対照をなすものだった。

マスクとベゾスはイソップの寓話「兎と亀」の現代版を演じていた。兎が土煙をもうもうと巻き上げながら、猛然と突っ走って、先行すれば、亀はのろのろとあとを追いながら、自信に満ちた口ぶりで静かに唱え続ける。

ゆっくりはスムーズ、スムーズは速い。ゆっくりはスムーズ、スムーズは速い。ゆっくりはスムーズ、スムーズは速い……。

第4章 ――「まったく別の場所」

ソビエト連邦が人類史上初の人工衛星スプートニクの打ち上げに成功してから5日後の1957年10月9日、米国の大統領ドワイト・D・アイゼンハワーは、旧行政府ビルでいつになく険しい表情の記者団の前に立った。それまで数日間、アイゼンハワー政権はソ連によるこの偉業の達成をさして重大なことではないように見せようとしていた。しかし国民は危機感を募らせており、もはやその声を無視することはできなかった。

アイゼンハワーは午前10時31分、記者会見場に入ると、単刀直入に口を切った。「質問をどうぞ」のっけからUPI通信社の記者からふだんとはちがうきびしい質問が飛んだ。「大統領、ソ連が衛星を打ち上げました。ソ連は大陸間弾道ミサイルの発射にも成功したといっています。どちらも米国はまだ行なっていません。この事態に米国はどう対応するべきだとお考えですか」

世は冷戦の真っ只中だった。ソ連による打ち上げは軍事的な優位を誇示しようとする威嚇的な行為と受け止められた。かつて戦略情報局の一員として大統領の上級顧問を務めたC・D・ジャクソンはホワイトハウスに次のようなメモを送った。「これは米国側を不利な立場に置く重大なできごとだ。(中略)ソ連は初めて科学で米国を追い越す大きな飛躍を遂げるだろう。表向きは平和的な科学のために利用するといわれているが、軍事的な意味合いがきわめて強い。今までは基本的には米ソの関係はこれとは逆だった」

ソ連の衛星が地球の周りを回るようになれば、ソ連は究極の優位に立ち、多くの人が恐れたように、宇宙から米国の諸都市にミサイルの雨を降らせることができる。ライフ誌はスプートニクの打ち上げを米独立戦争の発端となったレキシントンの戦いで放たれた銃弾にたとえ、「かつての米国の民兵と同じように立ち上がれ」と国に行動を迫った。当時テキサス州選出の上院議員だったリンドン・ジョンソンも「いたずらっ子が歩道橋の上から車をめがけて石を投げつけるように、ソ連はやがて宇宙からわたしたちに向けて爆弾を落とし始めるだろう」という懸念を口にした。

アイゼンハワーはこの記者の率直な質問には、実質的には、すでに国は対策に取り組んでいるという答えしか返さなかった。ソ連への具体的な対応策が示されたのは、数カ月後、１９５８年の一般教書演説においてだった。アイゼンハワーは国防総省内に「米国の最先端の開発プロジェクトを統括する」新部門を創設し、「ミサイル迎撃や衛星技術」を手がけさせる計画を明らかにした。その背景には、「新しいテクノロジーにより開発された新兵器の中には、既存の軍のいかなる枠組みにも収まらないもの」が登場し始めているという事情があった。

ソ連のスプートニクの打ち上げによって宇宙に新しい地平が切り拓かれていた。この状況はアイゼンハワーによれば「半世紀前、航空機が登場したときの状況に似て」おり、「新しいむずかしさ」をもたらすものだった。

新しい部門は「高等研究計画局（ＡＲＰＡ）」と名づけられた。秘密主義的な同局自身の表現を借りれば、「科学技術で出し抜かれるというトラウマ的な経験」から誕生したこの機関は、国防総省内の精鋭を集めた一種の特殊部隊だった。そこには選りすぐりの優れた科学者や技術者が揃っていた。しかし既存の軍の枠組み――陸軍、海軍、空軍――を超えた組織だったことから、軍の幹部には渋い顔をする者が少なくなかった。

アイゼンハワーはそんな反発はいっさい無視した。ソ連に遅れを取らないためには、「軍内部の有害な対抗意識」は乗り越える必要があった。

メンバーの選定は国防総省の最高幹部陣にみずから行なわせた。1972年、「国防」の文字を冠して「国防高等研究計画局（DARPA）」に改称されるこの機関にふさわしい人材として認められるには、頭がよくて、仕事ができるだけでは不十分だった。この機関そのものを嫌い、部外者と見なしている将校たちとも断固として渡り合える、意志の強さが求められた。

高等研究計画局には、米国が世界の数歩先を進み続けられるよう、常識に縛られずに近未来的な新技術を開発することが期待された。

「1960年代には、法律や道義に反しないことなら、ほんとうになんでも好きなことができた」と、1965年から67年まで高等研究計画局を指揮したチャールズ・ヘーツフェルドはロサンゼルス・タイムズ紙に語っている。

高等研究計画局のメンバーを選ぶ作業には、会計検査担当の国防次官ウィルフレッド・マクニールも携わった。マクニールが第一候補のひとりに選んだのは、ローレンス・プレストン・ガイスという無口ながら高潔で信頼できる元海軍少佐だった。テキサス出身のガイスは第二次世界大戦に従軍し、戦中は海軍の駆逐艦ニューンザーに配属された。戦後はさまざまな行政職を経験した。1949年から加わった原子力委員会では、1955年に委員長代理にまで昇進した。

冷戦が激化する中、ガイスは政府機関で水素爆弾の開発に携わるようになった。まだ若手ながら、1950年には水素爆弾の開発について話し合う秘密会合に、原子力委員会の当時の委員長ゴードン・ディーンなどとともに出席したこともある。

ガイスは高等研究計画局の先進性と、宇宙時代の始まりにこの機関が果たそうとしている役割に興味を引かれた。しかしその創設を阻もうとする政治的な圧力が強まっていることにも気づいていた。ガイスには養わなければならない家族がいた。この実験的な部門がうまくいかなかったときにも備えておく必要があった。

「この機関は発足前から物議を醸していた」とガイスは1975年の『高等研究計画局の歴史』の中で証言している。「マクニールには、運営面に携われることと、もし新機関の計画が立ち消えになったときには、マクニールの直属の部署に移れることを、この機関に加わる条件として受け入れてもらい、そのためのポストもつくってもらった。ただしこの機関は当時、それぐらい先行きが不確かだった」

ガイスは高等研究計画局の局長ロイ・ジョンソンからも一目置かれた。ジョンソンはゼネラル・エレクトリックの重役という高給の地位を捨てて、高等研究計画局の局長に就任した人物で、ソ連に追いつき、追い越すことを目標に掲げ、特に宇宙に重点を置いていた。

『高等研究計画局の歴史』によると「ジョンソンは目標の達成のためには何をしてもいい権限を国防長官から直々に与えられていると思っていた」という。「国の宇宙事業の総指揮官を務めようという気概に燃えていた。（中略）衛星を打ち上げることが、高等研究計画局の役割だと受け止めていたようだ。宇宙計画がジョンソンの最大の関心事になっていた」

入局から3年後、ガイスは原子力委員会から最高幹部のポストを用意され、復帰を打診された。しかし高等研究計画局での仕事を続けるほうを選び、「ヴェラ計画」に加わった。この計画は高高度の衛星を用いて宇宙から核爆発を検知しようとする試みだった。局内向けの通達の中で、ガイスは次のように報告している。「本局は緊急の課題として、アーガス効果を検知できる能力の確立に取り組んでいる」。「アーガス」とは、1958年に南大西洋上で3回行なわれた高高度の核爆発実験「アーガス作戦」から取られた言葉だろう。

ガイスはその後、原子力委員会に戻り、1968年まで在籍した。しかしその年、ある施設の廃止を求めたところ、議員に反対された。結局、議員が勝利し、ガイスは職を辞して、南テキサスの牧場に引っ込むことになった。

引退にはまだ若く、53歳だった。しかし昔から牧場での生活に憧れていた。加えて、小さい孫の世話もあった。耳が大きくて、にかっと笑う、利発な子だった。ミドルネームを祖父からもらったその子の名は、ジェフリー・プレストン・ベゾスといった。


ガイスは国防総省の高官であるいっぽうで、家族への愛情も深い人だった。ベゾスの母ジャッキーがベゾスを身ごもったときにはその面倒を見た。ジャッキーは17歳でベゾスを出産し、テッド・ジョーゲンセンと結婚した。ガイスは3人を何くれとなく助け、若いカップルにメキシコまで飛行機で行かせて、籍を入れさせたり、ふたりの家で披露宴も開いてやったりした。

義理の息子のニューメキシコ大学の授業料も負担してやった。しかしジョーゲンセンは学業を放り出した。大学を中退したジョーゲンセンには警察の職を斡旋してやろうとしたが、それもうまくいかなかった。

結婚も続かなかった。若い父親と母親は離婚し、ジャッキーが子どもを引き取って、ニューメキシコ州アルバカーキの両親の家で暮らすことになった。

ジャッキーはニューメキシコ銀行に就職し、そこでみんなから「マイク」の愛称で知られるミゲル・ベゾスと出会った。マイクは勤勉な男で、キューバ危機の直前にキューバから米国へ逃れてきていた。ふたりは恋に落ち、ベゾスが4歳のとき、結婚した。マイクはベゾスを養子にし、自分の子どもとして育てた。ガイスはジョーゲンセンに新しい一家とは距離を置くよう約束させた。「彼に興味を持ったことはない」と、ベゾスはタイム誌に実父について語っている。「わたしを育ててくれた人が、わたしのほんとうの父親だと思う」

ベゾスの宇宙への憧れは、5歳だった1969年7月20日に始まった。ニール・アームストロングとバズ・オルドリンが月に着陸したときだ。子どもながらに、歴史的な場面を目撃していることがわかった。

「人生への決定的な影響を受けた瞬間だった」とベゾスはいう。「今でもよく覚えているよ。家族といっしょにリビングでテレビを観ていて、両親と祖父が興奮しているのがこちらにもわかった。小さな子にはそういう興奮は伝染しやすいからね。何かすごいことが起こっていることがわかる。わたしの情熱に火がついたのは、まちがいなく、あの瞬間だった」

一家はニューメキシコとテキサスに住み、のちにフロリダに移った。それでもベゾスは4歳から16歳まで、毎年、夏休みは祖父の牧場で過ごした。

牧場はサンアントニオの南150キロほどの所にある小さな町コトゥーラにあった。都会から離れたその静かな場所で、ベゾスは祖父から自立の精神を学んだ。ベゾスが「じいちゃん」と呼んで慕った、我慢強くて優しい祖父は、孫に風車の修理から配水管の設置まで、牧場で生活する術を教えてくれた。牛のワクチン接種や去勢の仕方を教わったり、自分たちの牛に牧場のロゴである「Lazy G」という焼き印をつけたりもした。ブルドーザーが故障したときには、じいちゃんと働き者の孫のふたりで、巨大な重機を持ち上げるクレーンまで組み立てた。

非営利団体アカデミー・オブ・アチーヴメントのインタビューでベゾスはこう話している。「最高にすばらしい体験だった。牧場に暮らす人たち、大自然の中で働く人たちは、自立の精神に富んだ人たちだと思う。農家の人にしても、ほかのことをしている人たちにしても、みんな、たくさんのことを自分でやらなければならない」

祖父とも長い時間をいっしょに過ごした。「祖父は小さな孫にもいつもすごく敬意を払ってくれた。テクノロジーや宇宙やそのほかなんでも、わたしが知りたがると、おもしろい話をいくらでも聞かせてくれた」

祖父母は「キャラバン・クラブ」の一員でもあり、北米じゅうを旅していた。ときに好奇心旺盛な孫を旅に連れ出すこともあった。

「祖父の車にエアストリームのトレーラーをつないで、旅に出発しました。300人のほかの冒険家たちのトレーラーと一列になってです」と、2010年のプリンストン大学の卒業式でベゾスは話している。「わたしは祖父母を愛し、崇拝していました。あの旅がいつも待ち遠しくて仕方ありませんでした」

10歳頃のこと、旅に連れて行ってもらったベゾスは「後部座席の広々としたベンチシートで、ごろごろ転がり回って」遊んでいた。運転はじいちゃんだった。助手席では、祖母のマティがたばこを吹かしていた。この車の旅ではいつもそうだった。おかげで車内にはベゾスの耐えられない匂いが充満していた。

ベゾスはふと、最近耳にしたばかりの禁煙キャンペーンの言葉を思い出した。それは喫煙の恐ろしさを説いたもので、たばこを1回吹かすたび、寿命が約2分縮まるといっていた。まだ10歳そこそこながら、満タンのガソリンでどこまで行けるかとか、スーパーでかごに入れた商品の合計がいくらになるかとかを頭の中で計算するのが好きだったベゾス少年は、前の座席でたばこを吸い続けている祖母を見ているうち、退屈しのぎに祖母の寿命の計算もしてみようと思いついた。

「1日に吸うたばこはだいたい何本か、1本を吸いきるのに何回吹かすかというように見積もっていったわけです」と、ベゾスはプリンストン大学の卒業生を前に話を続けた。「その結果、われながら妥当な数字が割り出せたものですから、うれしくなりました。それでさっそく前の座席に身を乗り出して、祖母の肩をとんとんと叩いて、誇らしげにいったんです。『1回吹かすたびに2分だとすると、寿命が9年縮まるよ！』と」

ベゾスは祖父母にさぞ深く感心してもらえるだろうと思っていた。「『ジェフはすごく頭がいいわね。1年の時間を分にして、それから割り算をするなんて、そんなむずかしい計算ができるのね』」

ところが車内は静まりかえってしまった。ただ祖母のすすり泣く声だけが聞こえた。

「祖母はなかなか泣き止みませんでした。すると黙って運転を続けていた祖父は、路肩に車を停めました。それから車を降り、車の前を回ってこちらにやってくると、ドアを開け、わたしについてくるよう促しました。

何かまずいことをしてしまったのだろうか。祖父はとても知的で、温厚な人でした。荒っぽい言葉でわたしを叱ったことは一度もありませんでした。とうとう初めてどなられることになるのだろうか。それとも、車に戻って、祖母にきちんと謝るよういわれるのだろうか。それまで祖父とこういう状況になったことがなかったので、いったいどうなるのかまったく見当がつきませんでした。

祖父とわたしはトレーラーの横で立ち止まりました。祖父はわたしをじっと見ると、少し間を置いてから、優しい声でいいました。『ジェフ、賢い人間になるより、思いやりのある人間になるほうがむずかしいものだ。おまえもいつか、そのことがわかるだろう』」

牧場で過ごす夏休みは、息が詰まるほどの暑さのせいで、家の中に閉じこもっていなくてはいけないこともたびたびあった。そんなときはテレビドラマを観た。いちばん好きだったのは『デイズ・オブ・アワ・ライブズ』だ。祖父母はボードゲームや読書を勧め、郡の図書館に連れて行ってくれた。小さな図書館だったが、町民から寄付されたサイエンスフィクションのコレクションは充実していた。

その小さな図書館には「SFの本がおそらく数百冊はあった」という。「SFだけの棚がひとつあって、夏休みのたび、その棚の本を片っ端から読んでいった」

この図書館に通い始めて以来、ベゾスは「ハインラインとか、アシモフとか、そのほか今も読まれ続けている有名なSF作家たちの虜になった」。

暗くて深い夜空が果てしなく広がる牧場は、宇宙飛行士になりたいという将来の夢を持つ空想好きな少年が、SFのファンタジーに没頭するには理想的な場所だった。

自分の家では、大好きな『スタートレック』をよく観ていた。ただ、4年生になった9歳のとき、学校でスタートレックのコンピュータゲームのプレイ方法を知った。1974年のことで、まだパソコンが登場する前だった。学校には音響カプラという通信装置に接続された印刷電信機を備えた大きなコンピュータがあった。いわゆるメインフレームと呼ばれるコンピュータだ。学校のみんながその使い方を知っているわけではなかった。「それでも分厚いマニュアルがあったから、何人かの友だちといっしょに放課後、学校に残って、そいつのプログラムの仕方を覚えたんだ」。やがて、そのコンピュータにはあらかじめスタートレックのゲームがプログラムされていることがわかった。「もうその日からはスタートレックのゲームをやってばかりいた」という。

すっかりスタートレックのゲームにはまり、自分の犬にも「カマラ」というスタートレックの登場人物の名をつけた。

高校に入学すると、ベゾスの宇宙への情熱は、生来のずば抜けた頭のよさと好奇心の強さと組み合わさるようになった。ベゾスは高校時代に「無重力状態がイエバエの老化速度に与える影響」というタイトルの論文を書いて、NASAの論文コンテストに入選し、アラバマ州ハンツヴィルにあるNASAのマーシャル宇宙飛行センターへ招待されたことがある。

この論文のテーマは、無重力状態では生物の体のシステムに加わるストレスがどう減るかだった。寿命のとても短い生物――イエバエ――を使って、宇宙へ行った個体と地上に残した個体を比べれば、スペースシャトルに短期間搭乗することでどういう生物学的な変化が生じるかを調べられるのではないかとベゾスは考えた。

ベゾスの論文は最終選考までは進んだが、受賞は逃したので、NASAで宇宙にハエを送る実験は行なわれなかった。それでもベゾスは引率の物理の教師といっしょにマーシャル宇宙飛行センターに数日間滞在する機会を与えられた。宇宙飛行士を乗せたロケットを打ち上げるフロリダのケネディ宇宙センターや、宇宙飛行士の訓練を行なうヒューストンのジョンソン宇宙センターに比べると、知名度は低かった。しかしNASAのロケットの建造拠点であるマーシャル宇宙飛行センターには、NASAで最も実績のあるエンジニアや頭の切れる研究者が数多くいた。

「とても小さい頃は、宇宙飛行士になりたかった」とベゾスはいう。「成長し、いろいろなことを経験するにつれ、したいことはいろいろ変わった。考古学者になりたいと思った時期もあった。もちろん、インディ・ジョーンズの映画がつくられる前だから、わたしの頭にあったのはインディではないけどね。とにかく子どもらしい将来の夢は次々と移っていた。でもそんな中で、ひとつだけ変わらなかったのが宇宙への憧れだった。それでそのとき、自分がなりたいのは宇宙飛行士ではないことに気がついた。自分がほんとうに興味を持っていたのは、宇宙に行くほうではなく、ロケットを飛ばすエンジニアリングのほうだったんだ」

マーシャル宇宙飛行センターは、ベゾスのように好奇心旺盛で、しかもものをつくるのが大好きな工作マニアには、最高に楽しい場所だった。ベゾスによれば、自宅のガレージは自分がつくったもので「科学博覧会の会場のようだった」という。ベゾスの母親も、レディオシャック〔電気機器販売店チェーン〕の売り上げを自分ひとりで支えているようだと冗談をいうぐらい、息子の工作のために部品を買わされていた。

「買い物に出る前に部品のリストをきちんと用意するのよ」と母親は息子を叱った。「レディオシャックにいち日に二度も三度も行かされてたら、いくら時間があっても足りないからね」。ベゾスはとことんのめり込むタイプだった。モンテッソーリ学校に通っていたまだよちよち歩きのときには、先生たちに抱き上げられ、次から次へと別の教具の前に連れて行ってもらっていたという。

マーシャル宇宙飛行センターは「ロケットの父」ウェルナー・フォン・ブラウンの指揮のもと、月飛行ロケット、サターンVに搭載するF－1ロケットエンジンが製造された場所でもあった。F－1は高さ約5・6メートル、直径約3・7メートル、重さ約9000キロという巨大エンジンだった。エンジニアリング史上に輝かしい名を残すこのエンジンは、5基で毎秒15トン以上もの液体酸素とケロシンの推進剤を燃焼させることができた。ベゾスはそのパワー、680トンという推力、桁外れに強力な液体燃料エンジンを制御する複雑なメカニクスに圧倒された。

宇宙へのベゾスの思いはここへ来たことでますます燃え上がった。子どもの頃にむさぼり読んだサイエンスフィクションによって、宇宙への空想をかき立てられてきたベゾスの目の前に今、その実物があった。それは宇宙の夢を現実にする装置だった。

高校時代の友人ジョシュア・ワインスタインによれば、ベゾスは「夢中で宇宙のことばかりしゃべっていた」という。

マイアミ・パルメット高校のベゾスの学年は、のちに大きなことを成し遂げる傑物揃いだった。「ちょっとやそっとでは目立てない学年だったが、あいつは図抜けていた」とワインスタインはいう。ベゾスが際立っていたのは、首席で卒業するほどの学業の優秀さだった。ベゾスは高校生活をエンジョイし、貪欲に本を読みあさり、教師を笑わせた。

「親にはわたしはとても罰しにくい子だった。罰として自室に閉じ込めても、こちらは喜んで自室に閉じこもって、読書に没頭するだけなんだから」とベゾス。しかし、あるとき本を読みながら、大きな声で笑ってしまい、「ほんとうにもったいないことに」その特典を失った。

しかしいっぽうで、家のあちこちにブービートラップを仕掛けるようなやんちゃな子どもでもあった。「両親はときどき、ドアを開けたら、大量の釘か何かが頭の上に落ちてくるんじゃないかと、ひやひやしていたはずだよ」とベゾス。

ワインスタインによると、ベゾスは教室でビル・ヘンダーソンという厳格な教師に注意され、派手に言い返したこともあった。

「ミスター・ベゾス！」とヘンダーソン先生がどなった。

「ジェフと呼んでください」とベゾスは大声で言い返した。「ぼくをミスター・ベゾスと呼んでいいのは、友人だけです！」

クラスは大爆笑に包まれた。先生も大笑いしていた。

卒業式では卒業生代表としてスピーチを行ない、やはり宇宙の話をした。いくら聡明な高校生とはいえ、その未来の展望は18歳が描いたものとは思えなかった。ベゾスは宇宙への移住計画の話をし、宇宙ホテルという居住空間を建設する話をし、何百万もの人々が他の惑星で暮らす時代について話した。地球の資源には限りがあるので、これからは人類を宇宙へ移すことで地球を守るべきというのが論旨だった。話の最後は、「では、最後のフロンティア、宇宙で、またいつか会いましょう！」と締めくくった。

「要するに、地球の保全ということです」と、ベゾスは当時、マイアミ・ヘラルド紙に語り、地球そのものを国立公園のような保護区にするのがいいと述べている。

宇宙と宇宙における人類の未来については、しばらく前から考えたり、本を読んだりしていることだった。

「彼は人類の未来はこの惑星にはないといっていましたね。隕石か何かの衝突があるだろうからと。それまでに宇宙船を用意しておくべきだと」と、ベゾスの高校時代のガールフレンドの父親、ルドルフ・ワーナーはワイアード誌に話している。


アミューズメントパークとヨットを備えた宇宙ホテルとか、２００万人から３００万人が暮らす軌道上のコロニーとか――それもこれもすべて地球を守るため――の話は、ふつうの高校の卒業のスピーチに盛り込まれる内容ではない。それらは「ジェリーズ・キッズ」と呼ばれたジェラルド・オニールの信奉者たちのＳＦ的な想像力の産物だった。プリンストン大学の物理学の教授で、先駆的な宇宙開発の研究者だったオニールは『ザ・ハイ・フロンティア』という著作により、ベゾスのような熱心なファンを生み出していた。

オニールが宇宙移住計画を発表して、大きな話題を呼んだのは、ベゾスの卒業スピーチの何年か前のことだった。１９７４年、米国を代表するエンジニアの会合がオニールの呼びかけでプリンストン大学で開かれたことが、ニューヨーク・タイムズ紙で報じられた。この記事が書かれたのは、アポロ計画の熱狂のあと、ＮＡＳＡの予算が大幅に削減され、宇宙への人々の関心が薄れていた頃だった。

それでもその見出しには耳目を集めるだけのインパクトがあった。「スペースコロニーの建設案、今、実現可能と科学者が支持」。これでオニールの構想は一躍有名になった。

「まずはL5ラグランジュ点と呼ばれる月の軌道上に2000人程度が暮らせるコロニーを建設することをめざす」と記事は伝えている。また、最も「汚い」産業を宇宙に移して、地球の汚染を防ぐとともに、地球全体を「公園化し、休暇を過ごすための美しい場所」にするというオニールの発言も紹介されている。この発言は数年後、ベゾスの卒業スピーチに取り入れられることになった。

1977年、『ザ・ハイ・フロンティア』が出版されると、オニールはテレビのトーク番組「トゥナイト・ショー・ウィズ・ジョニー・カーソン」に出演し、スペースコロニーの現実味について話した。同じ年、ダン・ラザーの番組「60ミニッツ」でもオニールは取り上げられ、次の宇宙時代の生みの親となるだろうと称えられた。

「今や科学者たちが真剣に宇宙につくるコロニーのことを話し始めています」と、ラザーは番組のオープニングで述べた。「月につくるのでも、火星や木星につくるのでもありません。人工の星にコロニーをつくろうというのです。そこは科学者や宇宙飛行士が滞在するだけの場所ではありません。人間であふれかえった地球、エネルギーや水やきれいな空気が失われつつある地球から脱出しようとする何十万もの一般の人たちが暮らす場所になります。

ありえない？　20年前、月の上を歩くことについて、わたしたちはまさにそういっていました。今、ありえないことは何ひとつありません」

オニールは資源の枯渇に絶望していた時代にひとつの特別な希望をもたらした。そのアイデアはあまりに現実離れしていて、にわかには信じられなかった。宇宙に人類のコロニーをつくるなんて、単なる空想ではないか。ばかばかしい。しかしオニールによれば、実現可能だという。オニールは計算をしていた。設計もしていた。大学での講座に取り入れさえしていた。

学生たちを温かく迎え入れるオニールは大学で人気のある教授だった。ただし、風変わりではあった。前髪をまっすぐに切りそろえた角張った細い顔は、いくらか『スタートレック』のスポック——スポックはベゾスが好きな登場人物のひとりでもあった——を思わせた。オニールは基礎課程の講座「物理学112」の初回の授業の準備ノートに、「現代（わたしたちが生きている時代）の問題」に役立つものにしたいと記していた。「歴史を振り返るのではない。今の文明に関わる物理学に重点を置く」と。


人類の文明をいかに宇宙へ移すかが、オニールの最大のテーマだった。この課題に生涯を捧げてきたオニールは、学生たちにもこの問題に取り組んでほしかった。だから試験でも、火星の衛星「フォボス」の脱出速度を計算させたり、小惑星を人類の居住地にするための方法を考えさせたり、スペースコロニーに必要なエネルギーを計算させたりした。例えば、試験には次のような問題が出題された。

「太陽からの距離が地球と比べて2・7倍離れている小惑星帯に、収容人数5000人の小型コロニーがあるとする。地表の広さが$3×10^5$ m^2あるそのコロニーにおいて、快晴の日の地球と同じだけの陽光の強さを確保するためには、直径何mの放物面鏡を使う必要があるか」

ベゾスは1982年の秋、プリンストン大学に入学し、物理学を専攻したが、オニールの基礎講座は受講しなかった。最初から専門的な内容の講座を受講した。コンピュータ科学と電気工学に専攻を変えたのは、量子力学に歯が立たず、「自分は一流の物理学者にはなれない」と悟ったときだった。「クラスには3、4人、そういう高度に抽象的な概念を操るのに長《た》けた、明らかに特殊な頭脳を持った人間がいた」という。

とはいえ大学入学後も、宇宙への関心は強まるいっぽうで、オニールのゼミにも参加した。そのゼミには、プリンストン大学の学生なら誰でも参加できた。オニールは「ありきたりの履修科目に退屈していたそれらの有望な学生たちに、特別ゼミにも来ないかと誘っていた。それは人類のための大事業に物理学を役立てようというゼミだった」と、オニールの友人モリス・ホーニックは回想している。

それらのゼミで、オニールは学生たちに鋭い質問を投げかけた。「技術文明が拡大を続ける場所として、惑星の表面はほんとうにふさわしいのだろうか」

アポロ計画後、多くの人々は火星が次の目的地になるだろうと考えていた。人類は太陽系の惑星に近いほうから順番に到達するというのが、共通の認識だった。ちょうど米国横断の陸路の旅行で1州また1州と踏破していくように。だが、オニールの考えはちがった。

「わたしたちは惑星の表面に暮らすことに慣れてしまっているので、それ以外の場所でふつうの人間の活動を続けることは、考えることすら忌避される」と、オニールは『ザ・ハイ・フロンティア』で指摘した。

「発展を続ける高度産業社会に最も適した場所は、地球なのか、月なのか、火星なのか、ほかの惑星なのか、あるいはそのどれでもないまったく別の場所なのか。意外にも、その答えははっきりしている。それは『まったく別の場所』だ」

ベゾスは大学4年のとき、「宇宙探査と開発をめざす学生の会（SEDS）」という学生団体のプリンストン大学の支部長に選ばれた。SEDSはその数年前、宇宙への関心を高めたいと考えたマサチューセッツ工科大学のピーター・ディアマンディスによって、設立された団体だった。ディアマンディスはのち2004年に世界初の民間有人宇宙飛行を競うコンテスト「Xプライズ」を創設している。

プリンストン大学のSEDS支部は、メンバーの少ない、いくらか寂しい団体だった。数年前に公開された『スター・ウォーズ』が一世を風靡《ふうび》していたにもかかわらず、宇宙に興味を持つ学生はほとんどいなかった。だからSEDSに入会するような学生は、筋金入りの宇宙マニアだった。その中には一流大学特有の堅苦しさになじめない者も少なくなかった。

プリンストン大学でベゾスの2年前にSEDSの支部長を務めたカール・スタペルフェルトは、ベゾスを「熱心なSEDSのメンバー」として記憶している。サークルの会合は月に1、2回開かれた。博物館へ行くための資金集めなどもした。

「よくみんなで集まっては、シャトルの打ち上げを観たものだ。テレビをぐるりと囲むように座ってね」とスタペルフェルトは当時を振り返っている。「わたしはよくこれはNASAのROTC〔予備役将校訓練課程〕みたいなものだといっていた。誰もが将来はなんらかの形で宇宙事業に携わりたいと思っていたから」

スタペルフェルトはそのとおりの道を進んだ。カリフォルニア工科大学で博士号を取得し、やがてNASAの太陽系外惑星探査計画の主任科学者になった。

SEDSの過激なまでに未来志向で前向きなメッセージに興味を引かれた学生のひとりに、ベゾスの1年後輩のケヴィン・ポークがいた。好奇心が強くて、思索好きなポークは、オニールとSF作家のロバート・ハインラインの大ファンだった。

「宇宙には人類の無限の未来があるように思えた」とポークはいう。

1985年の春、ポークがSEDSの会合に初めて姿を現すと、当時支部長だったベゾスは、ポークの宇宙への興味が並大抵ではないことを感じ取った。

「ジェフとほかのふたりが互いに顔を見合わせて、だしぬけにいったんだ。『文句なしだ。きみを副支部長にしよう』」とポーク。

ポークはSEDSへの学生たちの関心を高め、会合への参加者を増やすことで、ベゾスたちの期待に応えようと考えた。そこで友人に実績のあるイラストレーターがいたので、その友人に頼んで、年度の最初のSEDSの会合のポスターを描いてもらった。そこに描かれたのは、大学の事務室が入っている歴史的な建築物「ナッソーホール」の塔が宇宙に飛び立ち、その手前で大学のマスコットであるプリンストンタイガーが手を振っているという絵だった。

ポークによれば、学生の団体にしては、ちらしは「盛大に配られた」。ベゾスはそのちらしにも、ご希望にかなうものになっていればうれしいというイラストレーターから届いたメッセージにも感激した。

「ジェフはほんとうにびっくりした顔でこういった。『きみの友人はすごくサービス志向の人なんだな』って」とポーク。

ポスターの成果は上々だった。新たに30人以上が会合に参加してくれた。ベゾスはみんなの前に立つと、うれしそうに開会のあいさつを述べてから、SEDSの使命やオニールの数百万人規模の宇宙移住計画について熱っぽく語った。長年読んできたSFから得た知識がとうとう口からあふれ出た。高校の卒業スピーチのときよりもさらに壮大な話だった。

宇宙への移住方法のひとつには、小惑星を居住地に変えるという方法があると、ベゾスは話し始めた。そう、巨大な岩をくりぬいて、空洞をつくり、そこに住むという方法だ。岩をくりぬくといっても、太陽鏡で熱を集めて、岩を溶かすだけだ。小惑星の岩が溶けて、溶岩と化したら、小惑星の中心に超大型のタングステンのチューブを挿入し、水をいっぱいに流し込む。

溶岩と化している中心部に達した水は、すぐに蒸気に変わって、小惑星を風船のように膨らます。さあこれで、わたしたちの居住地のできあがりだ。このアイデアは新しいものではなく、すでに19

50年代に未来学者ダンドリッジ・コールが小惑星を居住地に変えることについて書いている。ところがベゾスが話を続けていると、後ろのほうに座っていた女子学生が怒って立ち上がり、話をさえぎった。

「それは宇宙を陵辱する行為よ！」と女子学生は大声でいい放ち、そのまま部屋を出て行った。みんなの視線がいっせいにベゾスに向けられた。ベゾスは動じていなかった。

「これはまいったね」ベゾスはいった。「不毛の岩の侵すべからざる権利を守れとは」

オニールは1992年に他界した。自分のビジョンが実現に近づくのをその目で見ることはできなかった。それでも時代に希望を与えることで、大きな動きのきっかけをつくった。友人モリス・ホーニックは告別式で次のように述べている。

「広大な、ほとんど地球にも匹敵するようなコロニーが、宇宙でいつでも手に入る材料とエネルギーで建設される日がやがて来るでしょう。それらのコロニーは自給自足の居住地になるでしょう。彼がいっていたように、『人類は今、新しいフロンティアの入り口に立っている。その豊かさは500年前の西洋世界と比べて1000倍以上のものになる』にちがいありません」

その頃にはベゾスはプリンストン大学を卒業して、ニューヨークへ移り、金融業界で働いていた。ベゾスが職を得たのは、マンハッタンに拠点を置くD・E・ショー&カンパニーというヘッジファンドだった。ウォール街の生き馬の目を抜く世界にどっぷりと浸かってしまい、宇宙に思いをはせたり、オニール的な夢を追い求めたりする時間はあまりなかった。

しかし1993年、29歳のとき、サザビーズのオークションでロシアの宇宙計画にまつわる品々が売りに出されることがわかると、会場に足を運んだ。まだアマゾンを創業する前だった。サザビーズに集まるような裕福な収集家たちと張り合えるはずはなかった。それでも、無重力状態でプレイできるようにつくられたチェスのセットには目が釘づけになった。目録によるとそのセットは「宇宙飛行で使うために特別な設計を施された機械式（非マグネット式）のチェスセット」で、１９６８年と１９６９年のロシアのミッションで実際に宇宙に持って行かれたものだった。サザビーズは落札価格を１５００ドルから２０００ドルと予想していた。

今回の目録の中でそれは比較的安いほうだった。宇宙で初めて使われた食器は６９００ドル、３個の月の石は44万２５００ドル、カプセル型宇宙船は１７０万ドルで落札されていた。

ベゾスはこのチェスセットに入札したが、数々の品物を買いあさっていた匿名の人物に負けた。ただ、ほかにもベゾスの目に留まった品物があった。それはハンマーだった。目録によると、そのハンマーは「打ち下ろしたとき、ヘッド部分が跳ね返らないつくりになっている。これは無重力の環境で使ううえで、きわめて重要な仕組みである」という。

「これはなかなかおもしろい代物だと思った」とベゾスはのちにいっている。「ハンマーのヘッド部分を空洞にし、そこに金属のやすり粉を詰めているので、何かを叩いたときに、反動がほとんどないんだ」

しかしそれも落札できなかった。単純にベゾスにはほかの入札者たちよりもお金がなく、競争についていけなかった。宇宙は、そこで使われた品物でさえも、果てしなく遠く、手の届かないものに感じられた。

ベゾスはインターネットの常識外れの成長を知ると、１９９４年、ニューヨークからシアトルへ移り、アマゾンを始めた。アマゾンの成功は宝くじに当たったようなものだった。少なくとも、本人はそういっている。これでフォーチュン誌の長者番付の順位を駆け上がり、ほとんど何でも好きなことを追い求められるようになった。親しい知人たちには、このときベゾスが宇宙事業を始めたいと考えたことは驚くことではなかった。

ベゾスがよくそのことを口にしたというわけではない。高校時代の友人ジョシュア・ワインスタインでさえ、2004年に報道で知るまで、ブルーオリジンのことを何ひとつ聞いていなかった。これはいささか不可解なことだった。というのもワインスタインはまさにその報道の日の午後、古いつき合いのベゾスといっしょにワシントンの国立航空宇宙博物館で過ごしていたからだ。そのときには宇宙事業の話はひと言も出なかった。

その日は、偶然、ふたりとも米国の首都を訪れることになっていた。マイアミでの子ども時代、ふたりの家は近所だった。「わたしは彼の家で育てられ、彼はわたしの家で育てられた」とワインスタインはいう。しかし今、ふたりはそれぞれ別の海岸で暮らしていた。ベゾスは西海岸のシアトルに住んで、アマゾンを経営し、ワインスタインは東海岸のメイン州で、ポートランド・プレス・ヘラルド紙の記者をしていた。

その日は、子どもの頃からずっと宇宙に関心を持ってきたベゾスが、おのずと博物館の案内役をすることになった。

「どんなことについてもなんでも知っていたよ」とワインスタイン。

ワインスタインはじきにみんなに自分の連れが誰であるか気づかれるだろうと思っていた。大金持ちの有名人で、5年前にタイム誌の「今年の人」に選ばれていたのだから。ところが驚いたことに、誰もベゾスに気づいていないようだった。あるいは気づいていても、ほかの観光客と同じように展示物を見て回れるよう、そっとしておいてくれた。

数年後、知名度も富もさらに高まると、ベゾスは護衛につき添われるようになる。耳にイヤホンを装着したスーツ姿の男に身の安全を守ってもらうため、アマゾンの年間支出160万ドルの一部が支払われた。しかし今はまだ、平日の静かで気取りのない一般の観光客の中に心地よくまぎれていることができた。

サターンVロケットを月まで飛ばした巨大なF‐1エンジンがそこには展示されていた。月面探査車もあった。さらにはロシアの宇宙計画にまつわる一連の品々も置かれていた。それはかつてベゾスに勝ってチェスセットを落札した匿名の人物から寄贈されたものだった。

落札した品がいくつか博物館に展示されるようになった今、匿名の人物は名を明かしていた。それは元大統領候補のH・ロス・ペローだった。「彼は何ひとつわたしに勝たせてくれなかったよ」とベゾスはのちにいっている。サザビーズはその後、また別の無反動のハンマーを手に入れた。そのときには、ハンマーはベゾスにプレゼントとして贈られた。

ふたりで博物館の展示物を見て回っていたとき、ベゾスは宇宙の記念品の落札を逃した話をしなかった。宇宙企業を立ち上げたことにも触れなかった。隠そうとする態度は西テキサスの土地を買い占めたときとまったく同じで、自身の宇宙事業のことは完全に伏せていた。

当時のブルーオリジンのウェブサイトも質素で、ほとんど何も明かしていなかった。ベゾスの名前すらどこにも見当たらなかった。ただ、「宇宙を人類の生活圏にする」というオニールを彷彿とさせる社の目標ははっきりと記されていた。

2004年半ばまでに、ブルーオリジンの設計チームの人員は2倍に増えた。全米でトップクラスの航空宇宙エンジニアも、スペースシャトル計画やキスラー社、それに政府による離着陸可能なロケットの開発計画である「DC－X」計画から引き抜いていた。

「宇宙に対する強い情熱を持ち、宇宙のハードウェアをつくることに興味を引かれるかたは、ぜひご連絡ください」とサイトは呼びかけていた。

ただし「採用」のページを開くと、そこにはいくらか応募をためらわせる、傲慢ともいえる言葉が並んでいた。応募者は「高い技能を持ち、仕事に励む意志があり、以下の条件を満たすこと」が求められた。

「宇宙に対して真の情熱を持っていること。情熱がなければ、わたしたちの取り組みが不可能なほど困難なことに感じられるでしょう。よそにもっと楽な仕事はあります。

小さな会社で働きたいと思っていること。大きな航空宇宙企業での仕事に満足している人は、おそらく弊社には向かないでしょう。

弊社は採用にきびしい制約を課しています。チームを小さい規模（数十人程度）に保つことにこだわっているからです。したがってひとりひとりには、それぞれの分野で最高レベルの技能を発揮することが求められます。

弊社は実際にハードウェアをつくる会社です。パワーポイントのプレゼンだけではつくることにはなりません。弊社にふさわしいのはものをつくることに胸が躍る人、実際にものをつくることのできる人です」

ベゾスは宇宙に興味があるとはいえ、これまでは長らく、SFの本や、オニールの教えや、祖父の話に心酔するひとりの空想家にすぎなかった。しかし今、それらの空想の実現に向けて、第一歩を踏み出していた。毎週1回はアマゾンでの仕事を休んで、もうひとつの夢にひそかに打ち込んだ。ブルーオリジンでは、ベゾスのチームが惑星間の輸送網を築くという困難な作業に懸命に取り組んでいた。

それは米国の西部開拓を支えたかつての鉄道のように未来の宇宙開拓を支えるインフラの建設という壮大な事業だった。

有人宇宙飛行は年に数回実施されてはいるが、いまだに昔と変わらずむずかしかった。ベゾスが生まれた頃と比べても、わずかばかりの進歩しか見られなかった。ブルーオリジンがめざすのは、人類がほかの惑星と行き来できるようにするインフラの創設だった。

それがひとたび完成すれば、「ジェラルド・オニールの構想が実現に向けて動き始めるでしょう。もちろん、ＳＦで描かれたほかの数々のアイデアも同様です」と、ベゾスはのちに講演で述べている。「空想家が最初に登場します。それはきまってＳＦの愛好者たちです。彼らが最初にあらゆることを考えます。そしてそこでアイデアが出されると、次に建設者が登場します。建設者はそれらのアイデアを実現させます」

ただしこれには時間がかかります」

ベゾスは辛抱強かった。じっくり取り組む覚悟を決めていた。チャーリー・ローズのトーク番組で次のようにいっている。「とても長いスパンで考えてもらいたいと思います。アマゾンの7年越しの投資に文句をいう人は、ブルーオリジンにはきっと腰を抜かすでしょうね」

アマゾンでは長いあいだ、スタートアップ企業の文化を保つことにベゾスはこだわった。どれだけ会社が成長しても、従業員たちにつねに「初日」のつもりで仕事をさせた。１９９７年に株主に送った手紙には、きょうは「インターネットの初日です。そして、うまくいけば、アマゾンの初日でもあります」と書いた。20年後、本社ビルの名称にもなった「初日（Day 1）」が、やはりスローガンに掲げられていた。「2日めには停滞が起こります」とベゾスは２０１７年に書いている。「停滞のあとには凡庸化が、凡庸化のあとには耐えがたいほど苦しい衰退が、そして衰退のあとには死が待っています。ですからつねに初日でなくてはならないのです」

2004年6月12日、ベゾスはブルーオリジン——「ブルー」は「淡いブルーの点」に見える地球を、「オリジン」は人類の発祥の地をそれぞれ意味する——の従業員に向けて、「初日」の書簡を送り、自社の基本方針について説いたミッションステートメントを明らかにした。

「わたしたちは宇宙を人類の生活圏にすることをめざす小さなチームです」とベゾスは書いた。「ブルーはこの遠大な目標の実現に向けて、辛抱強く、段階的に進んでいきます。目標達成までの過程を細かく、かつ意味のある段階に分けることで、途上においても、数多くの有意義な成果を上げることができるはずです。どの段階も、最初の最も簡単な段階ですら、全力を尽くさなければ乗り越えられないでしょう。すべての段階は技術の面でも、組織の面でも次の段階に進むための土台になります」

最初の弾道飛行用宇宙船につけられた「ニューシェパード」という名称は、宇宙に行った最初の米国人アラン・シェパードにちなむものだと、ベゾスは書いた。ただしそのときにも、すでにもっと大きな構想を描いていた。「いずれは、ニューシェパードから有人の軌道飛行用宇宙船開発に重点を移します。軌道飛行用宇宙船は弾道飛行用宇宙船よりもはるかに複雑です。軌道システムへの移行には、ブルーの組織と技術の力を限界まで発揮することが欠かせません」

このような壮大な計画に挑むとき、「最善の前進方法と考えられるのは、『山のぼり法』」だとベゾスはいう。

できるだけ確実な道をたどりながら、未知の領域に向かって進むことが求められるからだ。「わたしたちは人跡未踏の山中に降ろされました。地図は持っていません。視界も不良です。ときどき、霧が晴れ、遠くに山頂が垣間見えます。ですが、その山頂までの道はおおむね霧に閉ざされ、見えません」

ただし自分たちの指針になる基本原則はあるという。「いったん出発したら途中で止まってはいけない。一定のペースでのぼり続ける。兎にならず、亀になる。支出を持続可能な水準に保つ。出費の単調な増加には感覚が麻痺しやすいことを肝に銘じる。上にのぼるほど道は楽になるという誤った期待を抱かない」

ベゾスは空想家であると同時に建設者でもある。それらふたつの要素をひとつに溶け合わせる実験場として設立したのが、ブルーオリジンだった。2005年、タイム誌のインタビュアーがベゾスに現在どんな本を読んでいるかと尋ねている。

ベゾスはこの質問に「ナノボットに破壊される地球」を描いたアラスター・レイノルズのSFを読み終えたばかりだと答えた。これは空想家ベゾスの答えだ。いっぽう建設者ベゾスはまた別のことに関心を向けていた。「今は、ロケットエンジンの開発に関する本を読んでいる最中」だと。

ブルーオリジンの最初の試験機はまるでガレージの科学実験でつくられたかのようにへんてこな代物だった。冥王星の衛星にちなみ「カロン」と名づけられたその試験機には、ロールスロイス製のヴァイパーMk301ジェットエンジンが4基搭載されていた。それらは南アフリカ空軍から購入したものだった。

「旧式のものだった」とベゾスはいう。「いかにも60年代のエンジンという感じだった。輸送用の箱に入ってブルーに届いたとき、チームがその箱を開けたら、なんと、特大の蜘蛛が数匹、出てきたんだ。南アフリカの特大の蜘蛛が。それはもう大騒ぎだった」

カロンは大型のドローンのような姿をしていて、4本の脚で立った。各脚の先端には着陸の衝撃をやわらげる皿形の板がついていた。垂直に離着陸するので、エンジンは横向きではなく下向きだった。

２００５年3月5日、シアトルから車で3時間ほどのモーゼスレイクで、カロンの飛行試験は行なわれた。飛んだ高さはたいしたことはなく、わずか96メートルだった。シアトルの中心地区に聳える塔、スペースニードルの半分ほどの高さだ。

しかし試験の第一の目的は打ち上げではなかった。ブルーオリジンが完成させようとしていたのは、着地の技術だった。試験機はフルオートになっていた。したがって機体に組み込まれたソフトウェアによって、自動で飛べる。カロンは上空でいったん静止したのち、地上へ降り、土煙をあげてそっと着地した。

小さな第一歩だった。それでもブルーオリジンはこれにより初めて地球を飛び立った。そして地上に戻ってきた。

第5章 ―― 「スペースシップワン、政府ゼロ」

バート・ルータンは意図的にその日――ライト兄弟の初飛行１００周年を記念する２００３年12月17日――を選んだ。自分が計画していることの意義を強調するためだ。ワシントンＤＣのインデペンデンス通りで、イーロン・マスクがファルコン１を披露していたとき、ルータンは秘密裏につくってきた宇宙船の初の動力飛行に臨もうとしていた。

ルータンには３人のテストパイロットがいた。今回の動力飛行を託すパイロットはその中から選ぶ。３人はそれぞれにちがう経歴の持ち主だったが、３人全員にわれこそはという強い思いがあった。全員、初の民間による有人宇宙飛行を成し遂げようという意気に燃えていた。

そのテストパイロットのひとり、ブライアン・ビニーは元海軍の戦闘機パイロットだった。１９９０年代初頭の湾岸戦争でイラクでの戦闘任務に携わった経験を持ち、アイビーリーグ２校の学位を取得していた。陸上選手のような引き締まった体つきをし、沈着冷静で、フライト中に危険な状況に陥ってもけっしてひるまなかった。

もうひとりのテストパイロット、マイク・メルヴィルはビニーとはあらゆる点で好対照をなした。齢《よわい》63を数え、引退も視野に入れていた。南アフリカの出身で、高校を中退しており、ほとんど独学で飛行機の操縦を覚えた。それでもルータンが最初に雇った従業員のひとりで、ルータンと数十年来のつき合いがあった。生まれながらの飛行士で、天才的な操縦の腕を持ち、ルータンから全幅の信頼を得ていた。

そしてもうひとりは、X世代〔米国で1960年代から80年代初頭までに生まれた世代〕に属する若手のピーター・シーボルトだった。シーボルトは丸い童顔で、1950年代のテレビドラマに出てくる「ビーバーちゃん」にちょっと似ていた。しかし幼そうに見えるのは外見だけで、野心を持った並外れた秀才だった。航空宇宙分野の経験とエンジニアの知識を生かして、ルータンの最新機「スペースシップワン」の操縦訓練に使われるシミュレータの開発にも携わった。

「互いにまったくちがう3人だった」とルータンはのちに当時を振り返っている。「3人全員に宇宙飛行をさせてやりたかった」

変わった形をしたスペースシップワンは、「Xプライズ」として知られるコンテストに挑戦するルータンの有人宇宙船だった。Xプライズのモデルになった賞金2万5000ドルのオルティーグ賞は、1927年、大西洋横断飛行を達成したチャールズ・リンドバーグによって獲得されている。リンドバーグが越えたのは海だったが、Xプライズでは宇宙との境界線と見なされる高度100キロメートルを越えることが目標にされた。

賞金1000万ドルのこの賞を獲得するための条件は、有人機による宇宙空間への到達と安全な着陸を2週間以内に2回、達成することだった。ただし、政府から支援を受けてはならず、宇宙船は民間資金でつくられたものに限られた。

Xプライズの主催団体は、かつてリンドバーグの大西洋横断が商業飛行の飛躍的な発展の契機になったように、この賞をきっかけに宇宙ビジネスに新しい動きが起こり、政府による宇宙事業の独占に終止符が打たれることを期待していた。

ルータンの宇宙船のデザインは、例によって、型破りなものだった。ルータンの航空機はどれもそうだ。エルビス風のもみあげを生やした異端児で、ずばずばとものをいうルータンは、１９８２年にモハーヴェで、スケールド・コンポジッツという風変わりな会社を立ち上げた。そこでつくられる実験的なデザインの航空機は複数の翼を持つものが多く、中には翼がＵの字のように反り返ったものもあった。胴体が１つではなく、３つある機体をつくったこともある。そういうアイデアは航空力学の法則のほかに、ピカソにも着想を得たかのようだった。進取の気性に富んだスケールド・コンポジッツの航空エンジニア陣は機体の設計から試験、製造、そして飛行までを手がけ、たいていはそれらをすべて1年で行なっていた。

スペースシップワンは発射台から垂直に打ち上げられるのではなく、輸送機につながれて高度約15キロの上空まで運ばれる。所定の高度まで達すると、「ホワイトナイトワン」と名づけられた輸送機から切り離され、母鳥の巣から決死の覚悟でダイブするひな鳥のように急降下する。そして数秒の自由落下後、パイロットがエンジンを点火させ、宇宙へ向けて飛び立つ。

空中発射と呼ばれるこの発射方法は新しいものではなく、軍では以前から使われていた。おそらく最も有名なのは、１９４７年、チャック・イェーガーのベルＸ－１がスペースシップワンと同じモハーヴェ砂漠上空でボーイングＢ－29から発射された例だろう。イェーガーはこの発射により世界で初めて音速を超えた人間になった。

しかしほかの空中発射される機体とちがって、スペースシップワンには翼を上に折り曲げられる「フェザーシステム」という仕組みが備わっていた。ルータンはこの仕組みを真夜中にふと思いついたという。上に折り曲げられた翼は大気圏再突入時に、バドミントンのシャトルのように抗力を生み出し、熱シールドを不要にするほど機体の落下速度を緩めることができた。機体が大気圏の密度の濃い空気の中に戻ったあとは、ふたたび翼を下ろせば、滑空飛行で地上に戻ってこられた。

これは地球に戻ってくるときの安全性を高められる画期的な技術だった。ただし、フェザーシステムが誤ったタイミングで解除されてしまうと――例えば、宇宙船が轟音を響かせて上昇しているときなど――深刻な結果をもたらすことになる。

ルータンは最初の動力飛行のパイロットに誰を選ぶべきかで迷っていた。それまでパイロットたちはスペースシップワンをグライダーのように滑空させ、地上に戻るという飛行を繰り返してきた。しかし今回のフライトでは、初めてエンジンに点火するだけではなく、音速も超える。ルータンにとって最も重要な飛行試験だった。

ルータンは開幕戦の先発投手を選ぶ野球チームの監督のような心境だった。メルヴィルは信頼できる友人で、実績のあるパイロットだ。シーボルトは頭の回転が速い。しかし熟慮のすえ、ルータンが選んだのはビニーだった。航空母艦にF／A‐18ホーネットを着艦させたことのある元軍人に託せば、まちがいないだろうと判断したのだ。

フライトの当日、モハーヴェ砂漠の朝は美しかった。風がなく、空気も澄みわたっていた。ビニーは緊張していたとしても、それを表情には出さなかった。今回のフライトがオーディションのようなものであることは承知していた。もしうまく飛べれば、きっと初の民間パイロットとして宇宙へ行けるチャンスをつかめるだろう。

すらりとした長身のビニーが飛行服を着ると、そのりりしい姿はまるで映画『トップガン』の登場人物のようだった。宇宙船に乗り込んだビニーは操縦席に座り、ホワイトナイトワンによって予定の高度まで運ばれるのをじっと待った。そしていよいよその高度に達したとき、管制室に「分離準備完了」と静かに告げた。

スペースシップワンが輸送機から切り離されると、ビニーは点火スイッチを入れ、機体を発射させた。そのとたん体が座席にぐんと押しつけられた。エンジンの燃焼はわずか15秒間だったが、とてつもなく長く思えた。「ひどい拷問のようだった」とビニーはいう。「音も振動もすごかった。機体はすぐに悲鳴を上げ始めた。ゲートが開いて、さあロデオの始まりという感じだ」

15秒で十分だった。フライトは成功した。ビニーはマッハ１・２の強烈な力を見事に制御して、ミッションの達成を意味するソニックブームの轟音を響かせた。スペースシップワンがついに音速の壁を破った瞬間だった。

「すばらしく荒っぽい乗り心地だ、ルータンさん」と、ビニーは管制室にいい、着陸の準備に入った。ところが滑走路に降りようとするとき、突然、機体を水平に保つのが困難になった。機体はそのまま下がり続けた。結局、スペースシップワンは地上に叩きつけられるように着陸した。ハードランディングだった。

着陸装置は開脚した体操選手のように外側にべたりと開いてしまった。胴体は腹打ち飛び込みのように地面に打ちつけられて、傾き、そのせいで左翼がターマックの舗装路面にこすりつけられた。スペースシップワンは数百メートル、スリップしたあと、滑走路の外の褐色の砂地に突っ込んで、炎と砂煙に包まれた。

管制室にいたルータンは椅子から慌てて立ち上がると、滑走路へ飛び出した。緊急対応班も事故現場に急いだ。

ビニーにけがはなかった。それでもひどく取り乱していた。

「ちきしょう」と、ビニーは三度繰り返した。それから酸素マスクを乱暴に外し、コックピットの天井を殴りつけ、どうにか自分を抑えた。

現場にすぐ駆けつけたルータンは、ビニーをなだめようとした。ビニーはそのときにはすでに機体から降りて、壊れた機体のそばで呆然と立ち尽くしていた。

「なあ、何はともあれ、フライトは堪能したか？」ルータンはショックをやわらげようと、冗談めかしていった。

しかし元海軍の戦闘機乗りの落胆ぶりは変わらなかった。

「このくやしさは言葉には――」ビニーが口を開いた。

ルータンはそれをさえぎっていった。

「いや、最高の仕事をしてくれたよ。それに比べたら、こんなことは些細なことだ。たいしたことじゃない」

着陸の失敗は痛手であり、ビニーに屈辱をもたらした。今回の試験は、スペースシップワン計画の最初の大きな一里塚をなすものだった。しかしビニーはこの失敗で自分が宇宙へ行くチャンスはほぼなくなったと思った。

その後、スケールド・コンポジッツのエンジニア陣による事故原因の調査では、ビニーに責任はないという結論が出された。大気圏再突入の際に生じた摩擦のせいで、操縦装置が利かなくなっていたことがわかったのだ。どちらにしても、試験飛行はあくまで「試験」の飛行だった。目的は限界に挑み、どんな問題が発生するかを知ることにあった。

しかしライバルたちはそのようには見なかったし、公にそれを口にすることもはばからなかった。「まったく首をかしげる飛行だった」と、メルヴィルはポピュラー・サイエンス誌に語り、ビニーを激怒させた。「F‐18をデッキに着艦させるときみたいに、地面に突っ込んでいった」

（のちにメルヴィルは同誌の編集長に書簡を送り、「まるでいった覚えのない発言を記事に使われたことに、深く心を傷つけられました。そもそもインタビューを受けたとき、わたしはもっとちがう記事が書かれるものと理解していました。ブライアン・ビニーは親しい友人であり、わたしが知る最高のパイロットのひとりです」と述べ、「文脈とは無関係に、もとからセンセーショナルだった記事をさらにセンセーショナルなものに仕立てるためだけに発言を使用された」と抗議した）

胴体着陸に終わったとはいえ、ルータンは結果に大満足していた。フライト自体は成功だった。音速の壁は破ったし、宇宙船の性能に関するデータも得られた。今後、宇宙をめざすうえで貴重なそれらのデータこそ、ルータンが欲していたものだった。

「加速の具合はどうだった？」と、ルータンはビニーにフライト後、尋ねた。

ビニーは一瞬ためらってから、答えた。「ひどくはげしかった。揺れまくって、翼を水平に保とうとするのがたいへんだった。とにかくすごい暴れっぷりだった。制御できたと思ったとたん、別の部分が暴れ出した」

いい換えるなら、スペースシップワンを操縦するには、パイロットの技術だけでは足りないということだ。いくらかロデオの経験があれば、役に立ちそうだった。

ルータンはこの計画の顔であり、「高みをめざすのは、そこから眺める景色のためだ」と述べる不敵なエンジニアだった。しかしビニーのフライトの数カ月前にスペースシップワンを公開するまで、この宇宙船の計画は秘密にし、最大限に情報統制を敷いていた。これはひとつには、自分の大それた挑戦が噂になるのを嫌ったからだった。しかしいちばん新しい顧客――マイクロソフトの共同創業者で、ビル・ゲイツの幼なじみであるポール・アレン――が、匿名のベールを身にまとえるだけの富を持つ、謎めいた隠者のような人物だったことも関係していた。

アレンはベゾスやマスクと同じで、子どもの頃、宇宙に魅了され、SFに夢中になった口だった。放課後になると、父親が副館長を務めるワシントン大学の図書館へ行って、何時間も読書にふけった。「父はわたしの好きにさせてくれた」と、アレンはシアトル郊外にあるオフィスの会議室で話した。窓からは遠くにスペースニードルが見えた。「至福の時間だった」という。そのときにウィリー・レイの著作や、ウェルナー・フォン・ブラウンのV‐2ロケットに関する本も読んだ。やがてロケットエンジンのほか、ターボポンプや推進剤というようなものに興味を持つようになった。

アレンは好きな野球チームの選手名のように、マーキュリー計画の7人の宇宙飛行士の名前をそらんじていた。自分も将来は宇宙飛行士になりたかった。ところが6年生のときにはもう黒板の字が見えなくなっていた。最前列の席からすら見えなかった。この近視で「宇宙飛行士になる夢が断たれたのがわかった」とアレンはいう。「視力がよくなければテストパイロットになれないことは、聞きかじって知っていたからね。だからわたしの宇宙飛行士のキャリアはそこで終わりになった」

アレンの自伝『ぼくとビル・ゲイツとマイクロソフト――アイデア・マンの軌跡と夢』（講談社）には、アルミ製の椅子の肘掛け部分に粉末の亜鉛と硫黄を装塡して、コーヒーポットから打ち上げようとしたエピソードが書かれている。その打ち上げは失敗に終わった。

「アルミの融点が思っていたより低かったんだ」という。

おとなになってからも、宇宙への情熱は冷めなかった。1981年に、ケネディ宇宙センターにスペースシャトルの初の打ち上げを見に行った。「信じられない音だった」とアレンは回想している。「空気が振動して、胸に圧縮波が届いたのがわかった。（中略）顔にエンジンの熱まで感じられた」。フロリダの海岸は何万人もの見物客で埋め尽くされ、「飛べ！　飛べ！　飛べ！」の大合唱が沸き起こった。その光景にアレンの「心は震えた」。

マイクロソフトの創業後、アレンは世界的な大富豪になり、自分の情熱を好きなだけ追い求められるようになった。まず熱心なスポーツファンとして、NBAのポートランド・トレイルブレイザーズとNFLのシアトル・シーホークスを買収した。シアトルには、ポップカルチャー博物館をオープンさせた。さらに航空機にも並々ならぬ興味を持ち、第二次世界大戦で使われた歴史的な戦闘機を収集した。そのコレクションはやがて、みずから開設した航空機の博物館フライング・ヘリテージ&コンバット・アーマー・ミュージアムで展示された。

Xプライズの設立が発表された1996年、アレンはモハーヴェにルータンを訪ね、大気圏外まで飛べる超音速ジェット機の開発計画の話を持ち込んだ。ふたりはその後も連絡を取り合い、2年後、今度はルータンがシアトルまで飛んで、アレンにさらに野心的な計画を打ち明けた。それがスペースシップワンの開発計画だった。機体の設計にはさらに2年かかりそうだとルータンは感じていた。

アレンはこの話に乗り、2000万ドル以上の出資を引き受けた。たとえ成功しても、賞金が1000万ドルであることは承知のうえだった。

もしこの計画が外部に漏れたら、さぞ笑われるだろうことはルータンには容易に想像がついた。知り合いの航空エンジニアであれ、メディアであれ、誰であれ、外の人間から不可能だといわれるのはごめんだった。誰にもいっさいじゃまされたくなかった。

いっぽうでルータンは人の意見に対して、ふつうの人とは異なる向き合い方をしていた。関係者の半分以上から不可能だと思われないような研究は研究ではないというのが、ルータンの口癖だった。エンジニア陣にリスクを冒すよう求め、「ほんとうに創造的な研究者はばかげたことに自信を持たねばならん」と説いていた。

1986年に世界で初めて無着陸の世界一周飛行を、9日と3分44秒という記録で達成したボイジヤーを開発したときも、そんな飛行機をつくることは不可能だとさんざんいわれた。今回もそのときと同じように不可能だといわれるだろう。

ルータンはすでに同世代の中で世界を代表する航空エンジニアになっていた。退役機の何機かは国立航空博物館に引き取られた。それでもすぐに次のフロンティアを探していた。米国の宇宙計画はルータンには停滞しているように映った。ニューヨーク・タイムズ紙に「NASAはもう終わりだ」とその失望を吐露している。ルータンにいわせれば、NASAは政権の交代と定見のない議会に翻弄される、肥大化した一官僚組織に成り下がっていた。

スペースシャトルは安全かつ安価な宇宙船をめざしたものだったが、どちらも実現できなかった。逆に、2回の悲惨な爆発事故で14人の宇宙飛行士の命が奪われ、これ以上ないほど高価で危険な宇宙船と見なされるようになってしまった。さらに悪いことに、NASAはそのせいで覇気を失い、勇猛果敢な集団から、リスクを怖がる官僚組織に変わり果てていた。

政府はすでに宇宙事業の独占を放棄しているようにルータンには見えた。今や、宇宙飛行を進歩させられるのは民間だけであり、民間の創意の才と行動の速さは、政府機関にはまねができないものだった。

ルータンはそう考え、世界初の商業宇宙船の開発に挑戦することに決めた。ただし秘密だ。嘲笑から身を守るため、計画はひそかに進めたい。スケールド・コンポジッツなどという数十人たらずの企業に有人宇宙計画を始められるはずがない、と、あざ笑う者がきっといるだろうから。

ほんとうに実現してみせる日までは。

音速の壁を破ったビニーの試験飛行から6カ月経った2004年6月21日、ルータンは宇宙への試験飛行に臨む日をついに迎えた。この6カ月のあいだに数回の試験を重ねていた。

ビニーは胴体着陸以来、自分が選ばれる可能性が高いとは考えていなかった。着陸の失敗は自分のミスではなかったが、もう「降ろされた」と感じていた。社内のおおかたの人間から「おれが海軍のパイロット気取りで地上に突っ込んでいったせいで、着陸に失敗した」と見なされていることは態度からわかったからだ。「おれは適任じゃないって雰囲気が社内全体に漂ってた。『あいつのへまを見ただろ』って感じだ。そんな汚名も雰囲気も、いっこうに社内から消え去らなかった」

テストパイロットどうしの関係にも、宇宙へ行くパイロットの座をめぐる競争が大詰めを迎えるにつれ、亀裂が生じていた。「協力したり、経験を教え合ったりしないで、何かっていうと秘密にしたから、3人が敵どうしのようになってしまった」とビニーはいう。「そういう意味じゃ、環境はえらく悪かった」

パイロットの発表の日、ビニーのオフィスにはシーボルトが来ていた。ふたりで機体の電子機器のことを話し合っていると、試験飛行のディレクターからメールが届いた。恐れていた発表のメールにちがいなかった。

「悪い知らせを今読むべきか、それともランチのあとにするべきか」と、ビニーは内心でつぶやいた。

結局、その場でメールを開いた。

「メールが届いた」と、ビニーは努めて軽い調子で、シーボルトにいった。「マイクに決まったってよ」

シーボルトはふだんはテストパイロットらしくどんなことにも超然としていられた。しかしこの知らせには「顔を真っ赤にし、すっかり平静さを失ってた」とビニーはいう。「チャンスをもらえるよう必死に頼んで回ってたのに、それがもらえなくて、茫然自失ってありさまだった」

チームとしてはやはりメルヴィルに任せるのがいちばん安心できた。なんといっても、メルヴィルはルータンの30年来の腹心の友だ。今回の試験飛行はそれまでのあらゆる試験飛行より重要な意味を持つものだった。初めて高度100キロの宇宙の入り口をめざすことになる。万一、問題が起きても、高齢だが経験の豊かなこのパイロットならなんとかしてくれるだろうと、ルータンは確信していた。この少し前にも、メルヴィルは今回と同じぐらいむずかしく、そして危険な状況を切り抜け、適任であることをあらためて証明してみせたばかりだった。

スペースシップワンの前回の試験飛行の際、メルヴィルがエンジンを点火すると、機体がほとんど垂直に急上昇を始めた。フライトナビゲーションシステムが故障したせいだった。管制室の人間は全員、メルヴィルがエンジンを切って、フライトを中止し、安全に戻ってくるものとばかり思った。ナビゲーションシステムを使わずにあんな猛スピードで飛ぶのは、狂気の沙汰だった。

ところがメルヴィルは予定どおり55秒間、エンジンの燃焼を維持し、弾丸より早い秒速1000メートルで飛び続けた。それも前がほとんど見えない状態でだ。機体の進行方向を知る唯一の手がかりは、横の窓から見える地平線だけだった。メルヴィルはこんな状況で飛行から着陸まで試験飛行を見事にやり遂げ、めったなことでは心を動かされないルータンをも強く感動させた。

ルータンは地上で友人を迎えると、管制室でどんなふうに見守っていたかを興奮して語った。「みんな、おまえがすぐにフライトを中止すると思った。そこでわたしはいったんだ。『あいつは30秒は飛ぶ』とな。それから『いや、40秒は飛ぶ』と訂正した。しまいにはこう叫んだよ。『いやいや、最後までやり遂げる気だぞ！』」

「そのとおりだ」とメルヴィルは答えた。

ルータンはポピュラー・サイエンス誌に次のように話している。「人によっては、あれでテストパイロットを解雇することもあるだろう。だが今回の場合、マイクがあそこであきらめず、続行してくれたことを肯定的に評価したい」

けれどもシーボルトは、メルヴィルの行為を勇敢さではなく、無益な蛮勇の証しと見なしていた。だから宇宙の入り口をめざす飛行のパイロットにメルヴィルが選ばれたことに違和感を抱いた。

このフライトにはいつも以上に大きな意味がある。もし成功すれば、メルヴィルは政府の支援をまったく受けない真の民間機で宇宙へ行き、そして戻ってきた初のパイロットとして歴史にその名を留めるだろう。ジュリアン・ガスリーの『Xプライズ　宇宙に挑む男たち』（日経BP社）によると、シーボルトはあるメールの中で、メルヴィルを好き勝手にむちゃをやる「カウボーイ」と評したという。ルータンはそのメールを手に入れると、メルヴィルにも読ませ、若いライバルへの対抗心をあおり立てた。

同書にはある。

「これでおまえがどういう相手と競っているかがわかるだろ」と、ルータンはメルヴィルにいったと

ビニーはそのメールのことを知らなかったが、シーボルトからいっしょにメルヴィルを降ろすための抗議行動を起こそうと誘われた。ビニーによれば、「あいつはあのフライトを向こう見ずなカウボーイまがいの行為だと思ってて、おれにも抗議に加わるよういってきた」という。

ビニーは断った。上空では厄介なことが起こりやすい。実験的な飛行機ならなおのことそうだ。メルヴィルと同じ状況に置かれれば、自分も同じ選択をしていただろう、といって。

ビニーが「機体を破壊した男」と思われていたとしたら、シーボルトは「慎重すぎる男」と見なされていた。以前、試験飛行の最中にジレンマに直面したことがあった。スペースシップワンが輸送機から切り離された直後、翼のフラップが動かなくなっていることに気づいたのだ。もしそのまま発射

すれば、機体を制御できなくなる恐れがある。さりとて発射を中止したら、満タンの燃料を抱えて着陸することになる。それでは重量オーバーで、安全な着陸は望めなかった。

管制室と連絡を取り合うあいだに秒針は刻々と進んだ。機体は加速しながら落ち続けていた。最後には、管制室がエンジンに点火するよう指示を出した。満タンの燃料を積んだまま着陸するのはあまりに危険すぎると判断したからだ。シーボルトはいわれたとおりにし、ぶじに飛行を終えた。

シーボルトが地上に戻ると、ルータンに温かく迎えられ、祝福された。ただし点火までに時間をかけすぎたせいで、予定した高度に届いておらず、ルータンから課された目標は達成できていなかった。よく考え、慎重に判断するのは、重大な結果を招く問題の対処の仕方として、おそらくまちがっていないだろう。誰だって死にたくはない。ただ、それとは正反対の対処の仕方があることを示してみせたのが、メルヴィルだった。

それでもチームの中には、この最初の宇宙飛行を託すパイロットとして、シーボルトを推す者もひとりいた。それはシーボルトのフライトシミュレータの操縦技術に目を見張るものがあったからだった。

「わかっている」と、ルータンも認めた。とはいえシーボルトにはどうしてもひとつの懸念がつきまとった。「あいつは途中で放り出すかもしれん」

「ピート〔シーボルト〕はロケット動力を使ったスペースシップワンの最初の飛行で、目標を達成できなかった。あれはしかるべきタイミングでスイッチを入れ、エンジンを点火させなかったからだ」とルータンはのちにいった。「マイクとブライアンは難局に直面しながらも、スイッチを入れた」

メルヴィルが最初の宇宙飛行のパイロットに決まった。「思い切った決定だった」と、アレンは自伝の中で振り返っている。「マイクには6400時間もの飛行経験があった。だがこのフライトは、それらとは次元がまるで異なった」

「3人ともあの宇宙船に乗りたい、自分の真価を問われるフライトに挑戦したいという気持ちはとても強かったはずだよ」と、シーボルトはディスカバリー・ネットワークの取材者に語っている。「世界じゅうの注目を集めるフライトなわけだから。『おい、NASA、これを見てごらん』といわんばかりのフライトさ」

フライトの前日に開かれた記者会見では、3人のパイロットは共同戦線を張るように飛行服姿で並んで立った。その横でルータンがラインナップを発表した。母機ホワイトナイトワンのパイロットはビニー、スペースシップワンのパイロットはメルヴィル、そして控えはシーボルト。

ルータンは今回の任務が危険なものになることを認め、次のように述べた。「飛躍的な進歩のためには、リスクを冒すこともいといません。旧態依然の宇宙開発者たちが今後も十年一日のペースを脱しないなら、低速レーンで指をくわえ、わたしたちが新しい宇宙時代へ走り去るのを見送ることになるでしょう」

続いて演台に上がったポール・アレンは、過去に例のないことに臨む意気込みを語った。

「明日、わたしたちは航空の歴史に新しい1ページをつけ加える飛行に挑みます。成功すれば、スペースシップワンのパイロットは、民間の資金のみでつくられた機体で宇宙に到達した最初の民間人パイロットになるでしょう」

ただ、メルヴィルの身を案じていることは口にしなかった。メルヴィルの妻サリーも、その不安な思いは同じだった。自身もパイロットであるサリーは、フライトの直前、夫にはただ「ぶじに帰ってきて」と、心配そうな顔でいうことしかできなかった。

「男の人からも、女の人からも、たくさんの人からいわれたわ。『よくまあ、自分の夫にあんなことをさせられたね』と」と、サリーはディスカバリー・チャンネルのドキュメンタリー番組「ブラック・スカイ」の中で話している。「わたしが彼に何をしていいとか、いけないとか、いうべきではないと思ったの。リスクが高いとか、命にかかわるとか、そういうことがわかっていても。彼はほんとうに心から喜んでいたから」

メルヴィルもリスクは承知していた。そして妻がどれほど心配しているかもわかっていた。長年、テストパイロットをしていたが、自分が年を取るにつれ、妻の心配はいっそう強まっているようだった。今回のフライトは過去のいかなるフライトともちがった。高度100キロへ向かって飛ぶ機体の速度は音速の3倍に達する。それは経験したことのない速さだった。加えて、機体にはぎりぎりになってスケールド・コンポジッツのエンジニアによって修正が施されており、その部分は一度も試験がなされていなかった。

フライト直前、コックピットに座ったメルヴィルにルータンが最後の励ましの言葉をかけに来た。「大舞台だな、バート」と、メルヴィルはルータンとがっちりと手を握り合いながらいった。「こんな機会を与えてくれて、恩に着る」

「おまえならやれる」とルータンは応じた。「ただの飛行機だ。余計な心配はしなくていい」

滑走路沿いには何千という見物人の人垣ができていた。歴史的な瞬間——あるいは大惨事——をその目で見ようと、夜明け前から来ている人も多かった。

上空に運ばれたメルヴィルは落ち着いたようすで、発射を待っていた。地上で双眼鏡を構えていたサリーは、エンジンが点火されると、大声を張り上げた。「がんばれ、マイケル！　がんばれ！」

飛行はいつものように急激な上昇から始まり、メルヴィルはスペースシップワンの機首をまっすぐ上に向けた。ところがわずか8秒後、強い風にあおられ、予定のコースからずれてしまった。エンジンが怒り狂ったように轟音を響かせ、機体を揺らす中、懸命に宇宙をめざして操縦を続けた。そのとき、ふいに爆発音が続けざまに聞こえた。悪い想像が頭の中を駆けめぐった。機体のどこかが壊れたのか？

それでもひたすら上昇を続けると、やがてエンジンが停止し、宙に浮かんだ。発射直後、強風に流されたせいで、30キロ以上予定のコースから逸れていた。しかしどうにか——かろうじて——高度100キロを越えたようだった。

「すごい」と、メルヴィルは管制室に伝えた。「信じられん光景だ。圧巻だ」

ルータンは隣にいたアレンに満面の笑みで祝いの言葉をかけ、握手を交わした。ところがすぐに別の問題があることがわかった。安全な着陸のための装置であるフェザーシステムのスタビライザーが不具合を起こしていた。もしスタビライザーが利かなければ、スペースシップワンは錐もみ回転を起こし、メルヴィルは再突入時にあっけなく死ぬだろう。

本来なら、お祝いをしているはずのときだった。メルヴィルは宇宙に到達していたのだから。窓の外に目をやれば、大気の薄い層と地球の輪郭が見えた。宇宙の広大で底知れぬ暗闇も見えた。ところが喜びに浸るどころか、どうやってサリーのもとへ帰ればいいのかで頭がいっぱいだった。

地上では、凍りついた表情のサリーが無線通信機の上にかがみ込んで、祈るように両手を組み合わせ、夫と管制室が解決策を探っている声にじっと耳を澄ましていた。

「これはまずい」と、管制室の誰かがいった。

メルヴィルは再度、スタビライザーの操作を試してみた。すると数秒後、どういうわけかスタビライザーが作動した。これでひと安心だ。ほっと胸をなで下ろし、重力で地球に引き戻されるまで、残された短い宇宙での滞在時間を楽しむことにした。さっそく飛行服の左腕のポケットから取り出したのは、ひそかに詰め込んでおいたM&M'sだった。いくつものチョコレートの粒がコクピット内の無重力空間をふわふわと漂って、窓に当たり、かすかに音を立てた。それから過去に400人ほどしか目にしたことがない窓外の景色をじっくり味わった。

数分後、スペースシップワンがぶじに着陸を果たすと、サリー・メルヴィルはふたたび胸の前で手を組み合わせて、涙ぐんだ。「ありがとう。ありがとう。ありがとう!」と、誰にともなくいった。

夫が機体から降りてきたときには、その腕の中にくずおれた。

「帰ってきてくれて、ありがとう」と、サリーはすすり泣きながらいった。「残りの人生はいっしょに揺り椅子に座って、ゆっくり過ごしてくれる?」

メルヴィルはうなずいた。これを機にスペースシップワンのテストパイロットを辞めることにした。歴史に残る偉業を成し遂げ、その日に行なわれた式典で連邦航空局から史上初の「商業宇宙飛行士」の徽章を授与された。

ルータンは狂喜した。とりわけ、パイロットを務めたのがほかの誰でもなくメルヴィルだったことをうれしがった。「もっと経験のある人間だったら、フライトを2、3回見送っていただろう。それでは何カ月もの遅れが出ていたところだ」とルータンはいう。

小さなロケット企業でも、情熱を傾け、全身全霊で取り組めば、誰もが不可能と思っていたことを成し遂げられることを、ルータンはついに証明してみせたのだ。しかし、今回のフライトは民間宇宙産業の勃興と新しい宇宙時代の始まりを象徴するものになったこと以上に、NASAの時代の終わりを強く印象づけるものになったようにルータンには感じられた。

メルヴィルがぶじに着陸したあと、ルータンは沸き立つ群衆からプラカードを拝借し、高々と掲げた。そのプラカードにはルータンの思いが見事に要約されていた。

「スペースシップワン、政府ゼロ」

アレンは宇宙に魅了されてはいたが、勇敢な宇宙のパイオニアにはなれそうになかった。スペースシップワンのフライトで、有人宇宙飛行のリスクに耐えられるだけの図太さが自分にないことを思い知らされた。歴史的な挑戦を楽しむことができず、自分の宇宙船を操縦しているパイロットが事故で死にはしないかと気を揉むばかりだった。

ビニーによる最初の動力飛行の際は「恐怖の波」に呑み込まれた、と書いている。コンピュータのソフトウェア開発では「最悪の事態といっても、エラーメッセージが出るだけだ。ところが今は、人の命が危険にさらされているのがわかった。そのことにわたしは耐えられなかった」。機体が胴体着陸したときにはビニーの身を案じ、「心臓が飛び出すかと思うぐらいばくばくした」。

Xプライズのフライトの直前、アレンはリチャード・ブランソンから電話を受けた。ヴァージン・レコードやヴァージン・アトランティック航空を創業した大富豪ブランソンも、宇宙事業に乗り出したところで、購入できる機体を探していた。アレンが秘密を好む隠者で、宇宙船の危険に身震いする人物だとしたら、ブランソンはその正反対の人物だった。スリルが大好きな、マスメディアの利用に長けたマーケターで、次から次へと新しい冒険に挑まないではいられなかった。

航空と鉄道の会社を興したほか、命知らずの熱気球飛行で世界記録を樹立したこともあるブランソンは今、宇宙という究極のフロンティアに挑む会社を始めたがっていた。スペースシップワンにひと目惚れしたブランソンには、ルータンに依頼すればきっともっと大きくて高性能の、観光客の団体を宇宙へ連れて行ける宇宙船をつくってもらえるだろうという確信があった。そこでアレンにスペースシップワンに使われている技術の権利を買い取りたいという話を持ちかけ、気前のいい金額を提示した。

「テストパイロットの飛行なら、わたしにも理解できる」とアレンは回想している。「だが、有料で一般の客を乗せて宇宙まで飛ぶなどということは、ほかの人に任せたかった」

Xプライズの獲得までは見届けるつもりだったが、そのあとはまた別の事業に移りたいと考えていたアレンは、15年で最大2500万ドルに達する契約で、ブランソンに技術ライセンスを供与した。いっぽうのブランソンは、すでにヴァージンブランドの企業リストにヴァージン・ギャラクティックを加えており、アレンと契約を交わすとさっそく、Xプライズのフライトに間に合うようにスペースシップワンの機体にヴァージンのロゴを入れさせた。


9月に入る頃には、ルータンのチームは試験飛行をひととおりすませ、賞金のかかったフライトに挑む準備を終えていた。Xプライズの1000万ドルを獲得するためには、2週間以内に2回、同じ機体を80パーセント以上再利用して、宇宙飛行を実現することが条件だった。

ルータンはシーボルトにこのフライトを任せることを決めた。控えに回ったビニーはこのとき、胴体着陸のせいで自分は二度と飛ばさせてもらえないのではないかと、疑念を抱き始めた。「ストライク3つでアウトなのはわかる」と、ビニーはフライトディレクター宛に怒りのこもったメールを送った。「だがいったいおれのカウントは今、いくつなんだ」

メルヴィルは役目を果たし終えていた。それにさすがにもう、自分がいくら胸を躍らせても、サリーがあんなに見ているのがつらいフライトを許してくれるとは思えなかった。シーボルトは最初の宇宙飛行で選に漏れ、苦い思いをしていたし、3年以上、このフライトのための訓練も積んできていた。ところが急に、シーボルトの心には迷いが生じた。妻が最近妊娠したこともあったし、フライトの数週間前、へたをすれば命にかかわる病気を患ったこともあった。しかし何より機体が安全ではなく、さらなる試験が必要だと感じられてならなかった。

エンジニアたちがまだ機体の欠陥を直している段階であることを示す証拠は、いくつもあった。メルヴィルが30キロも予定のコースから逸れたのもそうだし、スタビライザーが動かなくなったのもそうだ。ビニーのフライトでは操縦が利かなくなって、胴体着陸を招いた。父親になろうとしているシーボルトはむずかしい決断を迫られた。ルータンやチームのスタッフを失望させるのは忍びなかったが、どうしても飛ぶ決心がつかなかった。今回のフライトは明らかに危険すぎた。

「ピーターの名誉のためにいえば、あいつはみんながやみくもにロケットエンジンの点火を急ぐことに不信感を抱いたんだ」と、ビニーは未刊行の回想録『スペースシップワンの魔法と脅威』に書いている。「試験が不十分で、未解明の部分が多く、安全ではないと感じていた。ピーターにいわせれば、宇宙船のシステムにスリーストライクを宣告すべき重大な欠陥があって、そんなフライトはリスクを冒すに値しなかった」

スケールド・コンポジッツの公の発表では、シーボルトは体調不良とだけ説明された。機体が安全ではなく、試験が不十分だという懸念をシーボルトが抱いたことへの言及はまったくなかった。すでに9月半ばだった。1回めのフライトの予定日は数日後に迫っていた。そもそも今回のフライトの目的は、宇宙船が日常的に運航できるぐらい安全なものになったことを、広く社会に示すことにあった。

ルータンは急遽、信頼を寄せる友人マイク・メルヴィルにふたたびフライトを頼まざるをえなくなった。前回のあやうく大惨事になりかけたフライト以来、メルヴィルが「きょう死なないでほっとした。これで引退だ。もうこんなフライトで死ぬことはない。そう思うとほんとうにほっとする」という心境でいることは知っていた。だがチームとしては、メルヴィルに「もう一度、宇宙飛行をお願いする」しかなかった。

ビニーは激怒して、フライトディレクターのオフィスに駆け込むと、「なんのための控えなんだ」といい、説明を求めた。

「フライトディレクターは率直に明かしてくれた。去年の着陸のことがボスの頭の中にはまだあって、おれのことをラインナップに戻すようにいっても、拒否されたのだ、と」と、ビニーは回想録に書いている。「やはりそういうことだった。いや、想像していたより悪かった。おれはうちひしがれた」

ルータンはビニーの胴体着陸のときには操縦系統に不具合があったことを認めるいっぽうで、次のようにもいった。「ブライアンに託すことはできなかった。ブライアンはロケットの開発のほうにかかりきりだったし、あの胴体着陸でみんながその腕に疑問を持つようになってもいた。（中略）ブライアンにフライトを任せられなかったのは、その用意ができていないと判断したからだ」

サリー・メルヴィルは夫がふたたび飛ぶことになったと聞かされると、泣き崩れた。「正直にいえば、とても腹立たしかった」と、サリーはディスカバリー・チャンネルに話している。「夫が飛ぶことはもう一生ないと心から信じきっていたわ。だから、気を引き締めることから始めなくてはいけなかった。そうして、どうにか心の準備を整えようとがんばった。それは夫も同じだった」

必要なのは精神面の立て直しだけではなかった。メルヴィルは体の準備もできていなかった。パイロットたちは飛行時のはげしい動きや、加速によって体にかかる力に耐えられるよう、飛行試験機を使ってきびしい訓練を積んでいた。目の回るような錐もみ飛行や、傾いた飛行や、逆さまの飛行を繰り返すことで、それらの動きに体を慣らすのだ。

今からでは十分な訓練を行なう時間はなかった。また迷信家のメルヴィルには、今回飛ぶと、フライトが1回多すぎることになりそうな気もした。ルータンから力を貸してほしいと頼まれたメルヴィルは、まず妻に尋ねた。「2回めのフライトまで幸運を延長してみようかと思うんだが、どうだろう。多くを望みすぎだろうか」

サリー・メルヴィルも、幸運の延長を願った。

9月29日のフライトは、順調に始まった。ホワイトナイトワンが早朝のモハーヴェ砂漠の空に飛び立ち、予定の高度でスペースシップワンを切り離すと、数秒後、ロケットエンジンが点火されて、メルヴィルは座席に押しつけられながら、いっきに宇宙へ向かって上昇していった。絵に描いたような上々の滑り出しだった。

地上からも、予定どおりの飛行に見えた。「まっすぐ上がってる！」とサリー・メルヴィルは大声を上げた。「まっすぐ上がってる！　完璧にまっすぐよ」

ところがその後、スペースシップワンが横回転を始めた。はじめはゆっくりだったが、上昇するにつれ回転も速まり、すぐにものすごい勢いで回り出した。機首はしっかり上を向いたままだったが、翼が機体の周りをぐるぐると回るので、陽光を浴びた操縦室の窓が、まるで誰かがライトのスイッチを入れたり切ったりしているみたいに明滅した。

メルヴィルはまっすぐ前を見つめ、コントロールパネルに意識を集中させた。窓の外には目を向けないようにした。回転する外の景色を見ても、恐怖が増すだけだろう。それに吐き気を催すにちがいない。前回のフライトでナビゲーションシステムが不具合を起こしたとき同様、エンジンは切らなかった。じっとスピンに耐え、ひたすら宇宙に向かって上昇を続けた。

そしてついに高度100キロの境界線を越えた。そこでスラスターを噴射すると、スピンの勢いが緩み、どうにか大気圏再突入前に回転を止められた。

今回もまた、あやうく大惨事になりかけるフライトだった。しかし今回もまた、メルヴィルは踏ん張り抜き、宇宙に到達した。

これで1000万ドルの賞の獲得に向け、1回めのフライトを成功させた。残るはあと1回だった。

翌日の木曜日、チームのミーティングが開かれた。準備はすべて順調で、2回めのフライトは予定どおり、次の月曜日に行なうことができそうだった。ビニーは胴体着陸以来、10カ月間一度も飛んでいなかったが、いつでも飛べるよう、シミュレータで長時間の訓練を続けていた。自分にチャンスがめぐってくる可能性がかなり低いことはわかっていたが、希望はまだ捨てていなかった。

ミーティングでは、飛行計画の確認が行なわれた。航空電子機器はよさそうだった。フライトデータにも問題は見当たらなかった。ロケットも万全の状態だった。すべての確認がすみ、誰もがミーティングを終えようとしたとき、クルーチーフが手を上げた。

「バート、飛行計画の項目が1つだけまだ欠けています」とクルーチーフはいった。「パイロットです」

気まずい沈黙が漂ったのち、フライトディレクターが口を開いた。「それは、当然、ブライアンということになる」

メルヴィルは役目を終えた。シーボルトはみずからこの計画から離脱していた。事実上、残っているのはビニーだけだった。ビニーは最後の手段として選ばれたのだと感じた。「こうなったらもう宇宙船を破壊した奴に任せるよりほかに仕方がない」と、チームの全員に思われているようでならなかった。

フライトまでにあと数日しかなく、ビニーに迷っているひまはなかった。それに元海軍のパイロットはなんとしても名誉を挽回したかった。

10月4日の朝、ビニーは宇宙船に向かう途中、義母が来ているのに気づいた。義母はコーヒーの入った紙コップを手に持って、近づいてくると、幸運を祈ってハグしてくれた。ところがそのとき、ビニーの背中にコーヒーがこぼれてしまった。もう着替えている時間はなかった。どのみち予備の飛行服もなかった。「で、べたべたした服のまま、持ち場についたわけだ」

服は濡れ、コックピットは甘ったるいコーヒーの匂いでいっぱいだった。それでもビニーは意気に燃えていた。

母機ホワイトナイトワンからスペースシップワンが切り離されると、高度を下げすぎたくなかったビニーは、管制室の許可を待たず、ほとんどすぐにエンジンを点火し、母機のすぐわきを通って上空へ飛び立っていった。ホワイトナイトワンの機内では驚いたエンジニアが叫んだ。「何やってんだ！すれすれだったぞ！」

とはいえそれ以外は、フライトは順調そのものだった。メルヴィルの2回のフライトよりもさらに高い所まで到達し、商業宇宙船の新記録を更新した。

今やパートナーどうしとなったアレンとブランソンもモハーヴェ砂漠に来て、いっしょにビニーの飛行を見守っていた。これ以上はないというほどちぐはぐなふたりだった。片やブランソンはさらさらの金髪に、ヴァージン諸島で日焼けした肌をし、片やアレンは青白い肌に、だぶだぶのジーンズをはいていた。

「ポール、これまでの人生で最高のセックスだって、これには劣るんじゃないか」と、ブランソンが上昇を続ける宇宙船を見ながらいった。

「どんな性交渉であっても、こんなにびくびくしていたのでは、さして楽しめないよ」と、アレンは内心でつぶやいた。

ビニーの機体が地上に帰ってきた。今回は胴体着陸ではなく、滑走路の真ん中に降りる見事な軟着陸だった。

「海軍のパイロットではなく、空軍のパイロットのような滑らかな着地でした」と、ルータンは成功を祝う式典でビニーを称えた。「スペースシップワン初の完璧なフライトでもありました。彼を心から誇りに思います」

ルータンはNASAに辛辣な言葉も浴びせた。

「某宇宙局のことも少し気になります。今頃、お偉方が顔を見合わせて、こういっているのではないでしょうか。『われわれはもうお役御免だ』と」

この発言の背景には、NASAがこの頃、まったく打ち上げを実施していないことがあった。2003年2月にコロンビア号の空中分解事故で再度7人の宇宙飛行士が命を落として以来、スペースシャトル計画は止まっていた。調査機関による原因の究明を待たねばならない状況だった。米国政府は2004年の1年間、宇宙船を1機も飛ばさなかった。

結局、その年に行なわれた宇宙飛行の数は全世界でわずか5回だった。ロシアが2回、バート・ルータンが3回だ。

弱小企業の勝利、個人の勝利、これぞ米国という勝利だった。「このようなことが可能な国に生まれたことを神に感謝します」と、ビニーはあいさつした。

これらの一連の飛行に関しては、連邦航空局から口を出されることはほとんどなかった。従来、宇宙飛行を手がけるのは政府機関に限られていて、民間の活動を取り締まる法律がなかったからだ。関連する規制はあっても、甘かった。しかしこれをきっかけに議会でもこの問題が注目され、公聴会を開いて新産業を取り締まる規制が話し合われることになる。

とはいえ、それはまだ先の話だ。今は、お祝いのときだった。ルータンはスケールド・コンポジッツのチームを格納庫の前に集めた。

「きょうの成功でいちばん大事なことは、これで終わりではないということです」と、ルータンはアレンと並んで立っていった。「あくまで幸先のいいスタートを切ったにすぎません」

それからルータンとアレンはふたりでシャンパンの栓を抜いた。瓶から勢いよく泡があふれ出た。ルータンは瓶を持ち上げ、じかにシャンパンをがぶがぶと飲んでみせた。

このときすでにブランソンは次の宇宙船、スペースシップツーの構想を思い描いていた。構想にはルータンも開発者として含まれた。ただし今回の開発は、目立つことが大好きなプレイボーイ、サー・リチャードからの依頼だ。前回のように賞の獲得のために宇宙船をつくるわけではない。最大でパイロットふたり、乗客6人を乗せられ、ヴァージン・アトランティック航空のファーストクラスを思わせる豪華な宇宙船の開発をめざすことになる。

宇宙船はまだブランソンの頭の中にしかないものだった。しかしブランソンは早くそれを披露したくてうずうずしていた。

第2部　できそうにない

PART II "IMPROBABLE"

第6章 「ばかになって、やってみよう」

何時間ものあいだ、眼下には荒涼とした大西洋ばかりが広がっていたが、今、ついに美しい海岸と緑に包まれたアイルランドの田園風景が自分たちの真下に見えた。大西洋を熱気球で横断するおよそ5000キロの旅がいよいよ終わりに近づいていた。

約24時間前、36歳のリチャード・ブランソンは、熱気球の設計を手がける航空エンジニアでパイロットのペール・リンドストランドとともに、米国メイン州シュガーローフ山の近くを飛び立ったあと、世界で初めて熱気球で大西洋を渡ってきた。あとは着陸を残すのみだった。

1987年7月3日、霧の深い日だった。中世のようにのどかな牧草地の上空に突然、22階建てのビルほどの高さがある塔のような気球が雲のあいだから出現した。気球の側面にはヴァージンのロゴがあった。その光景は異様で、とても現実のものとは思えなかった。やがて風が強まり、はげしいつむじ風が吹き始めると、さらに現実離れした事態が生じた。突風のせいでカプセル（この気球のゴンドラ部分はかごではなく、密閉されたカプセルになっていた）が軟着陸できず、古風なコテージのわきの草地に勢いよく落ち、そのまま地面を引きずられた。その衝撃で、カプセルの外につないであった燃料タンクがすべて引きちぎられてしまった。さらに気球は軽くなったことで急に再上昇し始め、コテージや近くの電線をかすめるように上空にのぼっていった。

「燃料タンクを失って、気球をまったくコントロールできなくなった」と、ブランソンは自伝『ヴァージン――僕は世界を変えていく』（阪急コミュニケーションズ）で当時の状況を述べている。

気球が海のほうへ逆戻りすると、リンドストランドは砂浜へ着地しようと考えた。ところが風はそれも許してくれず、海の上まで飛ばされてしまった。カプセルが海面まで下がると、恐ろしいほどの水しぶきが上がった。気嚢が横に傾いて、巨大な帆のようになり、カプセルは海面を引きずられ始めた。

リンドストランドは気嚢をカプセルから切り離すためのレバーを引いた。が、うんともすんともいわなかった。もう一度、試みたが、やはりだめだった。

「気づくと、時速１００キロはあるかと思われる猛スピードで水面を突き進んでいて、カプセルのなかにどんどん水が入ってきた」と、ブランソンは当時、語っている。「ふたりでカプセルの上によじのぼると、カプセルが上がり始めた。そこでペールは20メートルぐらい下の海に飛び降りた」

リンドストランドは飛び降りる準備をしながら、ブランソンにも同じようにするよう大声でいった。するとそのとき、気嚢が風に持ち上げられて、カプセルが海面から浮き上がってしまった。リンドストランドはとっさに飛び降りた。

ブランソンは北アイルランド沖の冷たい海に飛び込んだペールを見送ると、もう自分が飛び込むのには遅すぎることに気づいて、「ぞっとした」。ぐんぐん上昇する気球にひとり取り残されてしまった。操縦の仕方は習っていなかった。動転し、助けを呼ぼうとしたが、無線は壊れていた。とにかく自分を落ち着かせて、この危機を脱する方法を必死で考えた。

「渦を巻く白い雲の中に立っていると、いいようのないほど孤独感が募った」と、ブランソンは書いている。

そして恐ろしかった。幼い子どもたちに愛していると伝えるメモを走り書きした。ひとりきりで制御のできない気球に乗り、カプセルの上に立っていると、子どもたちとはもう会えないかもしれないと思わずにいられなかった。

はじめに熱気球で大西洋を横断しようと言い出したのは、リンドストランドだった。とはいえブランソンもすぐにその冒険に乗り気になった。若くて、衝動的で、のちに人生と仕事のモットーに掲げるようになる（自著のタイトルにもなった）「ばかになって、やってみよう」そのままの生き方をしていた。ただ、根っからの冒険好きであることは確かだった。そんな性格が育まれたのは、いつも子どもたちに自立の精神を説いていた母のイヴによるところが大きかった。

イヴ・ブランソンは独立不羈《ふき》の女性だった。その性格は第二次世界大戦下だった少女時代にすでに発揮されていた。当時イヴはダンサーになるための学校に通っていたが、戦争の勃発後、自分も貢献をしなくてはならないという思いに駆られた。そこで英国の航空訓練軍団でグライダーの教員が募集されているのを知ると、すぐさま応募した。ただし厄介な問題がふたつあった。ひとつはグライダーの操縦の仕方をまったく知らなかったこと。もうひとつは募集されているのが男性の教員で、自分は女性だったことだ。それでもひるまず、男装して出向いたところ、見事に採用された。

しかし最初のフライトで、あやうく墜落しかかった。かろうじてぶじに着陸できたが、「グライダーから降りたときには震えっぱなしで、飛行場を一目散に走って集まってきてくれた将校や生徒たちの顔も青ざめていた」と、イヴは自伝『内緒にしておいて』に書いている。

ブランソンのもうひとりのヒーローは、第二次世界大戦で名を馳せた英国空軍のパイロット、ダグラス・バーダだった。墜落事故で両脚を失いながら、戦闘機のパイロットを続け、飛行隊の隊長にまで昇進した人物だ。１９４１年、バーダは空中で戦闘中、脱出を余儀なくされ、スピットファイアからパラシュートで降下し、ドイツ軍の捕虜になった。1945年、終戦とともに解放されると、英国じゅうから英雄として称えられ、のちには障害者支援の功績によりナイトの爵位を授与された。

バーダはブランソンのおばの親しい友人で、ブランソンにとってはおじのような存在だった。バーダが義足を外してプールで泳いでいると、ブランソンはふざけてよくその義足を盗んだ。そんなとき元戦闘機のパイロットは両手ではって、ブランソンを追いかけたという。

「彼はわたしの子どもの頃のヒーローだった」とブランソンは述懐している。「桁ちがいにスケールの大きい人だった。(中略) 彼と、おばと、母の3人はみんな飛行機乗りだった。うちの近くの飛行場から飛び立っては、よく曲芸飛行を見せてくれたものだ。わたしがのちに飛ぶことや冒険の虜になったのは、彼の影響だった」

また、ブランソンの遠い親戚にはあのロバート・ファルコン・スコット大佐もいる。1912年に探検隊を率いて世界初の南極点到達をめざした英国の冒険家だ。スコット隊は南極点にたどりついたとき、ノルウェーの探検隊に先を越されていたことを知った。失意のスコットと隊員たちは南極からの帰路、遭難し、命を落とした。

だから、後年、リンドストランドから熱気球で大西洋を渡るという途方もない計画を持ちかけられたときも、ブランソンはそれを途方もないこととは思わなかった。大西洋横断の気球の旅は、バーダが生きていればいかにも興奮しそうな話だったし、母も、ひどく息子の身を案じなければ、胸を躍らせるにちがいなかった。女性が男装して、経験もないのにパイロットの教官になろうとしていいのなら、これぐらいの冒険は許してもらえるはずだった。

とはいえこの冒険に心を引かれたのは、スリルのせいばかりではなかった。派手なことをすれば、自分と自分の若い航空会社のまたとない宣伝になるという計算も働いた。血気盛んな新しい航空会社は3年前、ほとんどその場の思いつきから始められたものだった。ブランソンはかねがね航空業界の顧客の扱いに不満を感じ、もっと空の旅は快適にできるはずだと考えていた。狭い機内に乗客を押し込めるのも、サービスが悪いのも、しょっちゅう遅れるのも腹立たしかった。

乗客に対する航空会社のぞんざいな態度へのブランソンの憤りが頂点に達したのは、プエルトリコから英領ヴァージン諸島へ向かうフライトが乗客数の不足を理由に欠航になったときだ。「美しい婦人」が待つヴァージン諸島へどうしても行きたかったブランソンは、航空機を1機チャーターして、黒板を見つけると、そのいちばん上に「ヴァージン航空」と記し、下に「BVI行き、片道39ドル」と書いた。「欠航便に乗る予定だった人たち全員にひとりひとり声をかけて、わたしの最初の飛行機を満席にした」と、ブランソンはのちに語っている。

ボーイングに電話して、飛行機を借りたことが、ヴァージン・アトランティック航空の始まりだったわけだ。しかし今、ブランソンの若い航空会社は、こしゃくな新興企業を退けようとする最大手ブリティッシュ・エアウェイズとの競争で劣勢に立たされていた。「何かとても楽しい宣伝の方法を考えて、ヴァージンの知名度を高める必要があった」とブランソンはいう。

前代未聞の熱気球旅行はそれに打ってつけだった。

リンドストランドが飛び降りたあと、ブランソンはふたたび空高く上昇した気球にひとり取り残された。どうしていいかわからず、パラシュートを身につけて、カプセルの上に上がり、飛び降りようともしてみた。しかし慌ててはいけないと思い直した。頭上に巨大な気嚢がある。あれがパラシュートになってくれるはずだ。気球の操縦方法を本式に習ったことはないが、長時間乗っていたおかげで、降下の仕方は感覚的にわかりそうだった。

慎重にバーナーを調節し、海面との距離を見ながら、ゆっくり気球を下げた。そしてカプセルが海面に達する直前、救命胴衣を膨らませて、海に飛び込んだ。数分後には、英国空軍のヘリコプターが上空に現れ、凍りつくような海から引き上げてくれた。ブランソンによれば、気球は「ふたたび急上昇し、エイリアンの壮麗な宇宙船のごとく、雲の向こうに姿を消した」。同じヘリコプターでリンドストランドも救助された。あわれなリンドストランドは発見されるまでに2時間も海を漂っていたので、震え、すっかり凍えていた。

もう少しで命を落とすところだった。しかし、図らずも劇的なエンディングまでつけ加わったこの大冒険で、世界記録の樹立という目標を達成し、世界じゅうの注目を集めることができた。また同時に、今後の宣伝に使える材料もたくさん手に入れられた。

後年ブランソンが懐かしく回想しているように、ヴァージン・アトランティック航空はこの機を捉えて新聞に全面広告を出し、そこにこんなジョークを添えた。「おい、リチャード、もっといい大西洋の渡り方があるぞ」

ブランソンが自社名に「ヴァージン」とつけたのは、自分も仲間もビジネスの初心者だったからだ。ブランソンは失読症で高校を中退しており、スプレッドシートも読めない。しかし宣伝にかけては天才だった。高校中退後、ブランソンは雑誌の刊行を皮切りに、通信販売のレコード会社、レコードショップ、レコーディングスタジオと次々と商売を手がけた。

そして1977年、ブランソンが26歳のとき、ヴァージン・レコードはセックス・ピストルズというパンクバンドと契約を交わした。メンバーの暴力沙汰で前のレーベルをお払い箱になった新人バンドだった。ブランソンはこのバンドの『ネヴァー・マインド・ザ・ボロックス』というアルバムを発売し、そのポスターを自分のレコードショップの各店舗の窓に貼り出した。するとある店舗で、ノッティンガム警察の若い警官に店長が逮捕された。英語の俗語で「睾丸」を意味する「ボロックス」がヴィクトリア朝時代の猥褻広告法に抵触するという理由だった。

結局、処罰は免れた。逆にタブロイド紙で大々的に報じられたこの一件は、新人パンクバンドとそのプロモーターの名を広めてくれた。とはいえ卑猥な言葉をめぐる騒動の宣伝効果には限界があった。命の危険もある冒険的な企てで世界記録に挑むほうが、はるかに世の中の注目を集めた。命の危険を冒すのが大金持ちならなおさらだ。

１９８５年、ブランソンは船による大西洋最速横断の世界記録に挑んだ。挑戦にあたっては、「新しい航空会社の宣伝の機会にしたい」という狙いがあることを認め、「大西洋横断を成功させれば、わたしたちの唯一の発着地であるニューヨークとロンドンの両都市でとてもいい宣伝になる」と述べた。

1回めの挑戦は惨敗に終わった。ヴァージン・アトランティック・チャレンジャー号は出発から3日間、うなりを上げて荒海を突き進んだ。その力強さは「巨大な空気ドリルを搭載」しているようだった。ところがゴールまであと約１００キロの地点で嵐に遭った。波に突っ込んだ船体が壊れ、ブランソンたちは沈没する船から脱出を余儀なくされた。

しかし2回めの挑戦で、汚名を返上できた。ヴァージン・アトランティック・チャレンジャー2号は3日と8時間31秒という大西洋横断の世界新記録を樹立し、長らく世界記録を保持していた米国から英国にその栄誉を取り戻した。

テムズ川での凱旋航行では、当時の首相マーガレット・サッチャーも、レース用のボートとクルーズ用のヨットを合わせたようなブランソンの船に乗って、ブランソンといっしょに川岸に集まった人々に手を振った。これにはどんな広告やマーケティング活動にもまさる宣伝効果があった。

ブランソンはその後もずっとこんな調子だった。花嫁衣装を身にまとって、ブライダルショップの宣伝をしたり、熱気球で世界を一周しようとしてアルジェリアの砂漠で行き詰まったり、気球での太平洋横断では南カリフォルニアに着陸する予定がカナダ北極圏に不時着したりした。

ヴァージン・アトランティック航空の創立21周年の祝賀イベントでは、なまめかしい赤いドレス姿のパメラ・アンダーソンを肩にかついでよろよろと歩いてみせた。これには故意か、偶然かはわからないが、各国の報道陣がカメラを構える前で、アンダーソンの胸がはだけるというおまけまでついた。ヴァージン・コーラが発売された際は、ニューヨークのタイムズスクエアにコカ・コーラの缶で壁を築き、そこに戦車で突っ込んだ。さらに、一生の夢がかなって、ヴァージン・レコードがついにローリング・ストーンズと契約できたときには、「翌日の二日酔い」が何より忘れられない思い出になったと語った。

CBSのテレビ番組「60ミニッツ」では「億万長者のスタントマン」とあだ名され、ニューヨーク・タイムズ紙からは「ひとり宣伝サーカス」と呼ばれた。拡大を続けるグループ企業――ヴァージン・モバイル、ヴァージン・マネー、ヴァージン・ワイン、ヴァージン・トレイン、ヴァージン・カジノ、ヴァージン・ブック、ヴァージン・レーシング、ヴァージン・スポーツ、ヴァージン・メディア、ヴァージン・ホテル、ヴァージン・ホリデークルーズ、ヴァージン・アメリカ、ヴァージン・オーストラリア――の手がける事業を眺めると、あきれるほどばらばらで、注意力散漫にも、やりたいことが定まらないようにも見えた。

しかし、そこには一貫性があった。互いにまったくちがうように見えるそれらの事業に共通するのは、クールでセクシーであるということだ。ブランソンのモットーである「ばかになって、やってみよう」式の自由を追求しながらも、無謀さと才気の鋭さを隔てる微妙な境界線上を慎重に歩んでいた。だから、ヴァージン・タックス（税務）とか、ヴァージン・デンタル（歯科）とか、あるいはヴァージン・ボータイ（蝶ネクタイ）なんかはありえなかった。手がける事業はすべて、永遠のティーンエージャーの無垢な理想主義とセックス・ピストルズの荒々しいリフのあいだにある素敵な生活を人々に夢見させるものだけだった。

しかしそれらのどれも——高速船も、熱気球も、ローリング・ストーンズも（いや、ローリング・ストーンズは別格かもしれないが）——ブランソンの次の企て、すなわち、ブランソンの誇大宣伝にふさわしい大それた目標を掲げる企業に比べたら、色あせて見えた。

宇宙企業、ヴァージン・ギャラクティックだ。

ロケットや宇宙船を所有してもいなければ、宇宙飛行についてのいかなる専門知識もなかったが、ブランソンは宇宙企業を始められる日がいつかやってくると信じて、以前から「ヴァージン・ギャラクティック・エアウェイズ」という社名を登記していた。

何年ものあいだ、宇宙業界の関係者を尋ねてまわり、「宇宙船をつくれそうな人間がいないかどうか」探したという。

しかしそんな人間は見つかりそうもなかった。宇宙はやはり桁ちがいにむずかしいことがわかった。そのむずかしさは熱気球やスピードボートや航空機の比ではなかった。一度、自身に宇宙に行くチャンスがめぐってきたこともあった。当時ソ連の指導者だったミハイル・ゴルバチョフから電話があり、ブランソンにいかにも似つかわしい話を持ちかけられたときのことだ。それは、民間人として初めて宇宙に行けるという話だった。

とはいえ、そのためには5000万ドルの費用がかかり、2年間、ロシアで訓練を受ける必要があった。「ヴァージンを築いている最中で、それだけの時間を割けるかどうか、わからなかった」とブランソンはいう。「それに、そんな大金を宇宙に行くことに注ぎ込んだら、誤解を招くのではないかとも心配だった」

そこで、このときだけは「ばかになって、やってみよう」とはいえず、断ることにした。この話を断ったことにはその後しばらく「半分後悔」し続けることになった。「絶対にすばらしい体験ができたにちがいない」からだ。

いっぽう、宇宙船——あるいは宇宙船をつくれる人材——を探す努力はいっこうに実を結ばなかった。2000年代初頭には、「もうほぼあきらめて、ほかのことに頭を切り替えた」。

そのひとつがヴァージン・グローバルフライヤーだった。グローバルフライヤーは世界一周の最速記録を塗り替えるというブランソンの新たな挑戦のため、特別に設計されたひとり乗りのスリムな飛行機で、モハーヴェ砂漠にあるルータンのスケールド・コンポジッツで製造されていた。あるとき、ブランソンの部下が製造の進捗状況を確認するため、モハーヴェへ出向いた。すると、そこでまったく思いがけないものに出くわした。それはぜひすぐに上司に知らせなくてはいけないものだった。「うそだと思われるかもしれませんが、グローバルフライヤーよりもっとすごいものを見つけましたよ」と、部下はブランソンに報告した。

それがスペースシップワンだった。

ブランソンがこのチャンスを逃すはずはないと考えた重役のひとりは、急いで「ヴァージン・ギャラクティック」という名の新会社を登記しようとしたという。しかし、それはブランソンによってとっくに登記されていた。
数日後、ブランソンはさっそくモハーヴェ砂漠に飛んで、スペースシップワンをその目で確かめた。これだと思った。これこそ自分が何年も探し続けた宇宙船だった。ぜひともこの計画に加わりたかった。

その日、ブランソンはルータンの家でポール・アレンとルータンと話す機会を得た。ルータンはブランソンに、頭に浮かんだアイデアを書きとめた紙ナプキンや紙切れの山を見せてくれた。そこには宇宙船のコンセプトもあれば、あのフェザーシステムのアイデアもあった。宇宙船の機体から翼を切り離して、上に折りたたみ、抗力を生み出すシステムだ。

ルータンとアレンの遠大な構想は、宇宙への進出を夢見るブランソンを興奮させた。「わたしたちは膝を突き合わせて、月のホテルとか、月への日帰り旅行とか、いろいろと胸の躍る話をした」とブランソンはいう。「最後には、ヴァージンがスペースシップワンのスポンサーに加わることが決まった。ポールとわたしは、スペースシップワンが成功したら、また会って、そのあとの計画の進め方について話し合おうと約束した」

スペースシップワンとXプライズは民間企業でも人を宇宙へ送れることを示した。夢の実現を資金面で支えたのは、ポール・アレンだった。しかしアレンはリスクの甚大さに耐えかねていた。死亡事故がいつ起こってもおかしくない危険な事業に自分が出資をしていることに心がさいなまれて仕方なかった。歴史的な飛行が3回、成功していた。しかしアレンには、成功よりも、ひとりもけが人が出なかったことのほうがうれしかった。

ブランソンはロンドンのホランドパーク地区にあるアレンの自宅を訪ねた。「わたしはアレンにこう説いたんだ。『宇宙に行きたい人はきっと何十万人もいる。ここでやめてしまったら、あまりに損だ。いっしょに宇宙企業を立ち上げよう。今までに開発した技術が必ず役に立つはずだ』とね。それでわたしたちは握手を交わした。ふしぎだが、アレンにそういう話を持ちかけたのはわたしだけだった」

アレンはライセンス契約の締結後、しだいに身を引き、簡素なデザインのスペースシップワンをもとにもっと大型の宇宙船をつくろうとするブランソンにあとを託した。スペースシップワンはひとり乗りだったが（ただしXプライズの要件を満たすため、3人ぶんの重量に耐えられる設計にはなっていた）、ブランソンのスペースシップツーはパイロットふたり、乗客6人の計8人乗りだった。これは今までと同じことを繰り返すだけで成し遂げられるような控えめなステップアップではなかった。スペースシップツーのためには飛躍的な進歩が必要だった。スペースシップワンの宇宙飛行が危なっかしいものだったことを考えれば、それはなおさらだ。しかし徐々にとか、控えめにとかいう発想はブランソンにはなかった。

前途にいかに困難な課題が待ち受けているかなどはまるで気にせず、ブランソンはさっそくヴァージン流の誇大な宣伝活動をフルに展開して、世界の最後のフロンティアの魅力と、それを一般の人々の手に届くものにする計画を売り込み始めた。ヴァージン・ギャラクティックは「世界初の商業宇宙航路」を開拓し、ふつうの観光客を立派な宇宙飛行士にすると、ブランソンはぶち上げた。さらに、早ければ2007年に初就航を遂げ、最初の5年で3000人を宇宙へ送ると誓った。

2005年2月には、まだスペースシップワンの技術ライセンスを獲得してからわずか数カ月後だったが、スーパーボウルのボルボのコマーシャルでも、ヴァージン・ギャラクティックを宣伝した。ボルボのコマーシャルの中の、「わたしの愛車はボルボXC90V8」と記されたロケットが発射される場面でのことだ。

「ボルボ史上最大のパワーを誇る、ボルボＸＣ90Ｖ８」という紹介に続き、「どれぐらいのパワー？」とナレーターが問いかけたところで、画面がロケットの内部に切り替わり、宇宙飛行士が映し出される。宇宙飛行士がやおらバイザーを上げると、じつはそれがブランソンだったことが明かされ、ブランソンが問いに答える。

「宇宙へ行けるぐらいのパワーです」と。

ブランソンはまるで宇宙という宗教の福音を伝える者のごとく、宇宙飛行のすばらしさや、地球の外へ出る旅行の「人生を変える」効果を説いた。たとえその旅行がわずか数分のものであってもだ。しかも当時はまだ、宇宙飛行の計画はほとんど空想の域を出ていなかった。ブランソンが実際に宇宙船の開発を始めるのは何年も先のことだったが、そんなことはお構いなしに誇大な宣伝を繰り広げた。「今後数年のうちに何千人もの宇宙飛行士が誕生し、宇宙から地球の美しい姿を見るという夢を実現するでしょう。壮麗な星々の眺め、無重力や宇宙飛行の驚くべき体験を堪能していただけるはずです」とブランソンは語った。「またこの計画によって、ひと握りの国だけではなく、世界のあらゆる国の人が宇宙に行けるようになります」

宇宙旅行を売り物にしたのは、ブランソンが初めてではない。1960年代にパンアメリカン航空が、アポロ計画でにわかに沸き起こった宇宙ブームを商売に結びつけようとして、月旅行を売り出したことがあった。このときには、月旅行の順番を待つ予約者リストがつくられた。

「弊社はパイオニアでありたいと思っています」とパンアメリカン航空の広報担当者は1969年、ニューヨーク・タイムズ紙に語っている。「パンアメリカン航空は世界初となる太平洋の横断航路を開設したほか、大西洋でも数多くの航路を他社に先駆けて、開設しました。ボーイング747もいち早く導入しようとしているところです。ですので、いつの日か、月旅行でもパイオニアになりたいと考えています。そのための準備として、予約者リストを設けました」

これが注目を集めるための単なる宣伝活動だったかどうかはともかく、実際におおぜいの人たちがこの月旅行に申し込んだ。それらの未来の宇宙飛行士には見返りとして、「月へのフライトの最初の搭乗者のみなさん」と記された手紙が、パンアメリカン航空の販売部長ジェイムズ・モンゴメリーから届いた。

「これまで地球上で数々の航路を開拓してきたパンアメリカン航空が、宇宙においても、世界に先駆けて商業飛行を始めることに期待を寄せていただき、厚く御礼を申し上げます。みなさまのご期待に応えられるよう全力で取り組んでまいる所存です」と手紙は始まっていた。

ただ「運航の開始日はまだ申し上げられません。（中略）料金については、まだ確定しておりませんが、過去に例のない金額になるでしょう」と認《したた》めていた。手紙には、パンアメリカン航空の「ファースト・ムーン・フライト・クラブ」の「会員証」も添付されており、そこに記された番号を見れば、自分が予約者リストの何番であるかがわかった。

ニューヨーク・タイムズ紙の報道によると、1969年初頭の時点で早くも200件ほどの申し込みがあった。申込者はぐんぐん増えた。旅行代理店の窓口係も申し込みに慣れ、月へのフライトといわれても驚かず、平然と「ご搭乗者は何名でしょうか？」と応じるほどになった。1969年7月19日、アポロによる初の月面着陸の前日、パンアメリカン航空のCEOナジーブ・ハラビーはニューヨークのWCBSの番組に出演し、自社が注目しているのは「再利用できるブースターや、宇宙で空港のような役割を果たす宇宙ステーション、軌道上の宇宙ステーションと月のさまざまな場所を結ぶ定期航路」といったコンセプトだと語った。

ニール・アームストロングとバズ・オルドリンが月面を歩いたときには、予約者の数は2万5000人に達していた。受け付けを中止した1971年までに9万人以上が申し込んだ。予約者リストにはロナルド・レーガンやウォルター・クロンカイトの名もあった。

パンアメリカン航空は1991年に倒産したが、最後まで、月旅行は可能なだけではなく、必然のことだと信じていた。「月への商業飛行はいずれ実現するでしょう」と、同社の広報担当者は1985年、ロサンゼルス・タイムズ紙に話している。「それは来年ではないかもしれないし、5年後ではないかもしれません。ですが必ず実現するでしょう」

それから長い年月がすぎた。ブランソンが今、めざしているのは、月ではなく、宇宙の入り口だった。とはいえ熱意だけで突っ走る暴走気味の姿勢はかつてのパンアメリカン航空に似ていた。ブランソンは宇宙へのフライトが実現する日は目前に迫っていると約束した。

「2000年代の終わりまでに、現代の宇宙史に華々しく登場した新星ヴァージン・ギャラクティックは、最後のフロンティアに誰もが手頃な値段で行ける未来を実現する」。これは同社の初期のウェブサイトに記された言葉だ。

Xプライズの最後のフライトの直後、ヴァージン・ギャラクティックはウェブサイトで宇宙旅行の参加者を募り始めた。まだ肝心の宇宙船は影も形もなかった。2年後の2006年初頭にやっと、ブランソンは宇宙船の実物大模型を披露した。この模型にはフラットスクリーンが備わっていて、そこに現れるイメージ映像を見ることで、宇宙を旅する気分を味わえた。エルゴノミック設計の座席に加え、たくさんの窓がついたこの宇宙船の最初のフライトはもちろん安全で、なおかつ感動的だった。

ウェブサイトには宇宙旅行でどういう体験ができるかが、美辞麗句をちりばめた、空想のたくましい文章で紹介された。宇宙船が母機につながれて高度1万5000メートルまで運ばれるようすが、幻覚剤によるサイケデリック体験のように描かれたあと、文章は次のように続く。

そこで切り離しのカウントダウンが始まります。そのつかのまの静寂ののち、想像を絶するパワーの波が押し寄せます。ただしこのパワーは完璧に制御されています。あなたは突然、座席に押しつけられ、ロケットエンジンの轟音と涙が出るほどの加速に驚愕し、同時に興奮するでしょう。そこで計器を見たあなたは気づきます、わずか数秒で宇宙船の速度は時速4000キロ、音速の3倍以上のスピードに達していたことに。

大気圏の上端を突き抜けるにつれ、大きな窓の外では空がコバルトブルーから淡い紫へ、淡い紫から藍色へと変わり、ついには真っ黒になります。あなたはハイな気分になるでしょう。これが現実に起きていることなのか、信じられない、最高だ、と。あなたはリラックスし始めますが、すぐにまた緊張に身をこわばらせます。宇宙船内のようすががらりと変わってしまっているからです。

ロケットエンジンの停止後、船内には静けさが訪れます。ふつうの静けさではありません。まったき静けさです。宇宙空間の無音は、それまでのロケットエンジンの轟音と同じように、人間に畏怖の念を起こさせます。ですが、あなたが思わず体をこわばらせた最大の原因は、生まれてから今までずっと自分の周りにあった重力が消えたことにあります。もはや上も下もありません。あなたは座席から浮き上がり、夢でも味わえないような自由を味わいます。優雅な宙返りのあと、大きな窓の外を見やれば、きっと目を丸くするでしょう。あなたの下に（あるいは上に）これまでに写真などで何度も見たことがある景色が広がっています。ですが本物ははるかに美しく、はるかに鮮やかで、言葉にできない強い感情が沸き起こるでしょう。深い闇の中に青い惑星が浮かぶ光景はお馴染みのものですが、ここではその周りに区切りがいっさいありません。大気の層は信じられないほど薄く、今にも破れてしまいそうに思えるでしょう。あなたが見ているものは、人類のあらゆる営みの源であり、人類の故郷です。同船者たちもあなたと同じようにうっとりしているにちがいありません。それぞれ自分だけの世界に浸って、宇宙の思い出を胸に刻んでいることでしょう。

そして何より、このような旅行が実現する日がすぐそこまで近づいているという。わずか数年先にまで。

「もう夢ではありません！」とヴァージン・ギャラクティックは高々と宣言した。

目論見は成功した。パンアメリカン航空の月旅行のときと同じように、おおぜいの人が申し込んで、代金の20万ドルを支払った。クールでセクシーで、ハリウッド映画的なブランソン版の宇宙旅行は大人気を博し、２００６年の初頭までに、合計で１３００万ドルもの代金が集まった。ブラッド・ピットやアンジェリーナ・ジョリーもこの宇宙船のチケットを買っていた。アシュトン・カッチャーや、トム・ハンクスや、ハリソン・フォードも買った。購入者はセレブばかりではない。最初の購入者だと主張したのは、ケン・バクスターというラスベガスの開発業者だった。バート・ルータンの経歴を紹介した「60ミニッツ」を見てさっそく申し込んだという。

とはいえその栄誉は、ロンドンの広告会社の重役トレヴァー・ビーティに与えられるようだ。英国でいっとき話題になったワンダーブラの広告キャンペーン「ハローボーイズ」の仕掛け人だ。宇宙好きの子どもだったというビーティは、スペースシップワンの最後のフライトの直前、顔見知りのブランソンに電話をかけた。するとブランソンから、モハーヴェ砂漠まで来れば、Xプライズの最後のフライトを見せてやるとけしかけられた。

「それでこっちが『よし。お手並み拝見といこうか』なんていったら、逆に『わたしたちの出発はあしたが、平気か』っていわれたんだ。それで気づいたら、もうLA行きに乗ってたというわけさ。誰にも何もいわずに出てきた。取るものも取りあえず」

ブライアン・ビニーのフライトが成功すると、ビーティはヴァージン・ギャラクティックのチケットの最初の購入者になろうと誓った。ビーティが宇宙に行けるなら、ほとんど誰でも宇宙に行けるだろう。ぼさぼさの巻き毛が肩にかかり、青白い顔をし、腹がいくぶん出たこの英国人ほど、宇宙飛行士にふさわしくない人間はいない。しかし本人にとってはそこがよかった。彼のようにこのチケットを買う人間の多くは「みずから好んで愚かなことをする者の集団」だと、ビーティはいった。「まさに『ライトスタッフ（適切な資質）』とは正反対の者たちだ。いうなれば『ロングスタッフ（不適切な資質）』の者たちさ。だが、だからこそいい」

最初の100人の申込者は「ファウンダー」と呼ばれ、ほかのチケット購入者が10パーセントの予約金を収めるだけなのに対し、前金で全額20万ドルを用意しなくてはいけなかった。

2007年初頭、ヴァージンは「サー・リチャードが宇宙飛行の訓練を受けることになった」と発表し、ブランソンが宇宙飛行時の重力加速度を再現するセントリフュージでどういう訓練を受けるかを詳しく紹介した。この訓練には科学者で作家のジェイムズ・ラヴロックも加わった。気候に関するラヴロックの研究はブランソンに感銘を与えていた。

ブランソンはラヴロックに電話をかけて、チケットの提供を申し出た。ラヴロックは「とっさにこういったさ。『いや、きみたちがわたしを宇宙へ送ることはなかろうよ。もうじきに90歳になるからな』」という。ところがブランソンは年齢は妨げにならないといい、「わたしの父親も同じ年ですが、行くといっていますから、平気です」と説得した。

シミュレータに入ったラヴロックは、宇宙船が母機から切り離されることを告げる声を聞いた。そしてカウントダウンがあって、「がくんと落とされたような衝撃を感じた」。その後、ふたたび声が聞こえ、今度はロケットエンジンがまもなく点火すると告げられた。「ものすごい推力とエンジンの轟音だった。それから続けて重力加速度が体にかかるのを感じた。どれも楽しい体験だった」

ビーティは「吐き気彗星」と呼びたくなるような飛行機での無重力訓練に参加した。飛行機が放物線を描いて飛ぶと、機内にはそのつど数分間、体重を感じなくなる無重力状態が生まれる。訓練はその無重力状態を利用して行なわれた。機内で宙にふわりと浮くのは、ふしぎな体験だった。まるで飛ぶような感覚を味わえた。

しかしすばらしい体験だと喜んでいられたのは、ほかの太った参加者が自分の上に落ちてくるまでだった。ビーティは足の指を骨折し、「宇宙で初めてけがをするはめ」になった。

重力が戻るときには注意が必要だった。すべてのものがいっせいに落ちてくるのだ。宇宙へ行くのは、現実にはブランソンがいうよりもはるかにむずかしく、危険でもあった。ブランソンを信じる人たちは、命も預けることになった。

第7章——リスク

我の強い人間——燃焼するロケット燃料のようにはげしい気性の個性派たち——が揃っていて、会合のテーブルで誰と誰を隣り合わせの席にしたらいいかは難題だった。ライバル関係にある一団——全員、宇宙産業の大物であり、したがって商売敵《がたき》どうしだった——の座席表には、微妙な人間関係への細心の注意が払われた。出席者たちが一致協力できるかどうかが鍵を握る会合だった。この会合では、新しい産業をどう築くかが話し合われることになっていた。

会合を開く場所だけはすんなり決まった。イーロン・マスクがスペースXのエルセグンド工場を会場として提供することをうやうやしく申し出たからだ。マスクはこのときにはまだ業界の顔と見なされるのにはほど遠かったが、出席者たちからはよく知られ、人望があった。マスクが今回、音頭を取ったことで、会合への期待が高まり、招待状を送った相手から出席の返事が得られやすくなった。ただし、全員の日程を調整するのは容易ではなかった。それでも最後にはどうにか日取りが決まった。みんなの予定が合う日は、２００６年2月14日だった。

バレンタインデーだったが、これらの宇宙業界の重鎮たちの最大の関心事はロマンスではないだろうなと、ジョン・ゲドマークはひそかに思った。大学を出たばかりの23歳で、Xプライズ財団のインターンをしているゲドマークは、今回、会合の出席者の席を決めるという誰もうらやまない大役を任されていた。

ゲドマークはあらかじめ黄色のレポート用紙にペンで座席表を書いておいた。上座に座るのは、ホストであるマスクだった。その左隣はXプライズの設立者ピーター・ディアマンディスだ。バジェット・スイーツ・オブ・アメリカの創業者で、宇宙にホテルを建設したいと考えている大富豪のロバート・ビゲローは、ヴァージン・ギャラクティックの代表団の向かいに座った。「クエイク」や「ドゥーム」などの人気ビデオゲームを手がけたプログラマー、ジョン・カーマックの席はほぼ中央にあった。

モハーヴェ・エア・アンド・スペース・ポートを経営する元海軍のパイロット、ステュー・ウィットの席はテーブルのいちばん端にあり、ヴァージン・ギャラクティックの代表として出席したアレックス・タイとジョージ・ウィッティングヒルの隣になった。タイとウィッティングヒルはスペースシップワンの後継機スペースシップツーの設計者でもある。

宇宙産業の名だたる人物が勢揃いしていた。ただしブルーオリジンからは誰も出席していなかった。2006年のブルーオリジンはまだ秘密のベールに包まれた無名の企業で、外部との接触は頑なに拒んでいた。

「彼らが何をしようとしているのかは不明でした」とゲドマークはいう。「わかっていたのは、企業というより研究開発を手がける小さな工房みたいなものではないかということだけでした」

それでもブルーオリジンにも声をかけ、会合に招待してはいた。しかしブルーオリジンからは誰の出席もなかった。

テーブルのいちばん端の席に座ったバート・ルータンは、スペースシップワンのフライトはほんの始まりにすぎないと今も確信していた。ただし、一躍有名になった同機がふたたび飛ぶことはなかった。

歴史的なフライト後、スペースシップワンは国立航空宇宙博物館に引き取られ、展示されていた。スペースシップワンの両脇に展示されているのは、リンドバーグのスピリット・オブ・セントルイス号とチャック・イェーガーのX－1だった。

しかしスペースシップワンがそのように保存され、将来の世代に見てもらえるものになっても、Xプライズや業界全般の関係者はそれを自分たちの取り組みの最終到達点を示すものにはしたくなかった。自分たちが最終的にめざしているのは一般の人々を宇宙へ送る産業を築くことだった。

商業宇宙飛行は「リンドバーグ・モーメント」に達していた。つまり、有人宇宙飛行に革命的な変化を起こす引き金になると、ピーター・ディアマンディスとXプライズの面々が期待する大きな飛躍を遂げていた。かつてリンドバーグは大西洋横断飛行の達成により、航空産業に革命的な変化が生じるきっかけをつくった。その結果、１９５５年には航空機の利用者が鉄道の利用者を上回った。リンドバーグのフライトの影響は直後にも現れていて、航空券の売り上げが急増するとともに、それに合わせて認可を受けた航空機の数もいっきに増えた。

宇宙産業が革命の勢いを本物にするためには、スペースシップワンで始まった反乱の第二幕が必要だった。しかし世の中の関心はすぐ薄れるのではないかという懸念も一部にあった。アポロの月面着陸後がそうだったようにだ。人類が月に降り立つという前代未聞の大事業を成し遂げたあと、ＮＡＳＡの有人宇宙飛行計画は昔日の輝きを取り戻せないでいた。

チャレンジャー号とコロンビア号の事故で合計14人の宇宙飛行士が命を落としてからというもの、官僚体質を強めて、リスクを避けるようになったＮＡＳＡは、もはや遠い宇宙に人間を送ろうとすることはないのではないかと、危ぶむ声も多かった。アポロ後の停滞は一時的なものではないのではないか。アポロは例外的な成功、いわばまぐれであり、二度と繰り返されないのではないか。ユージン・サーナンが1972年、月を歩いたときに口にした力強い約束――「わたしたちは戻ってくる」――は、予言から虚言へと変わってしまったのではないか。

米国はニール・アームストロングとチャック・イェーガーとライト兄弟を輩出した国だ。フロンティアを切り拓くことは、メイフラワー号の時代から、西部開拓、月面着陸まで、長いあいだ米国のDNAに刻まれた特徴だった。マスクには、冒険に挑むことが米国人の理想とする生き方だと映っていた。

「米国は人間の冒険心でできたような国だ」とマスクはかつて述べたことがある。「ほとんど誰もが別の場所からここにやってきた人間だ。こんなにフロンティアの探検が好きな集団はほかにない」

NASAか、議会か、あるいは大統領が、1961年に10年以内に人間を月に送ると約束したジョン・F・ケネディのように立ち上がらないのなら、この国では起業家たちが代わりに立ち上がるだろう。

ケネディが墓場からよみがえって、待ち望んだ宇宙計画を始めてくれるのを期待するより、おそらく自分たち自身が、自分たちが待ち望んでいる人間になるべきときだった。

スペースXの本社に集まった面々は正式に手を結んで、「パーソナル・スペースフライト協会」という団体を結成していた。自分たちの動きに火をつけ、拡大させたいという期待のほか、業界団体を発足させることで、今の勢いを維持し、ワシントンDCや連邦航空局に自分たちの新しい産業が本物であることを示そうという狙いがあった。

出席者の中にはマスクのようなシリコンバレーの人間も何人かいたことから、「パーソナルコンピュータ」をまねて「パーソナル」という言葉が選ばれた。コンピュータが企業向けの大型機から小さなデスクトップ機へと変貌を遂げたように、宇宙飛行もやがては個人向けになるというメッセージがそこには込められていた。

そのような夢のような目標のほかに、差し迫った現実的な問題もあった。スペースシップワンの息詰まるスリリングなフライトは世界の注目を集めただけではなく、議会と連邦航空局の関心も引いた。その結果、やはり業界の一部の人間が心配したとおり、連邦政府はこの新しい産業に課すべき規制について、検討を始めていた。

リバタリアン的な傾向の者が多いこのグループにとって、「議会による監視」とか、「国の規制」とかは、信条に反する唾棄すべきものだった。また実際問題として、そのような政府の介入は自社に壊滅的な影響をもたらしかねなかった。声をひとつに揃えることで、規制の策定に自分たちの声を反映させ、孵化したばかりの産業が巣を飛び立つ前にワシントンに殺されることがないようにしたかった。

バレンタインデーの会合の準備を進めながら、ゲドマークはパーソナル・スペースフライト協会が名前だけの団体であることに気づいた。確かに、業界団体の発足は公式に発表されている。しかしこの団体には資金もなければ、非営利団体としての法的地位もなかった。ゲドマークの考えでは、それらはどちらも必要なものだった。

ゲドマークはこの団体を法人格のある非営利団体にするため、バレンタインデーの会合の1週間前、カリフォルニア州の州務長官室から定款の認証を受けた。さらに上司のために草案のメモを作成し、業界の障害になりうる規制について概略をまとめた。

それは次のように始まっていた。「パーソナル・スペースフライト協会はカリフォルニア州で法人化された非営利団体である。個人向けの宇宙飛行産業の発展のため、その妨げになる規制や法律、政治、戦略上の問題の解決に取り組む」

ゲドマークのメモは次のように警告もした。「過度の負担を強いる規制が敷かれる危険は、引き続き重大なリスクとなるだろう。不透明で混乱した、場当たり的な規制が敷かれる危険にも、同様に注意が必要である。先行きの不確かさや混乱の気配が業界に漂えば、必要な財源がたちまち枯渇しかねない」

さらに市場に改革を起こすことが容易ではないことを認め、「固定化した航空宇宙産業は寡占化が進んでいるだけではなく、国から莫大な補助金を受け取っている」と指摘した。

また、「インフォームドコンセント」の基準を設けるという計画についても記した。これはバンジージャンプやスカイダイビングなどのエクストリームスポーツと同じように、あらかじめ危険があるものとして個人向けの宇宙飛行を受け入れてもらうためだ。飛行機から飛び降りたいと思うような命知らずのかたのご参加をお待ちしている。ただし、死ぬ可能性が皆無ではないことは了承してもらいたい。どうかパラシュートのひもを引くことをお忘れなく、という具合にだ。

最後に、業界は最悪のケースにも備えるべきだと、ゲドマークは注意を促した。

「残念ながら、個人向けの宇宙飛行産業は、死亡事故の発生を想定しておかなければならない」

死亡事故は「万一」というより「いつ」の問題だった。それは不可避の現実であり、正面から向き合って、対策を講じておかなくてはならなかった。しかしだからといって、死の危険にひるんだり、妨げられたりしてはいけない。リスクを冒さなければ前に進めない。そのことは大西洋横断から極点征服や西部開拓まで、あらゆる冒険同様、宇宙飛行にも当てはまった。

1914年、アーネスト・シャクルトンは南極探検の出発前、新聞に次のような広告を出したといわれている。「過酷な旅行の同行者募集。低報酬で酷寒、数カ月続く完全な闇夜、絶えざる危険。安全な帰還は保証されない。成功の暁には、名誉と称賛が与えられる」（実際にこのような広告は出されなかったという説もあるが、危険きわまりない旅行だったことはまちがいない）

「自由に生きるか、さもなくば死を」のモットーで知られる州、ニューハンプシャー州には、バックカントリーのスキーヤーに人気の高いタッカーマン渓谷がある。ワシントン山の頂上付近にある渓谷だ。雪崩《なだれ》防災センターはここにやってくる人々に次のような警告を発している。「タッカーマン渓谷を訪れる人は危難に遭っても、けっして救助されることを期待しないでください。誰も助けには来てくれません。自分たちを救えるのは、自分たちだけです」

ガイドブックに書かれているとおり、タッカーマン渓谷はただの渓谷ではない。文化的衝突の場だ。「そこへ行くことは、現代社会の価値観の多くに背を向けることを意味する。道のりのきつさは並大抵ではない。ルールはいっさいない。ミスを犯せば、深刻な結果を招く。勇敢な努力の証しは何も残らない。足跡がしばしば雪の上に残るだけだ」

冒険に死の危険はつきものだと開き直るのは、あまりぞっとしない態度にも思えるかもしれない。しかしそれによって自由になれることも確かだ。ある種の楽観が得られ、ひいては死の向こうにある地平、犠牲に意味を与えてくれる地平が見えてくる。未知の世界に踏み入ろうとするときには、入念な準備と盲目的な希望の両方が必要だ。例えば、マゼランが南米大陸の南端の海峡を通って、初めて太平洋に出たときがそうだった。マゼランは目の前に広がる海がどこまで続いているのか、いつ陸にたどり着けるかを知らずに太平洋への航海に乗り出した。

マイク・メルヴィルはスペースシップワンのフライトで二度、死にかけた。一度はナビゲーションシステムが壊れた状態で飛び、一度は猛烈なスピンに見舞われた。しかし二度とも踏ん張って、やり抜き、栄光を獲得した。まさにシャクルトンが1世紀前に約束した「名誉と称賛」を手に入れたのだ。

現代の社会では、そんな自由が許される——しかるべき警告は受けても禁止まではされない——場面はとても少なくなった。航空機の黎明期に活躍した曲芸飛行のパイロット、リンカーン・ビーチーが、3190メートルという飛行高度の記録を破るため、自機カーティスD号に10ガロン〔約37リットル〕のタンクを1個余計に積んで、燃料が切れるまで飛ぼうとしたとき〔地上へは滑空で戻る計画だった〕、誰からも無理なことはよせとはいわれなかった。あるいは、ナイアガラの滝で、流れ落ちる水とともに滝の底のすれすれまで真っ逆さまに落ちるように飛び、墜落したのではないかと15万人の観衆が息を呑んだとき、水しぶきのなかから劇的に登場してみせたときも、誰からも無理なことはよせとはいわれなかった。命を落とすことになった危険な曲芸飛行に挑んだときも、誰からも無理なことはよせとはいわれなかった。1915年、サンフランシスコ湾で行なわれたその最後の曲芸飛行では、垂直にS字を描いて飛ぼうとして墜落した。

当時は、限界に挑戦するパイロットがたくさんいた。彼らは命知らずといわれるだけでなく、大いなる目的のために命を捧げた殉教者と見なされている。とりわけ宇宙を開拓しようとしている者たちのあいだではそうだ。探検——未知の世界に分け入ること——が探検であるかぎりは、高いリスクを受け入れることが求められるし、ジョゼフ・コンラッドの『ロード・ジム』にあるように「破壊的なことに身を委ねる」ことが欠かせない。

戦場に送られることを除けば、ロケットの先端に取りつけられ、引火性の高い推進剤の燃焼で打ち上げられることほど、この世の中で「破壊的なこと」はないだろう。NASAが実戦経験のある勇敢な海軍や海兵隊の元戦闘機パイロットから多くの宇宙飛行士を選んでいるのには、理由があるのだ。

宇宙飛行士やテストパイロットは死ぬことについてあけっぴろげに話す。それは海兵隊員が人を殺すことをあけっぴろげに話すのと同じ理由による。恐怖心を取り除き、死を凝視し、避けられない現実として受け入れるためだ。遺書はとうの昔に書き、署名もすませてある。いつ死ぬか——寿命が尽きて死ぬか、あるいはまだ若いうちに狙撃手の銃弾やロケットの爆発で死ぬか——は、ロシアンルーレットのように偶然の手に委ねている。

訓練中の火災事故で死んだアポロ1号の宇宙飛行士、ガス・グリソムは、事故の起こる可能性が高いことを認識し、以前から自分の死を覚悟していた。

「もしわたしたちが死んでも、受け入れてください」とグリソムは語った。「もともとリスクの高い事業に携わっているのです。われわれの身に何が起ころうとも、それによって計画を中断してはなりません。宇宙の征服は、命を捧げるだけの意義がある事業です」

とはいえ当時と今では時代がちがう。マーキュリー計画とアポロ計画の勇ましいヒーローの時代は、西部劇で夕日の中へ寂しく消える馬上のカウボーイのように、すぎ去った。そのあとに続いたのは、子どもたちの亡骸《なきがら》に何度も涙を流し、勇ましさの招く結果を知り、懲らしめられ、恐れるようになった親たちの厳粛な誠実さの時代だった。

アポロ11号の月面着陸ミッションのとき、管制室のスタッフの平均年齢はわずか26歳だった。フライトディレクターを務めた冷静沈着なジーン・クランツは35歳だったが、最年長で「チームの長老格」だった。

みんな若くて、恐れ知らずで、数々のロマンチックな幻想を抱いていた。ケネディ大統領が掲げた目標が達成不可能なものだと思う者はいなかった。

以来、ＮＡＳＡはパイオニアであり続け、火星に探査車を送ったのをはじめ、探査機を宇宙へ送って、次から次へと大計画を成功させ、太陽系の探査を進めた。ハッブル宇宙望遠鏡では、宇宙誕生の謎を解明した。ボイジャー1号は打ち上げから40年後、恒星間の宇宙空間に突入し、太陽から200億キロも離れた場所に達した。同じく1977年に打ち上げられたボイジャー2号は、4つの木星型惑星（木星、土星、天王星、海王星）すべてでフライバイ（通過）を行なった。1号、2号どちらも毎日、NASAとの交信を続けた。カッシーニは史上初めて土星の周りを回り、謎の多い土星の環や衛星についての新発見をもたらした。

しかし、有人ロケットを打ち上げたときほどの名声や興奮は二度と再現されなかった。

数十年後、スペースシャトル時代の全盛時には、NASAの平均年齢は50歳近くまで上昇し、リスクを避けようとする傾向が強まった。チャレンジャー号の事故で7人が亡くなり、さらにコロンビア号の事故でふたたび7人が亡くなったあと、調査と非難が相次ぐ中で、若々しい不敵さは消え去った。

今、NASAによって放り出された事業を引き継ごうとしている商業宇宙産業が懸念するのは、「クルーが異常事象で失われた」場合――「人間が爆発事故で死亡した」を意味する公式の婉曲表現だ――苦しい状況に追い込まれるのではないかということだった。議会や連邦航空局による調査、あるいは召喚、報告、公聴会ということになれば、パーソナル・スペースフライト協会の始まったばかりの取り組みはすべて台無しになりかねない。

どんなばかげたことにでも自分の命を捧げる自由があると考えるのが、米国人だ。南アフリカに生まれ育ったマスクが米国にあこがれた理由もひとつはそこにあった。マスクは米国の自由市場や、やればできるという精神、起業家気質に引かれて、米国にやってきた。南アフリカのプレトリア、カナダのオンタリオ、米国のフィラデルフィアを経て、最後にはシリコンバレーのゴールドラッシュに加わるべく西へ向かい、カリフォルニアにたどり着いた。

マスクには昔から放浪癖があった。小さい頃に父親に「どうすれば全世界を見られる？」と尋ねたという。マスクは冒険家の家系の生まれだった。母方の祖父ジョシュア・ハルデマンは妻ウィンとともに、カナダからはるばる南アフリカのプレトリアへ移住した。それは抑圧的に感じられたカナダの政治風土を嫌ったからでもあったが、マスクによれば「探検の拠点」を求めたからでもあった。

ハルデマンは曲芸飛行はしなかったが、腕のいいアマチュアのパイロットだった。北米、アフリカ、アジアの各大陸を横断したほか、１９５２年には３万５０００キロに及ぶ世界一周飛行も達成した。エンジンが1基だけの単発機で南アフリカからオーストラリアまで飛んだ最初のパイロットだともいわれている。マスクによれば、「その飛行機には電子機器はいっさいなかった。しかも場所によってディーゼルの燃料を使ったり、ガソリンの燃料を使ったりした。だからそのつど燃料に合わせて、エンジンを組み立て直さなくてはいけなかった」。

孫に大きな影響を与えたハルデマンは、ミネソタ州の生まれで、「アマチュアの考古学者」でもあった。カラハリ砂漠の失われた古代都市に関心があって、10回以上、カラハリ砂漠に探検に出かけた。この探検旅行には、のちにマスクの母になるメイをはじめ、子どもたちも連れていった。

ハルデマン一行が探そうとしたのは、１８００年代末にギレルモ・ファリーニによって発見されたといわれる謎の都市だった。１９５７年に探検を始めたハルデマンは、ファリーニの足跡をたどって、めったに人の訪れることのない土地に分け入った。地図は持っていたがあまり頼りにならず、逆にときどき自分で地図に情報を書き込んだ。年を追うごとに、ハルデマンたちは荒野の奥地へと進んだ。ガイドに地上の目印を見て案内してもらうため、地上から数十メートルの高さを飛ぶこともあった。「人跡未踏の地を旅することには格別の醍醐味がある」とハルデマンは書いている。

一家はテントを持っていったが、めったに使わなかった。夜はガイドがたき火に足を向けて寝て、「自分の足が冷たくなったら、薪をくべてくれた」という。それでも、初めて旅行に連れてこられたときにはまだ4歳だった末っ子のリーは、屋根のある所で寝た。「あの子は車の前の座席で寝させた。腹を空かせた猛獣たちには絶好のごちそうに見えただろうから」

あたりにはヒョウからライオンまで、あらゆる肉食動物がいた。不注意でライオンのつがいとばったり出くわしたこともあった。ハルデマンはゆっくりあとずさりながら妻にいった。「見ろ、ウィン、ライオンだ」。2人は大声とたいまつでライオンをどうにか追い払ったが、ライオンは「丘へ上がると、そこで夜明けまでずっとわたしたちを見下ろしていた」。

マスクが3歳のとき、祖父は他界した。したがって「祖父のことは、祖母が見せてくれたいろんな冒険のスライドショーでしか知らなかった」とマスクはいう。「子どもの頃は、そのスライドショーが退屈だった。でもたぶん、心のどこかに触れるものがあったんだと思う。できれば、今、もう一度見てみたい。けど子どもの頃は、『友だちと遊びたいのに、なんで砂漠のスライドなんて見なくちゃいけないの』という感じだったよ」

マスクはスペースXを創設するにあたって、人類を複数の惑星に暮らせるようにする――最終目標は火星への移住だ――ことをめざすと同時に、宇宙旅行を史上最高の冒険、失われた古代都市を探すこと以上に素晴らしい冒険だと考えていた。

火星への移住には、マスク本人の言葉でいえば「防衛上の理由」――地球に何かあったときのために人類の避難先を確保しておくという理由――もあったが、マスクが火星へ行くことを思い立った理由はほかにあった。

「わたしが何より興奮するのは、想像しうる最も壮大な冒険だってことだ。最高に胸が躍る冒険だ。

火星に基地をつくることよりわくわくすること、楽しいこと、未来への夢が広がることはわたしには思いつかない」と、マスクはいったことがある。「とてつもなく困難だろうし、おそらく死者も少なからず出るだろう。米国の建国の歴史と同じように、途上ではひどいことも、素晴らしいことも起こるだろう」

自由に飛行機で飛び立ち、カラハリ砂漠でも、オーストラリアでも、南アフリカでも、好きな所へ行った祖父と同じく、マスクも飛行機のスリルとリスクを楽しんだ。一時期、ソ連のL—39ジェット戦闘機を所有していたこともある。「よくそれでむちゃな飛び方をしたよ。木の上のすれすれを飛んだり、機体を逆さまにしたまま、山をのぼって、また山の反対側の斜面を降りてきたりとか」とマスクはいう。「だが、あるときふっと思ったんだ。これはソ連の技術者が組み立てたものじゃないか。ボルトがきっちり締まってるって、なぜ確信できる。そう思ったら、もうあれこれ迷いはしなかった。『なんてばかだったんだ。おれには子どもがいる。こんなことはすぐにやめなくちゃいけない』とね」

海底から山頂まで、ほかの数々のフロンティア同様、宇宙の開拓も自由に行なわれるべきだというのが、マスクの考えだった。

スペースXの創業間もない頃、マスクはある宇宙企業の重役に質問した。「エベレスト山で死んだ人間が何人いるか、知ってますか?」

その数は数百人にのぼった。遺骸の多くは今も凍ったままそこに眠り、登頂をめざすことがいかに危険かを人々に思い出させている。

政府の規制当局はすでに動き出しており、議員の中には、行政の監視を受けずに宇宙に人を送りたいというこの新しい産業に不審の念を抱く者もいた。

議会が「Xプライズ後の商業宇宙輸送」と題する公聴会を開き、パーソナル・スペースフライト協会の面々を慌てさせたのは、バレンタインデー会合の1年前だった。ベテラン議員ジェイムズ・オーバースターは「動向を注視している」と述べた。

オーバースターはかつては「はっきりいえば、道楽だ」と一蹴していた商業宇宙飛行の「支持者になった」と発言するいっぽうで、きびしい規制の導入を求めた。それは地上の人々を守るだけでなく、宇宙船にみずから乗ることを選んだ乗客たちをも守る規制だった。オーバースターにいわせると、連邦航空局は「いわば墓石主義で、誰かが死ぬまで待って、それから規制を敷こうとする」傾向があった。

「それでは安全を守ることになりません」とオーバースターは続けた。「対策が後手後手に回ってしまいます。わたしはそこにやきもきしているのです」

連邦航空局の既存の規制では、地上の「無関係な公衆と財産」は保護された。しかし宇宙船の乗客は保護の対象になっていなかった。オーバースターの考えでは、これはばかげたことであり、改正が必要だった。

「飛行機に乗っている人のことを心配するのは当然ではないでしょうか」とオーバースターはいった。

とはいえ公聴会のほかの出席者たちはXプライズの功績を称えた。ジョン・マイカ議員は、スペースシップワンのフライトで「まったく新しい宇宙の時代が始まった」と述べた。このフライトはエキサイティングな未来の到来を予感させ、「未来の航空システムの姿について、わたしたちが思い描いているイメージを変えた」といい、「宇宙旅行や宇宙港、高速世界輸送をはじめ、さまざまな可能性が広がる」と述べた。

おそらく最も注目されたのは、連邦航空局の局長マリオン・ブレイキーの証言だろう。もしブレイキーが議会にこの産業の取り締まりを求めれば、パーソナル・スペースフライト協会のメンバーは困難な状況に追い込まれる。

しかしブレイキーは新しい産業を強く支持し、現在の商業宇宙飛行は、ライト兄弟がキティホークで初めて飛行に成功した100年前の商業航空と同じだと述べた。さらにマスクやブランソン、アレンなど、宇宙事業に私財を投じている起業家たちの努力を称賛し、彼らを「宇宙起業家」と呼んだ。「みなさんやわたしが子どもの頃から知っている宇宙といえば、打ち上げ前の秒読みとジュールス・バーグマンによる宇宙でした」と、ブレイキーは1960年代に宇宙計画の報道を手がけたABCニュースのブロードキャスターを引き合いに出した。「宇宙はちらちらする白黒の映像で知る場所、人間がぴょんぴょんと飛び跳ねている映像で知る場所でした。それ以上のものではありませんでした。米国人の宇宙とのつき合いは、これからはそのような他人の目を通したものではなくなります。宇宙起業家という勇敢な一団が現れたからです。彼らの目的は、宇宙飛行をすべての人の手に届くものにすることにあります」

航空宇宙産業の規制当局のトップからこのような力強い支持を得たことは、起業家たちにとっては、十分、楽観できる理由になった。少なくともさしあたっては、ほっと胸をなで下ろせた。

しかし新しい産業やその未来に対してどれだけ熱い期待が寄せられても、どういう規制を課すべきかは、また別の問題だった。

ブレイキーは公聴会での証言で、宇宙産業の変化の速さについていくのは「けっして容易ではない」と打ち明けた。

パーソナル・スペースフライト協会は過度な規制に対して反論するため、公聴会に代表者をふたり出席させていた。協会のメンバーで、連邦航空局の諮問委員会の委員でもあるマイケル・ケリーは、自分たちが前例のない領域に足を踏み入れていることを強調した。過去に商業宇宙飛行を試みた者はひとりもいない。したがって商業宇宙飛行に規制を課そうとした者も過去にひとりもいない。もし政府が過剰に介入するなら、「それは個人向けの宇宙飛行を禁じるのと同じことになる」と、ケリーは述べた。

それよりも新しい産業に必要なのは、経験を積みながら自分たち自身で少しずつ基準を築いていくことではないか。「すぐに役立ち、必要なときにこの産業の支えになる経験を積んでいるのは、この産業に携わる人たちだけです」とケリーはいった。

ヴァージン・ギャラクティックの社長ウィル・ホワイトホーンもこの公聴会に出席し、顧客から死者を出すことは一般に優れたビジネスとはいえないと指摘した。「弊社は早い時期に宇宙へ行きたいと望む１８００人のかたがたから申し込みを受けています。それらの申込者の中にはハリウッドスターや、国会議員や、国際的な著名人も数多く含まれています。そういうかたがたの命を奪うことになるような宇宙船を打ち上げようとする企業はどこにもないでしょう」とホワイトホーンは述べた。「われわれには安全性をないがしろにする気持ちはいささかもありません」

公聴会は首尾よく終わった。だが油断はできなかった。

バレンタインデーの会合の休憩時間に、マスクは出席者たちを社内見学に誘った。エンジニアや起業家の一団にとって、それは６歳の子どもがチョコレート工場に行かないかと誘われたようなものだった。

マスクの案内で工場フロアにやってくると、一団は「遠慮せず、次々と細かい技術的なことを質問し、マスクはそれらのすべてに答えた」とゲドマークはいう。「『企業秘密に関わるから、答えにくい』というようなことは、ぜんぜんいわないんです。（中略）あれにはびっくりしました」

途中で一度、ロケット企業を設立したビデオゲームのプログラマー、ジョン・カーマックが一団から離れ、テーブルの上に広げられていた配線図に興味を示したことがあった。カーマックはしばらく配線図を眺めてから、マスクのほうを向いて、いった。「ひとつ質問があるんですけど、いいですか。この部分に使われているケーブルの径はいくつですか？」

それまで矢継ぎ早に繰り出される専門的な質問に見事に応じていたマスクだが、このときだけは答えに詰まった。

マスクのチームはすでに次のロケット、ファルコン9の開発に取りかかっていた（数年前、インデペンデンス通りで発表したファルコン5の製造計画は中止していた）。

ただ、工場からなくなっているものがひとつあった。スペースXが打ち上げを予定している最初のロケットだ。それはエルセグンドから何千キロも離れた太平洋上のマーシャル諸島の打ち上げ施設に移されていた。記念すべき第1回の打ち上げはたびたび延期されてきた。しかしついに発射台で初の点火を試みるときを迎えようとしていた。

しかしロケットがほんとうに飛ぶのか、それとも爆発してしまうのか、スペースXに確信はなかった。

第8章 — 四つ葉のクローバー

２００３年7月29日、国防高等研究計画局（ＤＡＲＰＡ）が「画期的な軍事能力」を求める声明を発表した。そのこと自体は特に驚くことではなかった。この謎めいた国防総省の機関はいつでも「画期的な軍事能力」を求めていたのだから。しかしそれにしても、今回の要望が目を引いたのは、求めているのが宇宙兵器だったからだ。

国防総省は「米国本土（ＣＯＮＵＳ）から地球上のあらゆる場所に2時間以内に相当規模のペイロードを届けられる手段」の開発を目指していると、声明には書かれていた。

しかしここで「届けられる」のはもちろん穏当なものではない。「相当規模のペイロード」とは、人を殺す兵器――ミサイルや爆弾、あるいはマッハ5の速さ（音速の5倍にあたる時速約６１００キロ）で飛ぶミステリアスな宇宙船――のことだ。それらは米国の東海岸から発射されても、わずか1時間半でイラクのバグダッドに到達する。

国防総省の計画の例にもれず、この開発計画も頭文字の略称をつけられ、ＦＡＬＣＯＮ（本土からの発射及び攻撃）計画と呼ばれた。ＦＡＬＣＯＮは必要に迫られて始まったものだった。少なくとも国防総省の上層部は必要と判断していた。

米国軍は２００１年の九・一一後、アフガニスタンに怒濤のごとき爆撃を加え、さらに２００３年の「衝撃と畏怖」作戦でもバグダッドを火の海にした。しかしそれらの攻撃には大規模な増派が必要だった。したがって戦争の最中に貴重な時間を費やして、軍を遠方に派遣しなくてはいけなかった。「目標識別や精密爆撃には長足の進歩が見られる。しかしそのいっぽうで、地中深くに埋められた堅固かつ重要な目標を迅速に攻撃し、破壊することにおいては、改善すべき点がある」と、FALCONの要望公示書には記されている。

要するに国防総省は、オサマ・ビンラディンのような人物が地下壕に潜んでいるというような情報が入ったとき、できるかぎりすばやく対応したかったのだ。

国防総省が求めているのは、前線作戦基地を設営したり、空母を派遣したりせずに、何千キロも離れた目標を攻撃する手段だった。それには宇宙の利用が不可欠だった。

「国防総省の指導部には、遠くにいる人物に迅速に実力を行使する手段がないことが身にしみてわかっていました。サダム・フセインのような、すばやく動かなくてはならない相手に対処する手段が米軍にはありませんでした」と、当時FALCONのプログラムマネジャーだったスティーヴン・ウォーカーはいう。「現地にすでに基地が設営されていないかぎり、米軍には迅速に応じる手段がありません」

世界じゅうのどこにでも数時間で攻撃を加えられる迅速なシステムを築くことは、ほとんど不可能といえる難題だったが、国防高等研究計画局は長年にわたってその課題に取り組み続けていた。局内でそれは「DARPAの執念」だといわれた。ベゾスの祖父ローレンス・ガイスが入局した1958年の創設時と比べ、国防高等研究計画局は著しく発展を遂げていた。ガイスは政治的な圧力でつぶされるかもしれないと心配したが、存続を続け、今や、謎めいた所があるとはいえ、国防の重要な一翼を担う機関だった。比較的少ない予算で、ありとあらゆる軍事技術の進歩に貢献し、スプートニク・ショックを二度と繰り返さないようつねに敵の一、二歩先を行くことを目標に掲げていた。

国防高等研究計画局は未来を見据え、将来の戦争で必要になる技術を開発する役割を担った。ハンガリーの作曲家フランツ・リストの言葉「未来という無限の空間に向けて矢を放て」がモットーだった。国防総省の巨大な官僚制度からは切り離されていて、自由に開発を進めることができ、SFの領域に踏み入るような革命的な進歩や「エンジニアリングの錬金術」をめざした。また必要な人材を適宜採用する権限も与えられており、「各分野で最も優れ、なおかつそれぞれの分野の限界を押し広げたいという意欲にあふれた者」を探した。

ガイスがいた頃の国防高等研究計画局（当時は「高等研究計画局」と呼ばれた）は核戦争の回避と宇宙競争の勝利に全力を傾けた。宇宙飛行士を月へ送ったNASAのサターンVロケットの開発にも協力したほどだ。以来、分野や影響の範囲がしだいに広がった。1960年代後半には、のちに高等研究計画局ネットワーク（ARPANET）に発展する技術の開発に取り組み始めた。インターネットは遠隔地のコンピュータどうしをつなぐネットワークであるこのARPANETをもとにしてできたものだ。

国防高等研究計画局は長年、あらゆる種類の技術の進歩に貢献し、それにより戦争の形を変え、ときにわたしたちの日常生活をも変えてきた。全地球測位システム（GPS）やステルス技術、クラウドコンピューティング、初期の人工知能、無人飛行機の誕生にはいずれも国防高等研究計画局が関わっている。1970年代末には現在のグーグルストリートビューのような地図をつくれる「代理移動システム」の開発を手がけ、実際にコロラド州アスペンでそのような地図をつくっていた。近年では、水中ドローンや、兵士がヤモリのように壁をのぼるのを可能にするグローブ、方向を変えられる弾丸、敗血症の治療に使える人工脾臓の開発に力を入れている。

FALCONがもし実現すれば、国防高等研究計画局の「時代を画する新技術」がまたひとつ増えることになるはずだった。FALCON計画は二段構えで進められた。第一の計画でめざしたのは、米軍の滑走路から離発着して、数時間で世界のあらゆる場所に到達できる超音速の宇宙船の開発だ。ただし、短期的にはその超音速の宇宙船はロケットで発射することになる。これにはFALCONの要望公示書で指摘されたとおり、「既存のブースターシステムは高コストで、供給が限られている」という問題があった。

そこで第二の計画として、低コストで迅速に発射できる新しいロケットの開発にも取り組むことになった。このロケットには「発射許可から24時間以内」に打ち上げられること、超音速の兵器のほかに偵察用の小型サテライトも搭載できること、500万ドル以下のコストで打ち上げられることが求められた。

国防高等研究計画局と共同開発者である米空軍のもとに届いたプロポーザルのなかに1件、特に目を引くものがあった。ロケットにこの計画と同じファルコンという名を冠していることに加え、すでに開発をかなり本格的に始めているようだったからだ。FALCON計画のプログラムマネジャー、ウォーカーはスペースXという企業名も、創業者のイーロン・マスクという名も耳にしたことがなかった。しかしその破格の低コストで打ち上げられるロケットの開発計画を読むと、インターネット長者から宇宙起業家に転身したらしい人物に興味がわいた。

「わたしたちはイーロンを計画に引き入れてはどうかと考えました。そのロケット開発はまだ明らかに初期の段階でしたが、順調に進めば、打ち上げのコストを相当安くできそうだったからです」と、のちに同局の局長代理になるウォーカーは当時を振り返っている。「わたしたちの目標は500万ドルでした。彼は600万ドルといっていましたが、それでも他社と比べたら段ちがいの安さでした」

スペースXの本社を訪問したウォーカーは、社内のようすに好印象を持った。「久々にアメリカ製のエンジンを開発した」ロケット技術者の集団が目を輝かせて、一心に作業に取り組んでいたからだ。「技術力の高さにも、イーロンのビジネスモデルと計画にも、感銘を受けました。鍵となる人物をチームに入れて、早くから資源を投じ、これらのことを実現させたイーロンの手腕にはほんとうに舌を巻きました」

また下請け業者を使わず、ロケットをほぼすべて自社だけでつくっていることにも驚かされた。「イーロンは品質への強いこだわり」から、みずから費用を負担して、自社製のロケットをつくっていたと、ウォーカーはいう。

ウォーカーの期待は確信に変わった。2004年、国防高等研究計画局はスペースXの最初の打ち上げを支援するため、同社に数百万ドルを出資することを決めた。長年、マスクの自己資金に頼っていたスペースXがこれで初めて、最低限の金額とはいえ、外部から出資を受けられることになった。あとはなんとしても打ち上げを成功させるだけだった。

打ち上げは当初、ヴァンデンバーグ空軍基地で行なう予定だった。スペースXは700万ドルを投じて、発射台の改修工事も終えていた。ところが2005年に入って、スペースXが発射台を利用することに対し、ロッキード・マーティンなど、既存の契約者から横やりが入った。ロッキードはスペースXのロケットが爆発事故を起こせば、自社の施設が被害を受けかねないと、懸念を訴えた。自社の施設では、何百万ドルもする精密な軍事衛星の打ち上げを準備している最中なのだ、と。

空軍はロッキードの訴えを受け入れて、スペースXには代わりの打ち上げ施設を見つけることを約束した。ところがそれは口先だけの約束にすぎないことがやがてわかった。米軍はロッキードとは昔から昵懇《じっこん》の間柄にあり、ロッキードのアトラスVロケットに満足していた。米軍から見たら、スペースXはガレージ並みの工場で製造した実績のないロケットを打ち上げようとしている新参者であり、よそ者だった。

スペースXは結局、ヴァンデンバーグに留まれず、太平洋の真ん中にあるマーシャル諸島の基地に移ることになった。移動には国防高等研究計画局が手を貸してくれたが、マスクはふたたび大手の請負業者への怒りをかき立てられた。また空軍にもこけにされたと感じた。

「まるで自分の家を建てたら、隣で家を建ててた奴から唐突に出て行けといわれたようなものだ」と、マスクは当時語っている。「すでにこっちはあれだけ大きな投資やら何やらをしてたんだ。まったく横暴にもほどがある。断固としてこの件では戦うつもりだ。こんな非道がまかり通っていいはずがない」

アトラスVが国の安全保障に必要だからといって、「それでわたしたちが不当な扱いを受けていいことにはならないだろ」とマスクの憤りは収まらなかった。

マーシャル諸島の打ち上げで問題になるのは、距離だけではなかった。新しいロケットを台無しにされかねない島の環境も心配だった。「世界でいちばんものが錆びやすい場所だ」とマスクはいった。「気温といい、湿度といい、塩気を含んだ水しぶきといい、錆にはもってこいだ」

それでも、悪いことばかりではなかった。ロナルド・レーガン弾道ミサイル防衛試験場と呼ばれるその試験場は国の施設だったが、スペースXと国防高等研究計画局がほぼ独占的に使えて、誰にもじゃまされることがなかった。しかもその施設は青い海と白い砂浜、それに椰子の木に囲まれたクェゼリン環礁という島にあり、美しいリゾート地のような趣だった。

「自分たちの好きなように施設を使えて、とても楽しくやれました」とウォーカーはいう。若い会社が打ち上げの技術を「学んだり、練習したりする」には都合のいい場所だった。チームは兵舎で寝起きした。部屋は基本的にふたり部屋だった。島にはシュノーケリングの絶好のスポットもあれば、1時間10ドルで借りられる釣り船のレンタルもあった。夕方はしばしば浜辺でバーベキューをした。「クェゼリンですることといえば、仕事と、寝ることと、運動と、釣りと、酒と、セックスだけだなんてよくいっていた」と、ある空軍の将校は話している。「軍務で2年間、島にいた友人は、島の60歳以下の女性全員の体の隅から隅まで知っているなんていっていたよ」

マスクのチームは特殊任務を帯びた部隊のように発射施設の準備に精力的に取り組んだ。島ではほかにすることがなかったこともあり、毎日、長時間、働いた。あまりに根を詰めて働くので、政府機関の職員たちは感心もすれば、ロケットの発射前に燃え尽きてしまわないかと心配もした。「こんなペースでは持たないのではないかと、内心、かなり疑っていました」と、打ち上げの監督業務を手伝うため、NASAから国防高等研究計画局に出向していたデイヴ・ウィークスはいう。

マスクのチームと政府機関のチームとは敵対はしていなかったが、両者の関係はぎこちなかった。特に最初はそうだった。他人から指図を受けたがらず、細部にこだわるマスクは、彼らの指摘や助言に熱心に耳を傾けなかった。これは自分のロケットであり、外部の人間のいうことは信用できないという思いもあった。

ウィークスにはマスクの気持ちが理解できた。ウィークスがマスクと初めて会ったのは2002年か2003年の初め頃、マスクがのちにスペースXの社長になるグウィン・ショットウェルとともにNASAのマーシャル宇宙飛行センターを訪れたときだった。会合が始まってまもなく、火災警報が鳴り、3人とも屋外へ避難した。外で中へ戻れるのを待っていると、警備員が近づいてきて、マスクに声をかけた。外国籍の来館者に義務づけられている身元確認がすんでいないという。マスクは南アフリカ共和国生まれで、米国の外国人永住権の取得者だった。

マーシャル宇宙飛行センターは陸軍の駐屯地であるレッドストーン兵器廠内にある。3人は警備員に案内されて、将校クラブへ行き、そこで会合の続きを行なうことになった。

「幸先が悪いと思いました」とウィークスは振り返っている。マスクはにこやかに礼儀正しく応じたが、「いくらかむっとしていた」。

マスクは事実上、マーシャル宇宙飛行センターから追い出された。さらにその後、ヴァンデンバーグ空軍基地からも追い出された。そして今、クェゼリンに自分たちの協力者として政府機関の人間が来ていた。マスクは落ち着いた態度で、礼儀正しく振る舞った。しかし距離は保っていた。スペースXはできるかぎり独力で打ち上げを実施するつもりだった。

マスクは国の助けに「狂喜してはいなかった」とウィークスはいう。

2006年3月24日、スペースXの創業からわずか4年後、7階建てのビルの高さがあるファルコン1が、クェゼリンの北数キロに位置するオメレク島の発射台に立った。過去数カ月のあいだに何度も打ち上げが延期されたせいで、周囲ではいらだちと、ほんとうにロケットを飛ばせるのかという疑念が強まっていた。しかしマスクの決意は固かった。並々ならぬ苦労をしてここまでたどり着き、莫大な私財を投じていた。政府や強固な既得権益を持つ大企業とも戦ったし、自分たちが本気であることを知ってもらおうと、派手なパフォーマンスでNASAの関心を引こうともした。

打ち上げを成功させること以上に自分たちの実力を証し、批評家を黙らせられることはないだろう。

そして今、さらに新たな状況が生まれていた。2006年の初め、NASAがやがては国際宇宙ステーションへの物資の運搬を委託したいという考えから、ロケットや宇宙船を製造するスペースXのような民間企業を支援する計画を発表したのだ。

NASAはジョージ・W・ブッシュ政権下でスペースシャトルの退役を数年後に控え、大胆な予想を立てていた。それは高度約400キロの軌道上を周る宇宙ステーションと地上を行き来するタクシーのような輸送サービスを民間部門が提供できるようになるというものだった。民間部門にいわゆる地球低軌道上での比較的単純な作業を任せられれば、NASAは深宇宙を探査する難事業に力を入れられる。

当時のNASAの長官マイケル・グリフィンは、民間の数社に出資して、ロケットや宇宙船の開発を支援すれば、それをきっかけに信頼できる民間ロケット産業がやがて築かれるだろうと考えた。そうなれば、NASAは顧客として、宇宙ステーションへ物資を届ける民間サービスを利用できた。「歴史に示されているとおり、民間企業は成功すれば、政府機関よりコストを下げられ、さまざまな新しいものを生み出せる」とグリフィンはいう。

グリフィンがしようとしたのは、あくまで「元手」の提供だった。「民間企業が国の金をいたずらに多く使ったら、それらはもはや民間ではなく政府の企業になってしまう。それは避けたかった」という。

グリフィンはその予算として5億ドルを用意し、2、3社でその5億ドルを分け合う商業軌道輸送サービス（COTS）計画を立ち上げた。それだけの予算をどのように捻出したのか？「文字どおり、あちこちからかき集めた」とグリフィンはいう。それだけあれば起業には十分な額だ。しかし宇宙ビジネスでは、数億ドルぐらいはすぐに使い切ってしまう。したがって事業を続けるためには、企業がみずから資金源を確保する必要があった。

スペースXにとって、商業軌道輸送サービスの企業に選ばれることは、待望のNASAからのお墨つきをもらうことになるのはもちろん、事業に一定の安定をもたらすことにもつながる。とはいえ、スペースXが選ばれる見込みは薄いと見なされていた。まずは、NASAの上層部に数年後も存続していると信じてもらう必要があった。一夜にして消えてしまう恐れのある企業にNASAは出資したがらなかった。

NASAは「誰がわたしたちに出資するか、イーロン自身がいくら負担するか」を知りたがっていたと、ショットウェルは振り返る。

また、もうひとつ問題にされたのは、スペースXの能力だ。いつか火星に行くと息巻いているいっぽうで、まだ一度もロケットを打ち上げていなかった。「この若くて威勢のいい会社はいっていることをほんとうに実行できるのか」と疑われていた。

スペースXはクェゼリンでファルコン1の打ち上げの準備を進めると同時に、カリフォルニアで次のロケットであるファルコン9の開発に取り組んでいた。ファルコン9はファルコン1よりはるかにパワーがあり、商業軌道輸送サービスにも使えるロケットだった。

クェゼリンにいる者以外は全員、ファルコン9の開発にあたった。まさに総動員態勢だった。NASAから見積もりの依頼が届いて以来、「ほかの業務はほとんどすべて中断して、全員がこのことにかかりきりになった」とショットウェルはいう。「当時、それは社にとって、社の未来にとって、何より重要なこと」だったという。

商業軌道輸送サービスをめぐるこの競争は、クェゼリンのスタッフにもプレッシャーを与えた。クェゼリンでは2005年の1年のあいだ、さまざまな技術的な理由で何度も打ち上げが延期されていた。それでもようやく打ち上げを実施するめどが立った。

とはいえロケットの打ち上げを1回で成功させることは至難の業だ。ロケット開発の歴史には数々のさまざまな打ち上げの失敗の映像が残されている。発射台で爆発したロケットもあれば、飛び立った直後に発射台のすぐ上で爆発したロケットもあるし、飛び立ったものの、途中で針路を外れて、空気のもれた風船のようにはげしくスピンし、最後には火の玉となって地面に落下したロケットもある。「打ち上げの成功のためには、文字どおり、１００万のことがすべてうまくいかなくてはなりません。そのうちのひとつでもうまくいかないことがあれば、たちまち最悪の事態に見舞われます」と、ショットウェルはのちにいっている。

打ち上げの直前、マスクは記者会見で失敗の可能性があることを認め、1、2回の失敗であれば、自社は乗り越えられると語った。ただし、「3回連続で失敗したときは、どうするかわからない。おそらく、廃業しなくてはいけないだろう」と、懸念も口にした。

管制室で打ち上げを待つ国防高等研究計画局のプログラムマネジャー、ウォーカーは別のことを祈っていた。それは「負傷者がひとりも出ないこと」だった。

このときを迎えるまでには4年の歳月を費やしていたが、打ち上げは1分も経たずに無残な結果に終わった。発射10秒前のカウントは滞りなかった。エンジンが点火され、ロケットがオメレク島の発射台からぶじに打ち上げられた。ところが34秒後、エンジンが停止した。チームはロケットに取りつけられたカメラの映像を管制室で見守っていた。突然、それまでどんどん小さくなっていた島の大きさが変わらなくなった。「まずいぞ」と、誰かがつぶやいた。

打ち上げから59秒後、ロケットは岸に近い海に墜落した。

マスクは何年もこのロケットを自慢し、莫大な私財を投じてきた。成功の確率が低いことはわかっていたが、失敗はやはりショックだった。あらゆる希望が一瞬にして消え去った。あれほど頑丈で、どっしりと立っていたロケットが今や粉々になり、その破片がごみのように海いっぱいに散らばって美しい景色を損ねていた。

「あの日のイーロンの落胆ぶりは、忘れられないですよ」と、マスクに見込まれて、スタンフォード大学を卒業と同時に入社した若き天才、スティーヴ・デイヴィスはいう。「みんなも、すごく落胆していました」。マスクがロケットの費用をほぼ全額、自分で負担していた。したがってやがて資金が尽きれば、「もうそれですべては終わり」だった。

スペースXの最初の従業員のひとり、ハンス・ケーニヒスマンも打ちひしがれた。「女房にいわせると、ファルコン1の打ち上げの失敗のあと、わたしは1カ月も女房とまったく口をきかなかったそうです。自分では気づいていませんでしたが、家でひと言もしゃべらなかったらしいです」とケーニヒスマンはいう。「大破した機体を回収したせいで、いっそう気分が滅入りました。海から引き上げたんですが、そんなものは目にしないほうがまだよかった気がします」

スペースXは宇宙飛行のコストを下げて、宇宙を一般の人にも行ける場所にしようとしてきた。有人の宇宙船をNASAよりも遠くまで飛ばすことをめざしてきた。もしファルコン1でつまずいたら、それは単なる一企業の失敗という話ですまないのではないか。「有人宇宙飛行の将来に悪影響を及ぼすのではないか。少なくともわたしはそう感じました」とデイヴィスはいう。「わたしたちはみんな、自分たちはいわば先陣役なのだと思っていました。ほかに誰がそんな役を引き受けるでしょうか。わたしたちがしくじったら、代わりはいません」

またマスクたちにとってこの失敗が痛かったのは、知ったかぶった者たちから「だからいわんこっちゃない」という批判を浴びることが目に見えていたからでもあった。正当で率直な批判なら、いくらでも受ける。マスクががまんできなかったのは、したり顔で偉そうなことをいう連中だった。

とはいえ、重苦しい表情を見せたのはあとになってからだ。その場では、マスクもチームのメンバーも顔色を変えず、プロらしく冷静に状況を見きわめた。その落ち着きぶりには、国防高等研究計画局と空軍のチームが感心したほどだ。スペースXには経験の浅い若手が多かったにもかかわらず、誰もが冷静にロケットの墜落と爆発を見守っていた。たとえ、心の中ではどれだけひどく動揺していたとしても。

その後、マスクは努めて前向きな姿勢を示し、声明では次のように述べた。「打ち上げは成功し、ファルコンは発射台から見事に飛び立ちました。ですが残念ながら、第1段エンジンの燃焼中に機体が失われることになりました」

スペースXのチームは潮が引くのを待って、ロケットの破片の回収作業を始めた。チームが水中から破片を拾い集めていると、NASAから国防高等研究計画局に出向していたウィークスが指示を出した。事故原因の究明の際にそれらの破片を証拠にできるよう、分類と印づけをせよという。そのためには、みんなに好きなものを持っていってもらうガレージセールの後片づけのようなやりかたではなく、秩序だった回収作業をしなくてはいけなかった。

しかし、ロケットの破片が一面に散らばった光景に傷つけられていたマスクは、その指示を聞くと、いらだって、ウィークスをそこから連れ出した。「おれのチームに指図をするなといわれましたよ」とウィークスはいう。これは自分のロケットなのだ、自分の爆発事故なのだ、自分の惨事なのだ、と。

ただし完全に「自分の」というわけではなかった。ウィークスはマスクに、ロケットはマスクのものでも、ここは政府の施設であり、この打ち上げには政府も出資していることを指摘した。そして、今後、政府による調査が行なわれることと、政府がその調査にもとづいて次の打ち上げの時期や可否を決めることを伝えた。

「イーロンは指図されるのをいやがりました」とウィークスはいう。「それは当然だったと思います。自分でお金を出しているわけですから。彼はすでに1億ドルを注ぎ込んでいました」

国防高等研究計画局の事故調査委員会は、ウォーカーとウィークス、それにスペースXに派遣されていた数人の職員で編成され、2006年7月までに——4カ月かからずに——作業を終えた。その結果、燃料ポンプのナットが1本ゆるんだせいで、燃料が漏れたことが事故の原因だと結論づけられた。ナットにそのような不具合が出たのは、ものが錆びやすい島の環境、つまりマスクが当初から心配していた潮風による腐食が原因だった。

原因が判明したことで、国防高等研究計画局からスペースXに打ち上げ再開の許可が下りた。1回めの打ち上げは失敗に終わったが、国防高等研究計画局はスペースXを支え続け、次の打ち上げにも出資する考えだった。

スペースXの育成は始まったばかりだった。スペースXは宇宙飛行に伴う危険を身をもって学んだ。小石より小さな部品1個の不具合でロケット全体が炎に包まれてしまうことを知った。

2006年8月、マスクは本社のカフェテリアに80人の従業員を全員集めた。妙に暗い表情を浮かべていた。だがポーカーフェースは長くは続かなかった。じつは興奮に打ち震えていたからだ。

「選ばれたぞ！」とマスクは高らかにいった。

スペースXが商業軌道輸送サービスの企業に選ばれ、2億7800万ドルの出資を受けることが決まったのだ。

従業員は大歓声を上げた。「みんな躍り上がって喜びました」とショットウェルは振り返る。「これはわたしたちにとって、ほんとうに大きなことでした。もうイーロンの私財ばかりに頼らなくてすむのです。イーロンはとてもほっとしたと思います。『名誉挽回』といういいかたは正しくないかもしれませんが、それまでに築いてきたものに価値があったことがこれではっきりしました。NASAに認められたのですから」

ファルコン1の打ち上げに失敗していたスペースXにとって、これは何よりの励みになった。続けることへの希望と意欲を与えられた。商業軌道輸送サービス計画に選ばれた企業は2社あり、もう1社はロケットプレーン・キスラーだった。2004年に随意契約をめぐってマスクが訴訟を起こした相手であるキスラー・エアロスペースの子会社だ。キスラー・エアロスペースはその後、倒産の危機を脱していた。

マスクは従業員を前に、宇宙飛行のコストを劇的に下げるという目標の実現に向けて、大きな前進になると意気揚々と述べ、「NASAが近年、これほど賢いお金の使い方をしたことはないのではないか」といった。

しかし外部の人間はマスクほどスペースXがほんとうに宇宙飛行の低価格化を実現できるとは信じていなかった。それはすでに過去何十年にもわたって、ほかの企業が挑戦してきたことだった。「もう聞き飽きました。いっこうに実現しないんですから」と嘆いたのは、シンクタンク、グローバルセキュリティ・ドット・オーグの宇宙アナリスト、ジョン・パイクだ。「ジョン・ケネディが大統領だった頃から、単位重量あたりの打ち上げのコストはまったく下がっていません。(中略)せいぜい札束を効率よく燃やすことにしかならないでしょうよ」

スペースXとロケットプレーンの2社はNASAにとってリスクの大きい選択だった。2社ともまだ一度もロケットの打ち上げを成功させていなかったし、キスラーの財政はがたついていた。両社のどちらかが安全になんらかのものを軌道に投入できるかどうかは、不確かだった。ましてや地球の周りを時速2万8000キロで回っている国際宇宙ステーションに追いつける宇宙船をつくれるかどうかは、まったくの不明だった。NASA内の懐疑派からは、時間と金をむだにすることにしかならない愚かな選択だと見なされた。

スペースXを支持してくれた人々はマスクにとって「NASA内部のありがたい異端者たち」だった。「誰もが失敗すると思ってるプロジェクトを任されながら、断固としてそのプロジェクトを成功させようとしてくれた。その理由はといえば、変化が必要だと強く信じてたからだ。こんなに頼もしいことはない。彼らは真剣に宇宙飛行の発展のことを考え、わたしたちの成功のために骨身を惜しまず協力してくれた」とマスクはいう。

とはいえ、そんな支持者たちも、未知の領域を切り拓いて進むことのたいへんさは認めざるをえなかった。

「誰にとっても初めてのことでした」と、NASAの事業責任者マーク・ティムはいう。「最初のミーティングのときには、どこからどう始めていいか、わからないありさまでした。法務、安全、宇宙ステーション、それにNASA本部から集まった代表者が、真っ白なホワイトボードの前にただ座って、『さて、どうしたものか』と考え込む始末です」

途方に暮れそうだったが、官僚主義的で退屈な機関になっていたNASAには、このようにまったく新しいことに挑戦するチャンスはめったになく、久々に胸がわくわくした。NASAは安全ではないという理由で挑戦を拒むことを是とする組織に変わっていた。

商業軌道輸送サービスでは、従来の請負業者と交わしているコストプラス契約——予算やスケジュールが超過した場合、発注者がそのコストも負担する——ではなく、「宇宙計画協定」と呼ばれる契約が結ばれた。これは企業が一定の目標を達成した場合にかぎり、企業に資金援助が行なわれる契約だった。加えて、援助される資金額はあえて企業の存続に不十分な額に設定されていた。したがって企業は別の出資者ないしは顧客を獲得する必要があった。

もし資金源を得られなければ、自由市場の原理にさらされて、廃業を余儀なくされる。

「民間企業がこれまで手がけたことのない事業でした」と、当時、NASAの探査システム計画局の局長だったスコット・ホロウィッツはいう。「スペースシャトルが退役する2010年に、民間の宇宙船事業は本格化すると考えられていましたが、民間企業がそのような事業に参入する準備を進めることには、大きなリスクが伴いました。技術面でかなりのリスクがあったのはもちろんのこと、財務面ではそれを上回るリスクがありました。はっきりいってしまえば、さほど活況を呈しているビジネスではありませんでしたから」

民間企業は長年、NASAよりも安全で安いロケットをつくれると豪語してきた。その筆頭格がスペースXだ。宇宙事業も官主導から民主導へ転換するべきときだと唱えてきた。商業軌道輸送サービスはそんな民間企業にとって自分たちの力を証明するチャンスだった。

「会議で『民間の参入をじゃまするな！　民間にチャンスを与えろ！　民間にやらせれば10分の1の費用で、はるかに信頼性の高いものがつくれる。NASAよりずっと速く、ずっとよいものをつくれる』とわめきたてる人が、何年も前からおおぜいいます」と、ホロウィッツはいった。「長年、彼らはそうやってわめき続けてきました。ですから、『どうぞ、やってみせてください』という感じでした」

誰よりも声高にそういう発言を繰り返していたのがマスクだった。マスクは今回、自分の力を知らしめるチャンスを得たことに嬉々としていた。資金の支給の仕方がきびしく、「まずはやってみせよ」方式であるのも望むところだった。大胆なほど、成功しやすいとマスクは踏んだ。マスクの考えでは、商業軌道輸送サービス計画はスペースXのような向こう見ずなスタートアップ企業に有利であり、今回ばかりは、小回りが利かないリスク回避型の古参企業のほうが戦略的に不利だった。古参企業は安全策を取れる。マスクには失うものは何もなかった。

「資金の支給は目標達成ベースだ。だから目標を達成できなければ、金は一銭ももらえない」と、マスクは当時述べている。「政府のふだんのコストプラス方式だと、へまをするほど、もらえる金額が増えるが、今回は、やるといったことをやらなければ、支給はない。だから納税者に損をさせないですむ。

一部の人たちが懸念してるのは、わたしたちが失敗することではなくて、わたしたちが成功することのようだ」とマスクはつけ加えた。

スペースXにとってこの2億7800万ドルは棚ぼただった。この契約のおかげでいわば「優良企業の認証」を得られ、市場での信頼が高まったと、スペースXの法務部長ティム・ヒューズはいう。NASAに信用されれば、民間の人工衛星メーカーにも信用してもらえる。

とはいえ「航空宇宙業界のお偉方たちは、これは印ばかりの資金援助にすぎず、民間の連中をなだめて、議会に訴えるのをやめさせるためのものだと考えていた」とマスクはのちにいっている。「連中にぎりぎりやっていける程度の金を与えておけ。（中略）あのうるさい民間の連中に最低限の金をやって、しくじらせればいい。そうすればやっぱり民間はだめだったといえる。もう二度と民間をあてにするのはやめようといえる」

スペースXはいまだに脅威とは見なされていなかった。複数年の大型契約を手にしていて、議会の支持を失わないかぎりは安泰であるロッキードやボーイングには、脅威と映っていなかった。商業軌道輸送サービス計画はNASAにとっては大胆な一歩であり、スペースXなどのスタートアップ企業には絶好のチャンスと受け止められた。しかし業界の主要企業からは関心を持たれなかった。ロッキード・マーティンも、ボーイングも、ノースロップ・グラマンも、そのような新しい潮流が長続きするとは考えず、参加を見送った。

大手企業が力を入れるNASAの事業は別にあった。それはブッシュ政権で始まった宇宙探査計画「ビジョン・フォー・スペース・エクスプロレーション」の核をなす事業で、コンステレーション計画と名づけられていた。その事業は2020年までにふたたび人類を月に送り、やがては火星をめざすという壮大な計画だった。予算も数億ドル規模ではなかった。新しいロケット2基（アレスⅠとアレスⅤ）と、月着陸船、宇宙船（オリオン）の製造は、何百億ドル規模の契約をもたらした。それに比べたら、商業軌道輸送サービスの規模は微々たるものだった。商業軌道輸送サービスは長官グリフィンの肝いりの事業だが、コンステレーション計画は大手請負業者が注力する歴史的な大事業だった。「連中は傲慢さとうぬぼれのせいで、参加を見送った」とマスクはいった。「ボーイングは10億ドル以下ではベッドから起き出そうともしない」

（ボーイングはマスクの発言に次のように反論している。「人々を宇宙に夢中にさせたアポロ計画は、ボーイングの貢献がなければ、実現していなかったでしょう。マスク氏が宇宙ビジネスに参入する以前、21世紀が始まった頃、ボーイングはNASAとともに国際宇宙ステーションを建設しました。以来、国際宇宙ステーションは17年以上、安全に宇宙飛行士を収容し、軌道上を回り続けています」。また次のようにも指摘した。「彼らは熱意や願望を語っていますが、わたしたちは実際に宇宙で仕事をしており、米国の火星旅行の実現のために力を尽くしています。わたしたちがベッドから起き出すのは、そのためにほかなりません」）

グリフィンはあとから当時を振り返って、古参の請負業者が「数社の民間宇宙企業が頭角を現そうとしている兆《きざ》しに気づかなかった」のは意外だったと述べている。グリフィンの表現を借りれば、古参企業はいずれも「隆々たる筋肉」を持っていた。「実戦で鍛え抜かれたアスリート」だった。商業軌道輸送サービスに入札していれば、「どんなに天才的な起業家の率いる企業でも退けられた」だろう。望みさえすれば、契約は古参企業のものになっていたはずだった。

グリフィンはビジネススクールで教わりそうな教訓をそこに読み取らずにいられなかった。顧客であるＮＡＳＡに方針変更の兆候が見えていた。ところが古参の請負業者はそれを無視した。あるいは真剣に受け止めなかった。あるいはすみやかに対応する敏捷さを欠いた。その結果、隙間ができた。とても小さな隙間が。その隙間には数億ドルというわずかな幅しかなかった。したがって何百億ドルという金ぴかの門からさっそうと入る者には見過ごされやすかった。

「起業家の新興企業が存続できるのは、既存の大手請負業者がニッチをつくり出すときだけです」と、グリフィンはいう。「わたしがボーイングやロッキードやノースロップの経営者だったら、そんなことはしなかったでしょう。よちよち歩きの敵に領地への侵略を許すようなことはしません」

しかし2年後、その侵略者たちがつまずいた。ＮＡＳＡに変化を起こそうとした商業軌道輸送サービスの企ては、スペースXの打ち上げの失敗と、その後の打ち上げの延期で一頓挫をきたした。さらにその影響で信用が落ち、資金不足に陥ったロケットプレーン・キスラーは廃業に追い込まれた。商業軌道輸送サービスの一環で支払われる数億ドルでは事業は続けられなかった。この結果、ＮＡＳＡは新たに商業軌道輸送サービスの参加企業を探さなくてはいけなくなった。識者からは、駆け出しの若い企業にＮＡＳＡが時間とお金をかける価値があるのかという批判を浴びせられた。

スペースXは２００６年に1回目の打ち上げに失敗したあと、次の打ち上げの実施までに1年を要した。2007年3月20日に行なわれたその2回めの打ち上げでは、1回目より格段にいい成果を収められた。高度290キロまで飛び、宇宙との境界線を軽々と越えた。ブースターが切り離されると、機体に取りつけられたカメラによって、ブースターがぐんぐん下の海へ落ちていくようすが映し出された。スペースXの従業員たちは管制室で、宇宙に浮かぶ地球の丸い輪郭や、宇宙の闇の深さに眺め入った。

「いつまでも見ていたい最高の映像だ!」とマスクは声を張り上げた。「よくやってくれた、みんな」しかしその後、軌道に達する前に第2段がぐらぐらと揺れ始め、制御不能に陥り、そのまま地上へ落ちてしまった。

「神経をすり減らすいち日だった」とマスクはのちに語っている。「ロケットビジネスがストレスの少ないビジネスじゃないってことだけは、断言できる」

ただ、ともかくもロケットが宇宙空間に達したことは慰めになった。「がっかりはしてなかったと思う」とマスクはいう。「むしろ、かなり満足していた」

マスクがのちに指摘したように、これはあくまで試験飛行だった。最大の目的はシステムが機能するかどうかを確かめ、どんな問題があるかを調べることにあった。

2008年8月3日に実施された3回めの打ち上げでも、軌道の直前までしか到達できなかった。加えて、機体の切り離しの際、第1段と第2段がぶつかるというトラブルも生じた。

少なくとも公の場では、マスクに動じる気配はなかった。「スペースXは怖じ気づかずに前進を続ける」とマスクはいった。「財務状況はきわめて良好だ。決意も揺るぎない。確かな財務基盤があり、専門知識もある」

さらに次のようにつけ加えた。「わたし自身についていえば、あきらめるつもりはない。絶対に」

しかし楽観的な見通しとは逆に、現実には、スペースXの状況は芳しくなかった。マスクが出した1億ドルがみるみる減り、スペースXはシリコンバレーのベンチャーキャピタル、ファウンダーズ・ファンドから2000万ドルの出資を受けていた。ファウンダーズ・ファンドの設立者ピーター・ティールはペイパルの創業者で、マスクとはペイパルの初期からの古いつき合いだった。

「事業が苦戦する中で、資金繰りするのは容易ではありませんでした。それをどうにかするのが、わたしの大きな務めでした」とスペースXの社長、グウィン・ショットウェルは話す。「エンジニアリングの仕事は自分が望んでいるほど手がける機会がありませんでしたが、次々と顧客を回っては、スペースXへの出資を勧めたり、スペースXの打ち上げにはリスクを承知のうえで利用するだけの価値があることを説得したりしました。わたしの仕事は、苦境を乗り越えようとしている会社をなんとか持ちこたえさせ、従業員に給料を払い続けられるようにすることでした。いずれは苦境を乗り越えられると信じていましたから。技術面のことは、やがて克服できるとわかっていました。問題は財務面の危機を克服できるかどうか、財務を安定化させられるかどうかでした」

3回の失敗は、「とてつもなくきつかった」とマスクはのちにいっている。もし4回めもうまくいかなかったら、「会社をたたむことになっていただろう」。マスクには「もう金がなかった」。

3回めの打ち上げからふた月と経っていない2008年9月28日、スペースXはふたたび打ち上げに臨んだ。第1段と第2段の衝突を避けるため、エンジニアたちは切り離しのタイミングをいくらか修正していた。

「3回めと4回めのあいだに変更したのは、1つの数字だけでした。ほかはいっさい変えていません」と、スペースXのミッション保証部長ハンス・ケーニヒスマンはいう。「変えたのは、第1段と第2段を切り離すのに要する時間です」

技術面の変更はそれだけだったが、法務部長のティム・ヒューズはもっと迷信的な部分で変更を加えていた。ミッションワッペンの絵に四つ葉のクローバーをつけ足したのだ。NASAでは昔から打ち上げのたびに、ワッペンをつくっていた。絵で冒険の精神を表現したワッペンは、幸運を呼ぶためのお守りでもあった。この慣行の始まりは1950年代のマーキュリー計画までさかのぼり、ジェミニ計画や、アポロ計画、スペースシャトルでも受け継がれてきた。宇宙飛行士は野球選手と同じように、シンボルや儀式の力を、たとえそれがどんなにばかばかしいもの——たとえば、ファールラインを踏んではいけないという類——であっても、信じている。それらにはセンター前にヒットを打つことであれ、ぶじに発射台から飛び立つことであれ、成功をもたらす力がある、と。

シンボルや迷信が宇宙飛行士にとって重要なものであることを知ったNASAは、クルーたちにみずからデザインしたワッペンを身につけさせることにした。アポロ11号のときには、それまでとちがい、ワッペンにクルーの名前が記されなかった。宇宙飛行士だけが目立つべきではないとクルーたちが考えたからだった。このワッペンは結果として、数あるワッペンのなかでもとりわけ際立ったものになった。

「わたしたちが名前を省くことにしたのは、月面着陸のために働いてきたすべての人たちのことを表せるデザインにしたかったからです」と、アポロ11号のクルー、マイケル・コリンズはいう。「計画に貢献していながら、自分の名前がワッペンに縫い込まれない人が何千人もいました。あとは、ワッペンのデザインを具体的なものよりも象徴的なものにしたいという思いもありました」

ニール・アームストロングは当初のデザインで使われていた「eleven」というスペルアウトを好ま

なかった。英語の話者以外には読めない恐れがあると思ったからだ。そこで「11」と数字で表記されることになった。

スペースXは最後のチャンスになる4回めの打ち上げをなんとしても成功させたかった。だからワッペンの力も心から信じようとした。呼べるかぎりすべての幸運を呼びたかった。そんな必死の思いから、ワッペンに四つ葉のクローバーがつけ足された。

この打ち上げでファルコン1は見事に軌道に到達した。カウントダウンから切り離しまで完璧なフライトだった。最後には、スペースXの500人以上の従業員たちから大歓声が上がった。

スペースXはこの打ち上げのもようをウェブで中継した。実況を手がけたのはスペースXの従業員だった。さすがに1時間近い放送はアマチュアには荷が重かったようだ。熱意にはあふれていたが、かなりどたばたとしていた。

ファルコン1が軌道に入ると、ウェブ中継のコメンテーターは高らかに宣言した。「ファルコン1が歴史をつくりました。民間機が史上初めて、地上から地球軌道へ到達したのです」

コメンテーターはそこでいくらか間を置いてから、この偉業の達成に至るまでの長くて困難な道のりを振り返った。

「スペースXはゼロからこの宇宙機を設計し、製造しました。真っ白な紙に図面を書くことから始まった設計も、あらゆる試験も、すべて、自社で行ないました。外部には委託していません。わたしたちは従業員わずか500人の一企業の力でこれを成し遂げました。それも6年のあいだにここまでのことをすべて行なったのです」

この打ち上げのとき、マスクはクェゼリンではなく、チームの大半とともにカリフォルニアにいた。

歓喜に沸く従業員たちに三重、四重に囲まれたマスクは、どうにかその中から抜け出すと、地味なポロシャツ姿で、工場を埋め尽くした従業員たちの前に立った。打ち上げをいっしょに見るために子どもを連れてきていた従業員は、子どもにもマスクの姿を見せようと肩車をしていた。しかしマスクは感極まったようすで、なかなか言葉を発せなかった。

「感動した」と、マスクは声を絞り出すようにいった。それから、全員が今日目撃したことを言葉にした。「ついに軌道に到達した」

チームへの謝意を表してから、マスクは「できるはずがないとさんざんいわれてきた。ほんとうにさんざん」といい、いくらか大げさに、ざまを見ろといわんばかりに笑ってみせた。

「だが、ことわざにもあったはずだ。『4度目の正直』というのが。この成功はスペースXにとってものすごく大きい。軌道への到達は記念すべき一里塚になる。過去に軌道に到達してるのは、数えるほどの国だけだ。これはふつうは国家の事業で、民間企業がするようなことじゃない。すばらしい快挙だ」

そう口にすると、言葉にしたことで初めて、自分たちが成し遂げたことの重大さに気づいたかのようだった。これまでは国がやってきたことをやってのけたのだとあらためて思うと、ふたたび言葉を失った。

「どうも疲れて、頭の働きが鈍ってるようだ」と、マスクはぐったりしたように、とつとつといった。「きょうはわたしの人生でまちがいなく最高の日だった。きっと、みんなにとってもそうだったと思う。世の中にわたしたちの実力を示せた。ただ、これは第一歩にすぎない。これからもっともっと前進を続ける」

ファルコン1の次には、さらに強力なパワー――エンジンが1基から9基に増える――を備えた現在開発中のファルコン9が続くと、マスクはいった。そしてその先には、国際宇宙ステーションに物資を運ぶカプセル型の宇宙船、ドラゴンの開発が待っている。そもそも商業軌道輸送サービス計画は国際宇宙ステーションに人や物資——食料や機材、科学実験器具、トイレットペーパーなど——を送り届けられる宇宙船の開発を支援しようとするものだった。

まるでひとつのドアを開けるたび、その先に新しいドアが現れるようだった。ひとつの成功が歴史的な成功につながり、小さなステップが大きなジャンプにつながる。やがてはマスクだけに見えている地平の彼方へ向かって飛び立つ……。

ほかにもできることはあるか？

「たくさんある」とマスクはいい、未来に思いを馳せた。

「最終的には、火星に行きたい」

そこまで実現できるかどうかは定かではない。しかしこのとき以降、スペースXのミッションワッペンには必ず、目立たない所に四つ葉のクローバーが添えられることになった。

2008年のクリスマスの2日前、スペースXにNASAから大きなプレゼントが届いた。それは宇宙船ドラゴンで国際宇宙ステーションに物資を最大12回運ぶ総額16億ドルの大型契約だった。スペースXにとってこれは、いっぱしの宇宙企業になれたことと、NASAに実力を完全に認めてもらえたことを意味した。ただし何千キロもの重量がある物資を宇宙ステーションまで届けるのは、容易なミッションではなかった。そのためにはドラゴンを軌道まで飛ばす打ち上げに成功するだけではなく、時速2万8000キロで飛ぶ宇宙ステーションに追いついて、ドッキングも成功させなければならない。これは国しか成し遂げていないことだった。それもひと握りの国——米国、ロシア、日本、EU

――だけだ。

NASAから電話を受けたとき、マスクの胸には万感の思いがこみ上げた。それまでの数年間は苦しいことの連続だった。たび重なる打ち上げの失敗に加え、私生活では離婚もあった。しかし今、宇宙企業を創業して6年にして、ようやく自分の正しさを証明できた。NASAの担当者がスペースXへの発注が決まったことを伝え終えると、マスクはぶっきらぼうにいった。「愛してるよ」

マスクはログインのパスワードも「ilovenasa」に変えることにした。

マスクが猛烈な勢いで先を進むいっぽう、ベゾスは相変わらずゆっくり、着実に、小さな一歩を積み重ねていた。南アフリカ空軍から購入したジェットエンジン4基を用い、巨大なドローンのような形の飛行試験機カロンを飛ばしてから1年以上を経て、ブルーオリジンはようやく別の飛行試験に臨もうとしていた。今回の機体は、巨大なグミ、あるいは底が平らな空飛ぶハンプティ・ダンプティのように見えた。

2006年11月3日の夜明け前、冷え込んだ西テキサスの朝、平台トレーラーに載せられた新しい飛行試験機が格納庫から発射台へ運ばれた。日がのぼり、遠くの山並みが紫色に染まる頃には、従業員やその家族がおおぜい集まり、ジャンボトロンに打ち上げのもようが映し出されるのを待っていた。青いポンポンを手にしている者もいた。

今回の飛行試験機は「現代ロケット工学の父」ロバート・ゴダードにちなみ、「ゴダード」と名づけられていた。1926年に史上初めて液体燃料ロケットを打ち上げたことでも知られるゴダードは、建設者であるとともに空想家でもあった。1919年に書いた『超高高度に達する方法』（スミソニアン協会刊行）と題する論文で、月に達するロケットの開発について論じている。

当時、月に達するなどという考えは非現実的と見なされ、笑われるだけだった。ゴダードは「夢想家」とか「気が触れた」とか揶揄された。ニューヨーク・タイムズ紙でさえ、１９２０年、「とうてい信じがたい話」という見出しの辛辣な社説を掲載し、真空ではロケットは飛べないといって、ゴダードのアイデアを足蹴にした。

「ゴダード教授はクラーク大学の教授であり、スミソニアン協会から支持を得ているようだが、作用と反作用の関係も、反作用のためには真空以外のものが必要であること――わざわざそんなことをいうのもばかばかしいことだが――も理解していない」と、ニューヨーク・タイムズ紙はゴダードをこきおろした。「教授は高校で教わる知識すら持ち合わせていないようだ」

ゴダードはこれに次のように反論した。「どんなビジョンも先駆者によって実現されるまでは、大ぼらだといわれる。だが、ひとたび実現されれば、それが世の中の常識になる」

しかしひとりで研究することを好む内気な性格だったゴダードは、この中傷をきっかけにますます自分の世界に閉じこもるようになり、実現には何十年もかかることがわかっている宇宙飛行の研究に没頭した。

「わたしの知らない問題にあと何年、取り組むことができるだろうか」と、ゴダードは１９３２年に書いている。「生きているかぎり研究を続けたい。この研究に終わりはない。星をめざすことは文字どおりの意味でも、比喩的な意味でも、何世代にもわたる営みだ。だから、ひとりがどれだけ大きな進歩を遂げても、そこにはいつも、まだほんの始まりにすぎないという興奮がある」

ゴダードは１９４５年、有人宇宙飛行を見ることなく、この世を去った。しかし１９６９年、アポロ11号による月面着陸の直前、遅ればせながら、名誉を回復した。その頃にはロケットが宇宙を飛べることは明らかになっており、ニューヨーク・タイムズ紙が半世紀前の社説を訂正したのだ。

訂正記事には「さらなる研究と実験の結果、17世紀のアイザック・ニュートンの発見の正しさが確かめられた。今では、ロケットが大気圏内と同様に真空空間を飛べることに疑いの余地はない。本紙の誤りは誠に遺憾である」と書かれていた。

ベゾスが自分の最初のロケットにロケット工学の創始者の名をつけたことは、「順番」として当然だった。しかしそこには精神的なつながりも見出せる。ゴダードと同じようにベゾスも長期的な視野に立ち、ブルーオリジンの事業を完遂させるには何世代にもわたる長い年月を要すると考えていた。またゴダードと同じように、不可能と思われたこともやがては当たり前のことになると信じていた。さらにゴダードと同じように、ベゾスの会社は報道機関を締め出して、秘密裏に作業を進め、外部の監視や批判にさらされないよう厳重に身を守っていた。

加えて、ベゾス自身、息子のミドルネームに「ゴダード」とつけるほど、ゴダードを尊敬してもいた。

長年の開発作業の末、ベゾス率いるブルーオリジンもついに打ち上げを披露する日を迎えた。打ち上げそのものは地味だったが、「ほんの始まりにすぎないという興奮」ははっきり感じられた。またお祭り気分を盛り上げるため、カウボーイが大空の下でビスケットを焼いたり、子ども向けに、城の形をしたエア遊具が用意されたりもした。

スピーカーからカウントダウンの声が響きわたり、ゴダードが打ち上げられた。ゴダードは87メートルの高さまで上昇し、ふたたびもとの場所に降りてきた。打ち上げから着地までの飛行時間はわずか30秒だった。ベゾスは大きなシャンパンのボトルを持ち出してきて、成功を祝い、この打ち上げでの自分の役割はコルクの栓を抜くことだけだったとジョークを飛ばした。ただ、成功した打ち上げのようには栓はうまく抜けなかった。ベゾスの手に力が入りすぎて、コルクの上部がちぎれ、瓶の中にコルクが残ってしまった。

ゴダードのこの短い飛行もまた、ブルーオリジンにいつものように小さな前進をもたらした。マスクの飛躍的な前進とは対照的だった。スペースXが最初に成功した打ち上げは高度数十メートルなどというものではなかったし、弾道飛行ですらなかった。スペースXはいきなり軌道に到達していた。地球に落下しないだけの速度を求められる軌道への到達は並大抵のことではない。まさに「突き進め。限界を打ち破れ」のモットーそのものだった。

スペースXは今、さらに強力なファルコン9の開発に取り組み、ケープカナヴェラル空軍基地の第40発射台での打ち上げをめざしていた。しかしわが道を行くブルーオリジンに焦る気配はまったくなかった。たとえようやくゲートをのろのろと出たばかりのところのように見えてもだ。

慌てずゆっくり進むブルーオリジンは、ゴダードの次のロケットにニューシェパードという名をつけた。初めて宇宙に行った米国人アラン・シェパードにちなむ名だ。ブルーオリジンのこの歩みは、米国の宇宙飛行の段階的な発展の歴史をなぞっていた。20世紀前半のゴダードのロケットの研究が、宇宙空間に出ることに成功したアラン・シェパードの15分28秒の弾道飛行につながったのは、1961年のことだった。NASAが初めて軌道に人間を送るのはさらにその翌年、ジョン・グレンが地球周回軌道の飛行に成功したときだ。

とはいえブルーオリジンは公にはゴダードの打ち上げのことも、次の計画のことも発表しなかった。2カ月後にようやく、ベゾスがブログに次のように書いた。

「このミッションを成し遂げるのには、長い時間がかかるでしょう。わたしたちは順を追って進めていきます。少しずつ前進し、持続可能なペースで投資を続けたいと考えています。ゆっくり着実に行なうことこそ、成功の秘訣です。先に進むほど楽になるなどという誤った期待は抱きません。ステップを小さくし、その数を多くすることで、学習のスピードを速められ、方向を正しく保て、最新の機体が飛ぶのを早く見られます」

兎がどれほど先に行っているかは関係なかった。亀は自分のペースで一歩一歩、着実に進んでいた。ベゾスが2004年の従業員への手紙で掲げた基本原則「兎にならず、亀になる」のとおりにだ。ブルーオリジンはこの先も自社のモットー「グラダティム・フェロシテル（一歩ずつ、果敢に）」に忠実に進み続けることになる。

ゆっくりはスムーズ、スムーズは速い。ゆっくりはスムーズ、スムーズは速い。ゆっくりはスムーズ、スムーズは速い……と、呪文のように唱えながら。

第９章　「信頼できる奴か、いかれた奴か」

それはそこにただ捨て置かれていた。誰でも自由に持っていってくれと道ばたに置かれている中古の家具のように。12万５０００ガロン〔47万３１７６リットル〕の巨大な液体窒素のタンクがだ。その大きさは自治体の貯水タンクぐらいあった。スペースXの従業員はたまたま、ケープカナヴェラル空軍基地の使われていない発射台の前を車で通りすぎようとしたとき、それを見かけ、「使えるかもしれない」と思った。

スペースXはケープカナヴェラル空軍基地の第40発射台を借りる利用契約を結んでいた。第40発射台は１９６０年代以来、軍のロケット、タイタンの打ち上げに使われてきた発射台だ。長年使われたその古い発射台はすでにスペースXの手で解体されていた。スペースXは今、国際宇宙ステーションに物資を運ぶファルコン９とドラゴンの打ち上げに使うため、できるだけ費用をかけずに発射台を建て直そうとしている最中だった。

長年、屋外に捨て置かれていたわりには、液体窒素のタンクの状態はよさそうだった。発射台の再建を担う10人のチームのリーダー、ブライアン・モスデルはそれを使えると判断した。

モスデルたちは空軍に何度も問い合わせて、そのタンクを取得する許可を得ようとした。ところが誰も対応してくれなかった。空軍にはそんなものは粗大ゴミにすぎず、ほんのわずかの時間を割く価値もないと見なされた。それでもしつこく問い合わせを続けて、ようやく対応してもらえ、そのタンクの撤去と解体を請け負っていた業者を紹介された。業者と連絡を取ると、処分費用の8万6000ドルに1ドルを上乗せした金額で喜んでタンクを譲ってくれるという。

モスデルはその金額でタンクを買い取って、さらに約25万ドルかけて改修した。それでも新しいタンクを購入するよりははるかに安かった。新品を買えば、200万ドルは下らなかっただろう。マスクはこのチームの機転にいたく感激し、発射台の紹介ビデオの中でわざわざタンクを取り上げて、自慢した。「これは液体窒素が詰まった巨大な玉の上部です。スペースXは肝っ玉が大きいといわれますが、このとおり玉が大きいことはうそではありません」

エンジニアであるモスデルは、ケープカナヴェラル空軍基地のさまざまな打ち上げ施設で20年にわたって仕事をし、ゼネラル・ダイナミックスやマクドネル・ダグラスやボーイングなど、国防総省の大手請負業者であらゆる役割を務めた経験の持ち主だった。それでも2008年にライバル企業ユナイテッド・ローンチ・アライアンスから転職してきたときには、スペースXはそれまでのどの企業ともまったくちがう宇宙企業だと感じた。じつはボーイング時代にも、中古の液体窒素タンクを買い取って使おうとしたことがあった。

「でも、みんなに反対されました」とモスデルはいう。「誰ひとり興味すら持ちませんでした」。上司たちから「そんなものを引き取るのには、そもそも誰に連絡するんだ?」といわれた。

大手請負業者で働いていたときには、「再利用に興味がないどころか、そういう発想すらなかった」という。「すべて一から新しいものをつくらなくてはいけませんでした。これは政府契約だ、これは政府の金だというわけです」

規則も価格もいっさい変更できなかった。コストや、規制や、制度にあえて疑問を持つ者はひとりもいなかった。それが政府の請負業者の仕事の仕方だった。

スペースXの姿勢はそれとはまったくちがった。スペースXは徹底して、安さと効率を追求した。ほとんどなんにでもいちゃもんをつけるひねくれ者のように、価格や規則をはじめ、従来のやり方にことごとく異を唱えた。ケープカナヴェラルとそのリーダーたちがおとなだとすれば、スペースXはなんでも「なぜ?」と尋ねる好奇心旺盛な子どもだった。

モスデルはスペースXから「思いもよらない」電話がかかってきたとき、ただ戸惑うばかりだった。ユナイテッド・ローンチ・アライアンスで安定した職を得て、満足していたし、同僚の多くと同じように、スペースXのことは取るに足りない存在と見なしていた。「パワーポイントと紙のロケット」、空想上のロケットしか持たない企業という印象だった。同僚からは実績のほとんどないスペースXになぜ移ろうとするのか、ふしぎがられた。

「わたしもそうでしたが、彼らはスペースXが脅威になるとは思っていませんでした」とモスデルはいう。

ましてや新しい未来を切り拓く企業になるとは、誰も予想していなかった。

ところがカリフォルニアに面接を受けに行くと、「考えが180度変わった」。「少なくとも2500万ドルはしそうな、さまざまな製造段階にある機体の各部が工場に置かれていたんです。それを見た瞬間、自分のまちがいに気づかされました。『おい、待てよ、これは本物だぞ』と」

どの面接でも、重役たちが再三強調したのは、モスデルの履歴書に記されているいかなる企業ともスペースXはちがうという点だった。「伝統のある航空宇宙企業ではありません」と重役たちはいった。「意欲と才覚が頼りの企業です。わが社では、創造性をぞんぶんに発揮していただくことができます。官僚主義にじゃまされることはありません」

スペースXの社風は自由奔放で、エネルギッシュだった。社内には業界のベテランもいれば、ロケットの製造に携わった経験のまったくない若手までいた。しかし誰もが才能と意欲を併せ持ち、積極的に自社のために全力を尽くしていた。

誰もがなじめる職場ではなかった。ロケットを製造するという事業自体に、いくらか非常識なところがあった。尋常ではない長時間労働に加え、仕事の内容も恐ろしくむずかしかった。若くて、情熱にあふれ、才能があるワーカホリックには打ってつけだが、「ワーク・ライフ・バランス」を求めるタイプには向かなかった。イーロン・マスクは要求がきびしく、工場フロアでも誰はばからず従業員を怒鳴りつけることで有名だった。マスクやスペースXの社風を知るロッキードの元重役は、その容赦のなさや要求のきびしさに仰天し、「もしわたしが公開会社で同じことをしたら、10分もしないうちに人事部や法務部がやってきて、18カ月の感受性訓練行きを命じられますよ」と話している。

ミッション保証部長ハンス・ケーニヒスマンは、マスクの見事な錬金術を称える。「未来の構想を現実のものに変えるマスクの手腕には舌を巻きます。あれだけ実現の困難な計画に挑んでいるのですから」とケーニヒスマンはいう。ただ、スペースXで歳を重ねるつもりはなかった。それはひとえに気力体力が持たないからだ。「ずっといたら、身も心もぼろぼろになってしまいますよ。スペースXで手を抜くことは許されません」

マスクも自分やスペースXの要求がきびしいことは自覚していた。「燃え尽きてしまう者もいる。激務のすえに精根尽き果ててしまう者が」とマスクはいう。

スペースXに採用されるのは、マスクとの個人面接で能力の高さを認められたずば抜けて優秀な者ばかりだ。それでもスペースXの組織の中ではエンジニアが頂点に君臨し、そのほかの人間は全員その下に置かれる。「スペースXにはイーロンのいう『信号対雑音比』なる考え方がありました。自社に価値をもたらすのは、エンジニアだという考え方です。エンジニアは信号でした」と、法務部長テイム・ヒューズはいう。「エンジニア以外はおおむね雑音とされたわけです」

初期に採用された従業員のひとりに、大学卒業後すぐに入社したマーク・ジャンコサがいる。ジャンコサはマスクの頭のよさと情熱、それに社内の隅々にまで満ちた自由な雰囲気に魅了された。例えば、スペースXでは、どんな会議でも自分に不要だと思えば、黙って退席することが認められていた。理由もいっさい問われなかった。

「優秀な人がたくさんいました」と、のちに機体エンジニアリング部長になるジャンコサはいう。「退屈な人はいません。みんな燃えるような目をしていて、まさに情熱の塊でした」

ジャンコサはスペースXの成功を確信していたわけではなかった。「60年代には今からは信じられないぐらいの膨大な人数をかけて、宇宙船が開発されました。それよりはるかに少ないわたしたちが、どうやってそんな宇宙船をつくればいいのか」、ジャンコサには見当がつかなかった。

それでも全員、どこまでもマスクについていく覚悟で、「無我夢中で取り組んだ」。マスクが必ず「奇跡を起こす方法を見出してくれる」と信じて。

モスデルが面接に訪れたときには、スペースXの本社工場はホーソーンの工場に移っていた。そこはかつてボーイング747の機体の製造に使われた工場で、エルセグンドの工場より大きく、ロサンゼルス空港に近かった。航空宇宙エンジニアにとっては「夢のチョコレート工場」のような場所だった。今は、巨大なロケットが組み立てられている最中で、円筒形のロケットのコアが巨船の船体のように横たわっていた。エンジン——久々の米国製のエンジンだ——も自社で製造中だった。数百人の従業員が工場のあちこちに散らばって、それぞれの作業に打ち込んでいた。そのようすには緊迫感が感じられた。従業員の多くはまだ大学生に見えるほど若かった。

スペースXは面接を受ける人に対してあらかじめ、マスクとの面接は極端に短かったり、ぎこちないものになったりすることがあると伝えていた。マスクは面接の最中にほかの作業をしていることもあれば、いったん考え始めると、何分も黙り込んでしまうこともあった。モスデルにもマスクはいくらか話しづらく、無愛想に感じられたが、頭がよいことはわかった。モスデルは発射台をつくった経験について話すつもりでいた。そもそもそれがスペースXから自分に声がかかった理由だった。ところが、マスクは専門的なロケット工学の話をしたがった。特にデルタⅣロケットとRS－68エンジンのことをモスデルから聞こうとした。モスデルはボーイング時代にそれらをいくらか手がけた経験があったからだ。

面接のあいだじゅう、ふたりは「ラビリンスパージ」とか、「ポンプ軸のシール設計」とか、「窒素ではなくヘリウムを使う科学的根拠」とかの話をした。モスデルにはマスクがこちらの知識を試しているのか、それともほんとうに興味があるのか、わからなかった。面接はそれで終わりだった。「唐突にいわれたんです。『いいでしょう、すばらしかったです。ご足労、ありがとうございました』と。イーロンはそれだけいうと椅子を回転させて、自分のパソコンに向かってしまいました」とモスデルはいう。「面接がうまくいったのか、いかなかったのか、見当がつきませんでした」

採用が決まると、モスデルはスペースXでケープカナヴェラルに配属された10人めの従業員になり、ほとんど間を置かずに、第40発射台を再建する仕事に取りかかった。機転が利くところを見せたかったモスデルは、チームとともにケープカナヴェラル内を物色して回り、まるで宝探しでもするような気分で放置された物品を探した。

その結果、ニューオーリンズとケープカナヴェラル間のヘリウムの運搬に使われた60年代の古い鉄道車両が、スペースXの新しい貯蔵タンクになった。「車輪を取り外して、台の上に固定したんです」

とモスデルはいう。

地上機材庫の冷房装置も、7万5000ドルする新品を購入する代わりに、イーベイで1万ドルで落札したもので間に合わせた。

そのように中古品を再利用することに加えて、時代錯誤と感じられる古い規制にも異を唱えた。例えば、ファルコン9を持ち上げるためのひと組みのクレーンが200万ドルするといわれたとき、スペースXはその値段に疑問を持ち、なぜそれほど高額なのかを調べた。原因は、空軍が遵守を求めている一連の規制にあった。その規制では、フックが突然勢いよく落ちないようにする措置を講じることなどが義務づけられていた。しかし義務づけられた措置の多くは、数十年前に定められたもので、現代のテクノロジーでは不要なものだった。

モスデルとスペースXのチームはケープカナヴェラルの空軍の幹部に働きかけて、高額化の原因になっている数多くの規制を取り払うことに同意を取りつけた。その結果、規制が取り払われると、スペースXは30万ドルでクレーンを購入できた。

またそのあと、空軍から第40発射台のフレームダクトを水道システムまで延長するよう求められたことがあった。ロケットから出る炎を発射台の外へ排出するコンクリートの溝を設置するには、従来、300万ドルかかった。モスデルはこれにはもっといい方法があるはずだと考えた。

「最終的には、鋼鉄製の箱形の梁を使ったフレームダクトを、エンジニアチームが設計し、発射台チームが組み立てました。フレームダクトの内側は冷却と防音をかねて水を流せるようにもしました」とモスデルはいう。

その結果、空軍の要求を満たす装置が10分の1の費用で実現した。

「とにかく工夫が必要だった」とマスクは振り返る。「ふつうのやり方でやったら、わたしたちの金は尽きてしまう。何年も、数週間ぶんの金しか手元になくて、週単位のキャッシュフローだった。おかげで、むだな出費を何がなんでも避けようとする姿勢が身についた。ごみをあさるか、死ぬか。二者択一だった。使われなくなった部品を買って、修理し、使えるようにしなければ、生き残れなかった」

スペースXではいろいろなことがコストの抑制に迫られて決められた。ロケットの製造方法にもコストの問題が影響している。製造業者によっては発射台にロケットを垂直に立てた状態で組み立てることもあるが、そのためにはロケット組立棟と呼ばれる設備が必要だった。ロケット組立棟はロケットを囲むように設置される巨大な移動式の構造物で、ロケットの完成後は発射台から撤去される。

「イーロンは『こんなばかな話は聞いたことがない』とあきれていましたね」とグウィン・ショットウェルはいう。「『どうしてこんなに金がかかって、しかも効率の悪いことをするのか』と」

スペースXはカリフォルニアの自社工場——ショットウェルにいわせれば「清潔で、整理が行き届いていて、申しぶんのない」工場——でロケットを組み立てた。水平に寝かせた状態で組み立てることで、従業員に危険な高所での作業を強いることも避けられたと、ショットウェルはいう。

ファルコン1を組み立てたときには、部品の位置を調整するのに必要なセオドライト（経緯儀）をイーベイで購入し、2万5000ドル節約した。

同様に、宇宙船ドラゴンがあのような形状になったのもコスト節約によるもので、デザインを徹底的にシンプルにしたからだった。

「NASAかどこかに依頼されて、再突入カプセルを設計することになったら、他社では形状のデザインに1年ぐらいかけるでしょう」と、先進プロジェクト主任、スティーヴ・デイヴィスは話す。

「うちでは、底部はファルコン9と同じ直径と決まっています。ファルコン9に載せる宇宙船ですから。頂部はドッキングする宇宙ステーションのポートと同じ直径にします。デザインはこれでおしまい。あとは頂部と底部をつなぐだけ。それで完成でした」

ロケットの航空電子機器の制御には高価な航空宇宙機器ではなく、5000ドルのコンピュータを使った。ある従業員などは、ロケットのフェアリングに使えるのではないかと考えて、廃品置き場から金属の板を拾ってきたこともあった。フェアリングは、人工衛星などの搭載物を保護するため、ロケットのいちばん先端に取りつける部品だ。

ストラップについても、宇宙ステーションに滞在するNASAの宇宙飛行士たちに扱いにくいといわれていた従来のタイプではなく、NASCAR（全米自動車競走協会）によってデザインされたものを見つけ出してきて用いた。このストラップは宇宙飛行士たちからも高い評価を得られた。

スペースXは宇宙ステーションのロッカーに使われている留め金にも疑問を持った。各ロッカーには留め金が2個ずつ必要で、その留め金は1個1500ドルもし、20から25もの部品でできていた。「スペースXでは、そういうものはつくりません」と、スペースXでミッションオペレーションを手がけるジョン・クラリスはいう。「土台になったのは、あるエンジニアが男子トイレに入ったとき、個室の留め金を見てひらめいたというアイデアです。そのアイデアをもとに、ロッカーの扉を留める仕組みを考え出しました」

コストはわずか30ドルだった。「しかも頑丈ですし、万一、壊れても、簡単に交換できます。宇宙飛行士たちはその留め金を気に入ってくれただけでなく、開発の裏話にも感心してくれました。見事な発想だといって」とクラリス。

あるとき、人工衛星を搭載したフェアリング内の気温を低く保つための空調システムに300万ドルないしは400万ドルかかりそうだという噂が、マスクの耳に達した。マスクはすかさず自室に担当の設計者を呼んで、説明を求めた。

「フェアリング内の体積は？」とマスクは訊いた。答えは、一般の住宅より狭い数十立方メートルだった。

マスクはさらにショットウェルのほうに向き直ると、住宅向けの空調システムの値段を尋ねた。

「つい先日、ここの空調を新しいものに替えたところです」とショットウェル。「それでしたら、6000ドルでした」

「ここの空調システムが6000ドルなのに、300万ドルか400万ドルするというのはどういうわけなんだ」と、マスクは例によってきびしい要求をつきつけた。「戻って、どうにかしろ」

ふたりは民生用の空調機器を6台購入して、それに風量を大きくするための大型のポンプを取りつけることで、マスクの要求に見事に応じてみせた。

この創意にあふれた新しいシステムは、NASAで従来使われてきたものとはまったくちがった。したがって、このスペースX独自のシステムでも問題ないことをNASAに納得してもらう必要があった。

「計画を遂行するうえでいちばん厄介だったのは、NASAを説得することだったと思います。何をやるにもそのつどNASAを説得しなくてはなりませんでした」とショットウェルは話す。「この仕事をわたしたちのようなやり方でやったことがある人は、それまでひとりもいませんでした。残念ながらこの業界は、この業界に30年身を置く人間の率直な意見をいわせてもらうなら、コストプラス契約に発展を阻まれていると思います。コストプラス契約は受注者にコストの最小化ではなく、努力の最大化を促すものです。わたしたちはもちろん努力の最小化をめざしたわけではありません。わたしたちがめざしたのは努力の最適化です」

ＮＡＳＡは最初、あっけにとられたようだった。しかし最終的にはスペースＸの説得に負け、シリコンバレー魂が発揮された工夫を認めた。

「部品などの設計の話になると、彼らはよくこんなふうにいいました。『確かに、これはこの業者から買えるが、５万ドルぐらいする。それは高すぎる。法外な値段だ。自社でつくれば、２０００ドルですむ』。ほとんど何を決めるときにも、コストのことを考えていました」と、商業軌道輸送サービス計画でスペースＸと組んで仕事をしたＮＡＳＡのマイケル・ホーカチャックはいう。

「それはめずらしいことでした。ＮＡＳＡのエンジニアで、設計上の取捨選択や決定をするとき、部品のコストを問題にする人はまずいません。ＮＡＳＡのエンジニアが気にするのは、機能するかどうか、信頼性や安全性を確保できるかどうか、すべての条件を満たせるかどうかでした。コストはふつう、一要素ではあっても、ミッションの成否のように肝心な問題としては扱われません。

彼らはコストの面からも設計に念入りな検討を加えました。『確かに、そうすることもできるが、こうすればはるかに安くすみそうだ。おそらく性能も劣らない』というように。これはわたしたちとはちがう姿勢でした。おそらくＮＡＳＡがもう少し考えなくてはいけない部分だと思います」

この頃（２００８年）には、ＮＡＳＡも大型のロケットを2基つくっていた。地球低軌道を飛ぶ予定のアレスＩと、まずは月をめざし、火星を最終目標にするアレスＶだ。このアレスも、同時に開発されていた宇宙船オリオンも、その名は古代ギリシャやローマの神話にちなんでいて、ホワイトハウスのコンステレーション計画の壮大な構想に似合っていた。

コンステレーション計画は、ふたたび月に行くことをめざすジョージ・Ｗ・ブッシュ大統領の宇宙探査計画「ビジョン・フォー・スペース・エクスプロレーション」の一環だった。ブッシュ大統領は月面を歩いた最後の人間ユージン・サーナンを招いたNASA本部でのイベントで、サーナンが月を離れるときに口にした約束の言葉、「わたしたちは戻ってくる」を引き合いに出し、「米国はこの言葉を実現する」と宣言した。

しかし2008年、バラク・オバマが大統領に選出されると、ロリ・ガーヴァーに率いられたNASAの政権移行作業チームはコンステレーション計画の「内容を精査する」と約束した。ガーヴァーはヒラリー・クリントンにも助言をした宇宙機関のベテランだった。そして実際に精査を行なうと、ありとあらゆる問題が洗い出された。コストは莫大な額に膨れ上がり、スケジュールは遅れに遅れていた。アポロ計画の栄光を再現しようとする大統領の試みがまたもや行き詰まっていることへの不満も高まっていた。

ブッシュの計画は深夜のトーク番組の格好のねたにされた。宇宙探査の野望を持つ者たちは一世代前には、不可能を可能にする者としてあがめられたものだが、今や笑い者だった。米国が月に到達したのは、さほど遠い昔ではない。ところが以後、米国の宇宙計画は何度も頓挫し、数多くの政治家の実現されない公約に左右されてきた。その結果、大それた計画を口にする者は、たちまち批評家たちにこきおろされるようになっていた。

「彼は月に宇宙ステーションのようなものをつくりたいといいます。次に月を拠点にして、そこから火星に人々を送りたいといいます」と、司会のデヴィッド・レターマンは番組冒頭の独白でいった。「これが何を意味するか、わかりますか、紳士淑女のみなさん。彼はまた酔っ払ってるんですよ」

サーナンの予言は外れかかっていた。アポロ計画の最後の月ミッションとなったアポロ17号は「始まりの終わりであって、終わりではない」というサーナンの言葉はますます虚ろに響いた。2008年にオバマが大統領に選ばれた頃には、月はかつてなく遠い場所になっていた。NASAの「次の大いなる飛躍」はふたたび延期されそうだった。

オバマ新政権はまだ新しいNASAの長官を指名していなかったが、すでに新政権が危機と見なすものへの対処に動き始めていた。問題を抱えたスペースシャトル計画については、2010年にスペースシャトルを退役させることを決めた。コンステレーション計画が予定よりだいぶ遅れていたので、この決定はNASAがもはや宇宙飛行士を宇宙へ送れなくなることを意味した。

アラン・シェパードの弾道飛行からジョン・グレンの軌道飛行、アポロの月ミッション、スペースシャトルまで、歴史的な打ち上げを50年にわたって実現してきた米国が、今後は宇宙へ行くには、かつて月への先陣争いで勝利を収めた相手――ロシア――に頼らなくてはいけなくなる。

2008年12月8日、大統領選挙から1カ月後、ガーヴァー率いるNASAの政権移行作業チームが45ページに及ぶ「機密」のメモを提出し、国内からの打ち上げが滞っていることが「NASAの短期における最大の課題」と指摘した。

「アレスI／オリオン計画には向こう5年間で150億ドル近い予算が計上されているが、同計画は技術的に深刻な問題を抱え、少なくとも2年は予定から遅れている」とメモには記されていた。「NASAの新指導部はこの計画の未来、ひいてはNASAの未来のための選択を求められる」

ひとつの選択肢は、民間部門の力をもっと活用することだった。スペースXやオービタル・サイエンシズなどの企業が宇宙ステーションに物資を運べるなら、それらの企業に宇宙ステーションへの宇宙飛行士の輸送も任せられる。そうすればおそらくコストも下がるだろうし、計画の進捗も速まるだろう。

「新しいテクノロジーへの投資にはリスクがついて回るが、民間のクルー輸送事業への出資はアレス

I／オリオン計画の有効な代替策ないしは補完策になる」とメモは続けていた。「さらに、官民の協力で経済及び技術のイノベーションを推し進めようとするオバマ次期大統領の取り組みにも役立つだろう」

政権移行作業チームの多くにとって、コンステレーション計画は前政権の遺物というだけではなく、古い考え方で進められた宇宙計画――雇用の創出につながるという理由で議会から承認を得る大型政府事業――の典型に感じられた。そのような発想の計画によって確実で効率のよい宇宙輸送が実現した例はほとんどなかった。

２００９年、オバマの大統領就任とともに、ＮＡＳＡの新体制が発足した。新しい首脳陣は、アポロ計画以後、ＮＡＳＡに進歩が見られないことへのいらだちを隠そうとはしなかった。首脳陣のひとりは、米国の有人宇宙飛行がいかに停滞しているかを、民間航空との比較で示したパワーポイントのスライドを作成して、配りさえした。

１９６１年、ガガーリンが人類史上初めて、宇宙へ行った。
――48年後（２００９年）
・地球低軌道上の飛行予定者は46人。
・人命が失われるリスクは推定２５４対１。

１９０３年、ライト兄弟がキティホークで動力飛行を行なった。
――48年後（１９５１年）
・民間航空機の利用者は３９００万人。

・重大事故の発生件数は28万8444フライトにつき1件。

「50年間、進歩がないのは、閉じられた中でイノベーションが行なわれてきたせいだ」と、このスライドでは指摘されていた。

新しい首脳陣は対策として「開かれたイノベーション戦略により、民間の宇宙飛行の能力を引き出す」ことを打ち出した。

アンディー・ビールが会社をたたみ、閉鎖的な市場に参入を阻まれたことを嘆いてから10年近く経っていた。ようやくNASAが市場を開放することの必要性を認めつつあった。

そのための切り札のひとつとして期待されたのが、宇宙ステーションへのNASAの宇宙飛行士の輸送を競わせる「商業乗員輸送」計画だった。

2009年には、ホワイトハウスがワシントンでのはげしい政治闘争を招くことを覚悟のうえで、コンステレーション計画を中止する政治的な意志を固めていることは明らかだった。コンステレーション計画に携わる古い大手請負業者は確かな実績を持ち、議会との結びつきも強かった。しかしNASA内では、ブッシュの宇宙探査計画「ビジョン・フォー・スペース・エクスプロレーション」に関して、「コンステレーション計画を中止して、現実にもとづいたビジョンを描くべき」と題するメモが作成されていた。

「機密」のそのメモは、「ビジョンは幅広い支持を得ているが、コンステレーション計画で実際に行なわれていることはビジョンとかけ離れたものになっている」と指摘していた。

コンステレーション計画は「広く信じられているのとはちがい、2020年の月への再着陸に向かって順調に進んではいない」のが実情で、「技術的な進歩に消極的」だった。しかもアレスIのコストは「4年で3倍に増え」、オリオンのコストは「4年で倍増」していた。

ところがこの計画を中止するのは容易ではなかった。NASAはすでにコンステレーション計画に100億ドル以上を投じていた。スペースXのロビイストは新しいNASAの首脳陣の勇気を称えるいっぽうで、道のりは険しいとメールで警告した。

「ロッキードやボーイングの政府事業を中止することよりもむずかしいことが1つだけあるとすれば、それはロッキードとボーイングの政府事業を中止することです」とロビイストは書いた。

2009年11月16日、ホワイトハウスの予算局長ピーター・オルザグと科学技術担当大統領補佐官ジョン・ホルドレンが大統領にメモを提出し、コンステレーション計画は「ご承知のとおり、予算、日程ともに超過しており、もはや『実行不能』である」と伝えた。

「実行不能」という言葉は、ロッキード・マーティンの元CEOノーマン・オーグスティンを委員長とする独立委員会によって下された結論だった。業界の重鎮であるオーグスティンが、かつての自社が携わっている計画にこれだけ批判的な意見を述べているのなら、オバマ政権にはもうそれ以上の援護は要らなかった。オバマ政権はさっそくコンステレーション計画の中止に動き出した。

「アレスIとオリオンの開発コストはすでに推定で約180億ドルから340億ドルへ膨れ上がっている」と、ホワイトハウスの高官ふたりは大統領へのメモに書いた。「それらの宇宙機が完成した場合も、運用に相当なコストがかかるだろう。宇宙ステーションとの行き来には年間20億ドルから36億ドルの費用が見込まれる（ロシアの宇宙船による同ミッションの費用は年間3億ドルから4億ドル）」

オバマは最後の2行に線を引いて、余白に疑問を書き込んだ。「この大きな差の原因は？」

この差が生じるのは、ロシアの宇宙船を利用する場合、米国はロシアに宇宙ステーションまでの輸送費を支払うだけで、ロケットの開発費用を負担しないからだった。とはいえ、それでもまだ数字の大きさは際立っていた。

こうしてふたりは大統領の注意を引いた。

2010年初頭、オバマがついに勝負に出て、コンステレーション計画の中止を発表した。これによりワシントンでは、スペースXのロビイストの予想どおり、はげしい戦いの火蓋が切られた。「大統領が提出したNASAの予算案は、米国の有人宇宙飛行の未来に破滅的な打撃をもたらすものです」と、共和党の上院議員で、歳出委員会の委員を長年務めるリチャード・シェルビーは訴えた。「こんな予算案が成立したら、NASAはもはやイノベーションとハードサイエンスの機関ではなくなります。夢物語とおとぎ話の機関になり果てるでしょう」

コンステレーション計画を始めたNASAの前長官マイケル・グリフィンは、計画を中止すれば「米国はこの先しばらく、有人宇宙飛行で後塵を拝することになります。この予算案によって示された道を進めば、行き詰まることは目に見えています」と批判した。

商業乗員輸送計画の一環として、宇宙ステーションへの宇宙飛行士の輸送を民間に委ねるというオバマの計画も、懐疑の目で見られた。

「いずれは宇宙飛行も民間航空機の旅と同じようになるでしょう。ですがまだその時期ではありません」とグリフィンはいった。「今は1920年のような状況です。リンドバーグはまだ大西洋を飛んでいません。にもかかわらず、オバマ政権はパンアメリカン航空にジャンボジェットを売ろうとしています」

ホワイトハウスはNASAの前長官の批判にはどうにか耐えられそうだった。上院でのシェルビーたちの舌鋒鋭い攻撃にも持ちこたえられそうだった。しかしほどなくもっと厄介な問題が生じた。それは予期せざる問題だった。ニール・アームストロングがほかの宇宙飛行士と連名で、スペースシャトルとともにコンステレーション計画を中止しようとする決定をきびしくとがめる手紙をオバマに送ってきたのだ。

有人宇宙飛行の開拓者たちは、自分たちの世代の夢を捨て去ろうとする決定だと、はげしく憤っていた。彼らは「困難だからこそ」挑戦しようというジョン・F・ケネディの演説に奮い立ち、月面着陸を成し遂げた世代だった。宇宙時代の最初の小さな一歩がやがて人類の大いなる飛躍、火星やその先への到達につながるだろうと信じていた。しかし宇宙飛行士たちがこれまで見てきたのは、後退だけだった。まるでアポロの月面着陸はまぐれであり、二度と繰り返すことのできないものだといわれているようだった。

アポロ計画後、歴代の大統領は宇宙への偉大な冒険を何度となく約束した。新たな月面着陸ミッションを誓いもすれば、火星をめざすとすらいった。しかし何年経っても、何十年経っても、NASAは地表からわずか400キロの地球低軌道上にある国際宇宙ステーションにしか人を送っていなかった。まるでコロンブスが新世界を発見後、誰もそのあとに続こうとしなかったようなものだ。

ホワイトハウスはこのままでは世論を敵に回しそうだった。よりにもよってニール・アームストロングが決定への反対を表明したのだ。オバマ政権にとっては最悪のタイミングだった。オバマケアの呼び名で知られる医療保険制度改革の実現に向けて奮闘している最中だったからだ。いかなることにもそのじゃまをされたくなかった。とりわけ優先順位の高くない宇宙のことで足を引っ張られたくはなかった。まして米国のヒーローに国の最高責任者が批判される事態はなんとしても避けたかった。早急に対処する必要があった。そこでホワイトハウスは大統領自身に事態の早期打開に乗り出させることを決め、補佐官たちがさっそくケネディ宇宙センターで2010年4月15日に行なう大統領のスピーチの準備に取りかかった。それはオバマが任期中に行なった最初で最後の宇宙に関する本格的な演説となった。米国が今後も宇宙分野でリーダーの役割を担い続けることを誓う内容だった。

大統領はまず最初に、最前列の中央に座るバズ・オルドリンに向かって、コンステレーション計画の中止を支持してくれたことに対して感謝の言葉を述べた。そこにアームストロングやサーナンやラヴェルへの反論のメッセージが含まれているのは明白だった。次に、オバマはブッシュの月への再着陸計画を取り上げた。

「はっきり申し上げれば、そこは一度行った場所です。バズも行きました。宇宙にはほかにもっと探査すべき場所がたくさんあります。それらの場所の探査からはもっとさまざまなことを学べるでしょう」

宇宙の探査計画を放棄するつもりはないと、オバマは約束した。史上初めて宇宙飛行士が小惑星に着陸するだろう。2030年代までには人を乗せた宇宙船が火星の周りを回り、やがては「火星への着陸」も実現するだろう、と。ただし実現の時期については、「わたしの生きているあいだに」というだけに留まった。

当時は、オバマがいかにブッシュの計画を破棄し、米国の針路を変更するかに世の中の注目が集まっていた。それでもオバマは既存の産業基盤にも配慮を見せ、ロッキード・マーティンの宇宙船オリオンの維持を約束した。最終的には、ホワイトハウスは議会とのはげしい攻防のすえ、アレスVと同じような重量物運搬ロケットの開発を認めることになる。ただし、アレスIの開発は中止された。

しかしこのスピーチで何より肝心だったのは、実績のない民間部門に地球低軌道までの輸送を委ねる考えを示したことにあった。これはNASAにとっては根本的な方針転換であり、幹部のなかには不安を感じる者もいた。またオバマ政権にとってもきわめて大きな賭けだった。NASAの長官チャーリー・ボールデン自身、側近のガーヴァーと意見が合わず、当初は商業乗員輸送計画に反対した。しかしホワイトハウスの決意は固かった。オバマ政権のもと、NASAは新たな一歩を踏み出し、スペースシャトルを取りやめ、請負業者に国際宇宙ステーションへの飛行ミッションを委託する。そうすることで、NASAは深宇宙へのミッションに重点を置けるようになる。

「民間部門とのこのような協力はうまくいかないとか、愚かだという声もあります」と、オバマはスピーチの中でいった。「ですが、わたしはそうは思いません。現に、NASAは昔から民間の力を借りて、宇宙飛行士を宇宙へ送るロケットや宇宙船を設計し、製造してきました。50年近く前、ジョン・グレンを乗せて軌道を飛んだ宇宙船マーキュリーから、現在、わたしたちの頭上で軌道を飛んでいるスペースシャトルのディスカバリー号まで、いつもそうしてきました。宇宙機そのものを買う代わりに、宇宙輸送のサービスを買うことで、厳格な安全基準を維持することが可能になります。ですが同時に、スタートアップ企業から大手企業まで民間の企業に、大気圏外に人やものを運ぶ手段の設計、製造、打ち上げを競わせることで、イノベーションも加速させたいと思います」

このスピーチの「そこは一度行った場所」というフレーズは、長らく反響を呼ぶことになった。しかし同じぐらい雄弁な写真がある。それは偶然の成り行きから撮られた写真だった。ホワイトハウスはオバマのスピーチのあと、ケープカナヴェラル空軍基地で、宇宙事業に積極的に取り組んでいる姿勢を示せるような、大統領とロケットの写真を撮りたいと考えていた。

コンステレーション計画をめぐる争いで生じた懸念を打ち消すため、ホワイトハウスはロッキード・マーティンとボーイングの合弁事業であるユナイテッド・ローンチ・アライアンスを大統領が訪問することを決めた。そのメッセージは明らかだった。大統領は大規模な計画を1件だけ中止したが、今後も国の宇宙計画では従来の請負業者に重要な役割を担ってもらいたいというメッセージだ。同社のロケットの前でオバマが写真を撮れば、それは支持を意味し、議会の懸念をやわらげる効果があるはずだった。

ところがひとつだけ問題があった。アライアンスはその頃、機密扱いの宇宙機X-37Bの打ち上げを間近に控えていたのだ。674日間、軌道上を回る予定の宇宙機だという。しかし軌道上で何をするのか？　国防総省はそれを明かしていない。完全に秘密だった。計画全体が極秘とされていた。したがって大統領がふらりと立ち寄って、機密扱いのペイロードを搭載したロケットの前で写真撮影をするわけにいかなかった。国家安全保障会議が許すはずがない。

そこでホワイトハウスは急遽、オバマの訪問先をスペースXに変更した。スペースXは大喜びで、世間の注目を集めるにちがいないこの訪問の申し出を受け入れた。強大な政府の請負業者を相手に何年も苦しい戦いを続けてきたスペースXにとって、これは「単なる偶然」（マスク）とはいえ、宿敵との広報戦で優位に立つ絶好のチャンスだった。

マスクはモスデルと何人かの従業員とともに、第40発射台で大統領を出迎えた。大統領はスペースXの面々の案内で、打ち上げ施設を見て回り、発射台にそびえ立つファルコン9の前で写真撮影を行なった。モスデルは胸がいっぱいだった。アメリカ合衆国の大統領と並んで歩いているなんて、信じられなかった。横では自分が組み立てた発射台をマスクが自慢げに紹介してくれていた。

その日の写真は、まさにスペースXの期待したとおりの効果をあげたばかりか、それ以上のものをもたらした。若き大統領が青年実業家と並んで歩く姿は、スペースXの正当性を伝える最高の宣伝になった。

オバマは公には何も話さなかった。発射台で質問に答えることもなかった。スピーチでは「スペースX」という社名すら口にしなかった。それでも大統領がここにいた。脱いだジャケットを無造作に肩にかけて、まるで仲のよい友人どうしのようにマスクといっしょに歩いていた。その写真には大きなインパクトがあった。写真が発しているメッセージは明白だ。それは未来はここから始まるということだ。

まるで大統領がシャンパンのボトルの栓を開けて、ロケットに洗礼を施し、ミッションを祝福すると同時に、ひざまずくマスクの両肩に剣をあてて、王国の一員としてナイトの爵位を授けているようだった。

しかしマスクは大統領の訪問を受けた15分ほどのあいだ、大統領にじっくり観察され、値踏みされているようにも感じた。

ホワイトハウスが賭けたロケットが、今、大統領の目の前にそびえ立っていた。このロケットが宇宙ステーションまで物資を届けることになる。また、NASAがこのロケットを宇宙飛行士を運ぶロケットのひとつに選ぶ可能性も高まっている。

発射台に立つその姿は壮観だった。ただし、ファルコン1よりはるかに複雑な仕組みのファルコン9はまだ一度も打ち上げられたことがなかった。そういう意味では、その時点では単なる展示品であり、月を歩いた男たちの批判をかわすための写真撮影に使われる小道具にすぎなかった。ファルコン1の打ち上げのときに数々の問題が発生したことや、一般にロケットの初回の打ち上げの失敗率が高いことを考えると、ファルコン9の最初の打ち上げが爆発に終わらないとは、マスクも自信を持っていえなかった。

「大統領はわたしが信頼できる奴か、いかれた奴か、見きわめたかったんだと思う」

真実はおそらくその中間にあった。

ファルコン9の最初の打ち上げの前、マスクはふだんとは打って変わって、自分がこれからしようとしていることを大きなことではないように見せようと努めた。これまでずっと、信頼性を高めた格安のロケットをつくれるとか、宇宙の未来を切り拓くのは自分たちのような企業であると豪語し、さんざん誇大宣伝を繰り広げてきたマスクが、過度に注目されたり、期待が高まったりするのを避けようとしていた。

第1段の部分だけ成功すれば、ほかの部分が予定どおりにいかなくても、今回はよしとしたいと、マスクはいった。

「成功するかどうかばかりを強調してほしくない」と、打ち上げの日が近づくと、マスクは記者たちに語った。「民間による打ち上げの将来がこの数日間にかかってると考えるのは正しくはない。それでもそういう期待があることでプレッシャーが大きくなってるのは、確かだ。そのせいで肩にずっしりと重みを感じる。そんなものがなければ、はるかに楽だろうに」

もうそんなことをいっても遅すぎた。ホワイトハウスがスペースXのような民間企業に国際宇宙ステーションへの物資の運搬を任せ、やがては宇宙飛行士の輸送まで委ねるという危険な賭けに出た以上、今回の打ち上げに一企業の命運よりはるかに大きなものがかかることになっても、仕方なかった。宇宙産業の命運と、ホワイトハウスの宇宙計画の少なからぬ部分の命運が、マスクの肩にのしかかっていた。その重圧は、マスクとその威勢のいい企業がみずから進んで担ったものだった。

「ホワイトハウスは退役するスペースシャトルの代わりになるものの開発を支援するため、スペース

X――とおそらくそのライバル2社――に数十億ドルの出資を行なうことを議会に了承させようと努力を続けているが、スペースXが派手な打ち上げの失敗を演じれば、ただでさえむずかしい議会の説得はますますむずかしくなるだろう」と、ウォールストリート・ジャーナル紙は論じた。

オバマが発射台を訪れてから約2カ月後の2010年6月4日、ファルコン9はふたたび発射台に垂直に立てられた。今回は写真撮影のためではなく、打ち上げのためだ。

今回の打ち上げの発射指揮者を務めるのは、モスデルだった。カウントダウンに至るまでの一連のステップをすべて取り仕切るほか、ロケットの状態を点検し、打ち上げの最終準備を整えるのがその役割だ。モスデルは過去に何十回も打ち上げに携わっていたが、一度も飛んだことのないロケットの打ち上げとなる今回は、いつにもまして緊張した。

「どうか成功してくれと、祈りました」とモスデルは振り返る。「打ち上げの準備でこれでもう十分だと思えたためしは、わたしには一度もありません。いつも時間があるかぎり、あれは大丈夫か、これは大丈夫かと調べていました。そういう心配がスペースXの打ち上げでは、十倍にも増えました」

モスデルは発射管制室の後方の席についた。マスクは推進装置と航空電子機器の担当部長とともに前方の技術サポートのエリアで打ち上げを待った。

発射台では、ファルコン9が息をする動物のように音を立てていた。支柱につながれたロケットに大量の燃料が注入され始めると、液体酸素の気化による蒸気がまるで怒った雄牛の荒々しい鼻息のようにはげしく吐き出された。

モスデルは自分に落ち着くようにいい聞かせた。打ち上げの手順に精神を集中し、定められた順番どおりに作業を進めればいい。この台本を信じよう。あとは呼吸だ。重要な段階をクリアするたび、ひとつ深呼吸をしよう。そうすればどうにか最後まで乗り切れるだろう。鼻から息を吸って、口から吐く。それを軌道にたどり着くまで続けよう。

モスデルが各担当者に打ち上げ前の最終確認をし終えると、ローンチディレクター（打ち上げ責者）がファルコン9の「発射準備完了」を告げた。10、9、8というカウントダウンに続いて、エンジンが点火され、ファルコン9が発射台から飛び立った。

モスデルはそこで1回、深呼吸をした。

エンジンが唸りを上げ、炎の尾をたなびかせる。発射から1分を少しすぎた頃、大気圏内で最も大きな圧力がかかる最大動圧点を越えた。

ふたたび深呼吸。

約2分後、第1段のエンジンが停止。

息を吸って、止め、また吐き出す。

深呼吸。

第2段エンジン、点火。

深呼吸。

フェアリングが開く。

そこでまた深呼吸をすると、モスデルの胸と肩からすっと力が抜けた。

ようやく緊張から解放された。マスクも同じだった。失敗に終わるかもしれないという不安がいつになく強かった中で、また成功を積み重ねることができ、喜びをほとばしらせた。ファルコン1ではスペースXが軌道に到達できることを示せたが、ファルコン1はあくまで試験機だった。そして今、それよりはるかに進歩したファルコン9の打ち上げに成功した――それも1回めで――ことで、マスクは「大統領の提案が正しいことを十分に示せた」と勝利宣言を行なった。

またこれはマスクとスペースXが正しかったこと、宇宙船ドラゴンの特殊なデザインがまちがっていなかったことを示す成功でもあった。ドラゴンはやがて国際宇宙ステーションに物資を運ぶ予定になっている宇宙船だ。しかしマスクのアイデアで、ドラゴンには物資を運ぶだけの無人機にはまったく必要のないもの――窓――が備わっていた。


兎がどんどんリードを広げるいっぽう、亀は相変わらず、表に出てこようとはせず、西テキサスの砂漠の奥地の隠れ家で、ひそかに開発を続けていた。しかし、2011年8月24日、耳をつんざくような爆発音が荒野に響きわたった。秘密主義のブルーオリジンが何かを企てている証拠だった。

このときに調べた人がいればすぐにわかったはずだが、2011年4月29日に連邦航空局が実験許可番号11‐006を発行していた。これはブルーオリジンに西テキサスにある同社施設の半径7マイル〔約11キロ〕以内で「再使用型弾道飛行用ロケット、プロパルション・モジュール2(PM2)の打ち上げ」を許可するものだった。

打ち上げの数日前からは、連邦航空局が航空情報「ノータム」を発表して、パイロットたちにその空域に入らないよう注意喚起もしている。

しかしブルーオリジンは打ち上げについていっさい語らず、爆発音のことも認めようとしなかった。公衆に対してだんまりを決め込んだその姿勢は、答えを求める人々をいらだたせた。確かに、ブルーオリジンの実験場の敷地は広大で、いかなる文明社会からも遠く隔たった場所にある。それでもあの爆発は関心を引いた。ソーシャルメディア上で噂が広まり、中にはNASAに電話をかけて、この世の終わりかと思わせる音は何だったのかと問い合わせる人もいた。最後には、ウォールストリート・

ジャーナル紙の記者が爆発音の話を聞きつけて、ブルーオリジンのロケットが爆発していたことを記事に書き、この事故で「民間宇宙ベンチャーの重大なリスクがあらわになった」と指摘した。

以前から、ブルーオリジンの秘密主義の徹底ぶりは、ほとんど常軌を逸したものになっていた。情報を外部に漏らさないことに執念を燃やし、自社への訪問者には秘密保持契約に署名させた。あるコンサルタントがブルーオリジンの休日のパーティーに妻を同伴しようとしたところ、同伴は可能だが、妻にも秘密保持契約に署名させることが必要だといわれた。たとえサンタクロースがパーティーに現れたとしても、世界はそのことを知ることはなさそうだった。

とはいえ、ロケットの爆発を目撃した――振動まで感じた――西テキサスの住民は少なくなかった。住民たちはあんな辺鄙な場所でこそこそと何が行なわれているのか、いぶかしみ始めた。国道54号から脇道に入った所にある施設の入り口には、ひと組みの街灯と監視カメラしかなかった。住民が知っているのは、カルト集団が自分たちの近くにいるということだけだった。

ＮＡＳＡもいらだちを募らせた。ＮＡＳＡはこのとき、商業乗員輸送計画でブルーオリジンと提携し、すでに２５７０万ドルの契約を交わしていた。ベゾスの自己資金だけで運営されてきたブルーオリジンは、長年、誰に対しても説明責任を負わなかった。しかし、今は政府と提携していた。ロケットの爆発があったのなら、なんらかの説明をしてしかるべきだった。

ＮＡＳＡの広報部長デイヴィッド・ウィーヴァーはブルーオリジンの広報担当者に電話をかけて、ロケットの爆発に関する声明を発表するよう要請した。隠し事は謎めいた企業に対する憶測を呼ぶだけだ。もうそういうことは許されない。沈黙を続ければ、陰謀説がどんどん広まる、と。

結局、爆発から１週間以上経ってから、ベゾスが自社サイトのブログに「打ち上げの成功と失敗と次の宇宙機」と題する文を書いた。これは２００７年にゴダードの試験についてブログが書かれて以来となるサイトの更新だった。

ベゾスは最初にいい知らせとして、「3カ月前、2回めの打ち上げ試験に成功しました」と書き、飛行高度のあまり高くはない垂直離着陸の試験に成功したことを発表した。

そして次のように続けた。「ですが、先週、試験飛行で機体を失いました。そのときの速度はマッハ1・2、高度は約1万4000メートルでした」。これはブルーオリジンが音速の壁を超えたことを伝えていた。

「不安定な飛行によって迎え角《かく》に大きな変化が生じたせいで、安全装置が作動し、機体の推力が切られました」。いい換えるなら、ロケットが予定の針路から逸れ始めたので、エンジンが自動停止し、墜落したということだ。

「このような結果はもちろん誰も望んでいませんでした」とベゾスの文章は続いた。「ですが、初めから困難は覚悟のうえです。ブルーオリジンのチームはすばらしい仕事をしています。すでに次の試作機の開発に取り組み始めています」

最後は、「グラダティム・フェロシテル（一歩ずつ、果敢に）！」と結ばれていた。

11月、ブルーオリジンは5月に行なわれた打ち上げ試験の映像を自社サイトにアップロードし、自社のロケットを初公開した。プロパルション・モジュール2と名づけられたそのロケットは、まだ荒削りで、穀物サイロのようなずんぐりとした形だった。煙と砂埃が舞い上がる中、炎を吐き出して発射台から飛び立つと、高度およそ90メートルまで上昇し、そこで一瞬、静止したあと、降下を始め、ゆっくりともとの場所に戻ってきた。まるで人形遣いによってそっと舞台に下ろされる操り人形のようだった。

数十年来、ロケットで最も重要なのはエンジンとされてきた。しかしこのロケットには従来とはまったくちがうもの、これまでは不要だったものが備わっていた。

このロケットは脚つきだった。

その年のすえ、2011年12月8日、ロリ・ガーヴァーはジェフ・ベゾス自身の案内で個人的に社内見学をさせてもらうことになり、外部の目にめったに触れることのないブルーオリジンの厚いベールの裏側を垣間見た。

ベゾスとふたりで2万8000平方メートルもあるだだっ広い施設の中を歩いていてまず感じたのは、ベゾスがこの場所にとてもなじみ、くつろいでいることだった。ベゾスは従業員ひとりひとりの名前のほか、出身校や現在の作業内容まで知っていた。従業員たちもベゾスを見て、驚かなかった。ここでは世界で指折りの大富豪にしてアマゾンの王も、ただのジェフだった。

「よく行なわれているCEOの社内見学とは、まるでちがいました」と、ガーヴァーは振り返る。

ブルーオリジンのようなスタートアップ企業を信頼することに対して、議会やNASA内から批判を浴びるガーヴァーは、ブルーオリジンが他社とはちがうことを示す直接的な証拠がほしかった。いかにこの企業が産業に破壊的な変化を起こすことができるか。いかに安くてなおかつ信頼性の高いロケットを開発できるか。

スペースXはそれをすでに証明してみせていた。第40発射台を見るだけでもその抜きん出た創造性の高さはわかったし、ロケットを自社で一貫製造しているのも画期的なことだった。ブルーオリジンにもそういうものがないだろうか。ガーヴァーはそれを知りたかった。

その答えのひとつは、クエン酸だった。

当初、ブルーオリジンは再利用されるエンジンノズルの洗浄に毒性の高い洗浄剤を使っていた。しかしその洗浄剤は高価なうえに、扱いづらかった。毒性が高いので、特別な洗浄室で使う必要があった。そんなとき、クエン酸にも同じ洗浄力があることを従業員のひとりが発見した。以来、ブルーオリジンは安価で使いやすく、しかも洗浄力の高いクエン酸を大量に買い始めた。

「今、米国でいちばんレモンジュースを買っているのは、わたしでしょうね」と、ベゾスはいい、いつものように呵々大笑した。

ブルーオリジンを応援したいという気持ちから、熱心にいろいろなことを尋ねるガーヴァーは、1時間後にはすっかりベゾスの信頼を得たようだった。会議室で座っていると、ベゾスが身をよせて、こう切り出した。「じつは聞いてほしい大型のロケットの話があるんですが」

ブルーオリジンは試験機PM2のほかに、宇宙の入り口まで有料で観光客を連れて行く弾道飛行用ロケットだけではなく、軌道飛行用ロケットの計画もすでに描いているという。それはスペースXのファルコン9に対抗できるロケットだった。

ガーヴァーはベゾスにその計画を公に発表してもらいたかった。そうすれば大々的に報じられて、オバマの宇宙計画の力強い後押しになるにちがいなかった。米国製のエンジンで新しいロケットをつくる民間産業が生まれつつあった。この新産業はNASAとの協力を望んでいた。だからこそベゾスもガーヴァーに新しいロケットの話をした。

しかし、ベゾスに公にその話をさせることはできなかった。時期尚早だという。何事も実現するまでは公表しないのが、ブルーオリジンの流儀だった。

それでもベゾスは今回、打ち上げや試験を行なう自社の施設にガーヴァーを招いていた。そこはブルーオリジンの新しい弾道飛行ロケットの試験が行なわれている場所であり、秘密の魔法が繰り広げられている場所だった。

とはいえ、ＮＡＳＡのナンバーツーに門戸を開いたからといって、ブルーオリジンの極度の秘密主義に変化が生じたわけではなかった。ガーヴァーに同行したＮＡＳＡのカメラマンは、工場フロアへの立ち入りを認められなかった。社内見学の終了まで外で待たされて、それから人物の撮影だけ許された。

カメラマンはベゾスとガーヴァーのツーショットのほか、社長のロブ・マイヤーソンや、事業開発・戦略部長のブレットン・アレクサンダーをはじめとする幹部陣の写真を多数撮った。しかしブルーオリジンの担当者から、公開の前に写真をすべてチェックさせてほしいと求められた。

結局、ブルーオリジンが公開を許したのは、１枚だけだった。

第10章　「フレームダクトで踊るユニコーン」

1950年代末、ケープカナヴェラルで宇宙時代が始まると、それまで活気のなかった隣町タイタスヴィルでは、住民たちが月面着陸の成功を信じるだけでなく、町に魅力的なニックネームをつける絶好の好機と考えた。「ミラクル・シティ」というのが、住民たちが町につけた呼び名だった。

政府の冷戦資金の流入に伴って、1950年にわずか2604人だった町の人口は1970年までに3万人を超えた。敷地面積3万平方メートルのショッピングセンター「ミラクル・シティ・モール」も新たに建設された。このショッピングセンターは「近隣の宇宙時代の事業と同じぐらいモダン」だといい、そのテナントの募集パンフレットには、「ミラクルな利益を約束する」と謳われていた。

「ミラクル・シティ」などというと、フロリダのリゾート開発業者が使う浮ついた宣伝文句のように聞こえるかもしれない。しかしタイタスヴィルにぴったりの呼び名だった。この静かな海岸沿いの地域で起こったことは、まさにミラクルと呼ぶのがふさわしかった。NASAが誕生したのは、1958年のことだ。それからわずか3年後、ほとんどゼロから立ち上げられた米国の宇宙計画によって、アラン・シェパードが米国人として初めて宇宙空間に達した。さらに10年後、シェパードは月面に降り立って、アポロ14号に忍ばせておいた6番アイアンで、バンカーショットまでしてみせた。

1960年代を通じて、莫大な予算を与えられたNASAはすばらしいショーを披露した。新しいロケットと宇宙船を開発するとともに、不可能を可能にする宇宙飛行士の第1世代を育成し、同時に、ロシアに先んじて月面着陸を成し遂げて、世界を驚かせた。さらに、この即興的なドラマにふさわしい立派な舞台として、第39A発射台も建設した。

第39A発射台はフロリダの海岸に摩天楼のようにそびえ立ち、塔の高さは150メートル近くあった。宇宙飛行士たちは打ち上げに臨むとき、まずはエレベーターで塔の最上部まで運ばれた。そこからは海岸線に打ち寄せる波が見え、それが地上で見る最後の景色になった。また、ロケットの搭乗口へとつながる橋のすぐ手前の足場の上には、電話もあった。子どものおもちゃのような金ぴかの電話で、だぶだぶした宇宙服とグローブを身につけたままでも使えるよう、特大のボタンがついていた。

第39A発射台が舞台だとするなら、舞台で花形の主役を演じたのは、怪物ロケット、サターンVだ。サターンVに搭載された5基のエンジン――「V」はエンジンの数――にはニューヨーク市全体の消費電力の1時間ぶん以上に相当する力があった。毎秒15トンもの燃料を消費し、燃料満タン時の重量は2800トン以上に達した。300万個の部品からなり、現在に至るまで史上最大のロケットになっている。エンジンを点火すると、エンジンから噴出された炎と厚い煙の柱が2階建てのビルの高さぐらいにまで立ちのぼる。発射台の外に炎を放出するための溝（フレーム・トレンチ）には地下鉄のトンネルと同じぐらいの幅があった。轟音もすさまじく、地鳴りのように数キロ先まで響きわたった。タイタスヴィルの人々のあいだでは、サターンVが飛び立ったのか、フロリダが海に沈んだのかわからないという冗談が交わされた。

NASAは第39A発射台で数々の重要な打ち上げを実施した。ニール・アームストロングとバズ・オルドリン、マイケル・コリンズを乗せたロケットが1969年、月に向けて打ち上げられたのもこの発射台だ。1972年には、最後に月を歩いた人間、ユージン・サーナンがここから飛び立った。

次から次へと打ち上げが行なわれた第39A発射台は宇宙時代のブロードウェー、どんなに壮大な演目でも上演できる巨大な円形劇場だった。１９８１年、最初のスペースシャトルはここから軌道に向けて発射された。30年後、スペースシャトルの最後の打ち上げが行なわれ、有人宇宙飛行の黄金時代に終止符が打たれたのも、ここにおいてだった。

しかし２０１１年、スペースシャトルの退役がだしぬけに決まると、フロリダの宇宙海岸には驚き――と反発――が広がった。この新しい現実をどう受け止めていいのか、わからなかった。50年にわたる輝かしい打ち上げの歴史を持つ米国が突然、宇宙飛行士を宇宙へ送る手段を失ったのだ。今後は、宇宙へ行くときには、ロシア――かつて月への先陣争いで退けた相手――に頼らなくてはいけなかった。

アポロ計画の夢は潰《つい》え、それとともにその舞台も朽ちていった。

ケープカナヴェラルに残されたのは、偉大な有人宇宙飛行計画の残骸だった。打ち上げクルーの待避場所だったシェルターを覆うように立つ塔は、もはや使われておらず、未来の考古学者たちにこの神聖な場所でかつて何が行なわれていたのかの手がかりを与えるだけの遺物と化していた。錆びついた発射台の骨組みは、解体されるか、埋められるかしていて、すでに姿を留めていなかった。昔そこに何かがあったことを示すのは、雑草に覆われたどこにも通じていない道だけだった。

第39A発射台からさほど遠くない所に第14発射台がある。第14発射台のいかめしいゲートには、「自由世界で初めて軌道に到達した人間が飛び立った場所」という説明が掲げられている。もちろんこれはジョン・グレンのことだ。ソ連のユーリ・ガガーリンが人類で初めて宇宙空間に到達した翌年、ジョン・グレンはガガーリンと同じ偉業を成し遂げてみせた。

ツアーバスはここには立ち寄らなくなっており、博物館にあるような説明パネルに目を留める人はほとんどいない。さんさんと照るフロリダの太陽の光で色あせ、潮風で曇ってしまった説明パネルには、第14発射台の歴史のすべてが書かれていた。始まりはジョン・グレンではなく、ケンタッキー大学とニューメキシコ州のホロマン空軍基地で宇宙飛行の訓練を受けたカメルーン出身のチンパンジー、イーノスだった。

「1961年11月29日、マーキュリー - アトラス5号で飛んだイーノスが、米国で地球周回軌道に送られた最初の生き物になった」と説明パネルにはある。「イーノスは宇宙に合計3時間21分滞在し、3カ月後の米国初の有人軌道飛行の実現に貢献した」

ゲートから中へ入ると、草の生い茂った発射台の手前に駐車場があり、そこにも未来の考古学者の興味を引きそうなものがあった。4台ぶんある駐車スペースにはそれぞれ、第14発射台からマーキュリー号で宇宙に飛び立った4人の宇宙飛行士の名前と軍の階級を記したプレートが据えつけられていた。「ジョン・H・グレン・ジュニア中佐」、「M・スコット・カーペンター少佐」、「マーティン・M・シラ・ジュニア少佐」、「L・ゴードン・クーパー少佐」。

ただ、駐車場はがらんとしていて、幽霊になった宇宙飛行士たちが戻ってくるのを待っているようだった。

使われなくなった第39A発射台は、潮風ですっかり錆びていた。フレーム・トレンチには雑草が目立ち、焦げ跡から新しい草が伸びていた。塔の足場に据えつけられた宇宙飛行士用の電話はそのまま残っていたが、もはや電話をかける人も受ける人もおらず、特大の金色のボタンは褐色に変わっていた。

ケネディ宇宙センターの外では、経済基盤を失った宇宙海岸の衰退が著しかった。ミラクル・シティ・モールにも当然、影響は及んだ。最後のスペースシャトルが打ち上げられたときにはすでに大半の店が撤退し、残っているのは百貨店チェーンのJCペニーとホットドッグ店の2店だけになっていた。結局、ミラクル・シティ・モールはその後、閉鎖され、取り壊された。

かつては米国の創意の才を示す記念碑として、またジョン・F・ケネディの月への情熱を体現するものとして立っていた第39A発射台が、今では米国の宇宙事業の停滞の象徴だった。維持費を抑えるため、NASAは大部分をすでに解体していた。それでも維持費は月に10万ドル以上かかり、減るどころか増えつつあった。広報担当者も、「危険な状態ではありませんが、管理が行き届いているとはいえません」と認めた。

建設されてから約40年経った2013年、NASAはこの発射台の扱いに苦慮していた。基礎構造は国の歴史登録財に指定されているので、処分してしまうことができなかった。

使われていない第39A発射台は、ただの古い塔だ。それはNASAと納税者の重荷であり、過去の栄光の痛々しい名残でしかなかった。この状態を打開する唯一の方法は、引き継いでくれる人物を見つけることだった。ただし、自分でお金を払って、これだけのものを解体し、輝きを失った発射台に新しい命を吹き込みたいという奇特な人物を見つけなくてはならなかった。

修理の必要な発射台をあえて借りようとする人間がおおぜいいるとはNASAも思ってはいなかった。ただ、ひとりだけ、借り手の候補として目をつけている人物がいた。それはロケットを手がけた経験がまったくないにもかかわらず、ゼロから宇宙企業を立ち上げ、火星への移住について語っている風変わりな大富豪だった。可能性はまだ未知数のその人物の名は、イーロン・マスクといった。

この頃のマスクは絶好調で、やることなすことすべて図に当たっていた。

ファルコン9の打ち上げに成功したあと、スペースXは物資だけでなく宇宙飛行士も乗せられる新しいドラゴンの開発に取りかかっていた。さらに、ファルコン・ヘヴィーと名づけられた大型ロケットの構想についても語り始めた。それはマスクの当初の目的である火星移住の実現をめざすためのロケットだという。マスクはBBCに次のように話し、料金まで口にした。「火星までの往復チケット、50万ドル。不可能ではありません」

２０１２年５月、スペースXは国際宇宙ステーションまで宇宙船ドラゴンを飛ばすというまた次の大きなステップに向けて、取り組んでいた。ロケットを打ち上げるのも大仕事だが、宇宙船を軌道に乗せ、軌道上の宇宙ステーションに係留する、つまりドッキングさせるのはそれよりもはるかに難易度が高い。実際、これまでに３つの国——米国、ロシア、日本——しか、成し遂げていない。

プレッシャーの大きさは並大抵のものではなく、スペースXの従業員の中には何カ月も休まずに働いている者もいた。ドラゴンが宇宙ステーションに到達するまであと数時間と迫ったとき、徹夜の作業で疲れ切っていたあるエンジニアは、社名の看板が掲げられている本社の壁にもたれかかって、物乞いのように「腹が減って、くたくたです。どうか、ドッキングを」といい、成功を祈った。

米国人宇宙飛行士ドン・ペティットが国際宇宙ステーションの長さ17メートルのロボットアームを操作し、世界最新の宇宙船ドラゴンをつかんだのは、オーストラリアの上空を飛んでいるときだった。その後、宇宙ステーションの飛行士たちは地球の周りを時速2万８０００キロで飛び続けながら、慎重にドラゴンのカプセルを正しい位置に導き、史上初めて民間の宇宙船とのドッキングを果たした。「ドラゴンを1匹、捕まえたようだ」と、ペティットはヒューストンのNASAの管制官に告げた。

ロサンゼルス近郊のスペースXの本社では、従業員たちが大歓声を上げ、ボスの名前を連呼した。「ウィー、ラブ、イーロン！」。この頃には熱狂的なマスクの信奉者が増え始めるいっぽうで、スペースXも大きく成長を遂げ、従業員数は2000人以上（平均年齢30歳）を数え、契約総額は40億ドルに達していた。

「これは宇宙旅行の実現に向けた歴史的な一歩だと受け止められるだろうと思った」と、マスクはのちに語っている。「いよいよここからがほんとうの始まりだ」

2013年3月1日、スペースXは宇宙ステーションへの2回めの物資運搬を行なうため、ファルコン9を打ち上げた。ロケットの打ち上げは万事順調だったが、1時間もしないうちに、ドラゴンに不具合が生じていることがわかった。

「軌道にはぶじに到達しましたが、ドラゴンにたった今、なんらかのトラブルが発生したもようです」と、ファルコン9の主席エンジニア、ジョン・インスプラッカーが、ウェブ中継を中断する前に説明した。「これからただちに状況を調べます」

管制室では、スペースXのチームが懸命に何が起こったのかを探り、ほどなく原因を突き止めた。バルブが閉じたまま動かなくなっていたのだ。

先進プロジェクト主任のスティーヴ・デイヴィスは最悪の事態に備え始めた。もはやミッションを完全に中止して、宇宙船を地上に戻さざるをえなそうだった。しかし、ほかのクルーたちはそれにも不安を抱いた。「地球に戻せるほど、宇宙船は正常に機能するのか」。デイヴィスはそのときの状況を次のように振り返っている。「誰にも確信はありません。緊急再突入に備えるなんて、まったく初めてのことです。手に負えそうもないほどたいへんなことに思えました。宇宙空間を飛んでいるものをつかまえて、引き戻さなくてはいけないんですから。リアルタイムで機体のルートを切り替えなくてはいけません。ぞっとしましたよ。わたしたちはもうパニック状態でした」

チームは前にも同じようなパニック状態を経験していた。2010年末、ドラゴンの初の試験飛行となるファルコン9の2回めの打ち上げの直前、ロケットの最終点検で、第2段エンジンのノズルスカートにひびが見つかったときだ。血の気が一瞬にして引いた。

「まさか、ひびが入ったまま、飛ばすわけにはいきません」と、デイヴィスはいう。「わたしたちは『おい、どうする?』というように顔を互いに見合わせました」

ふつうであれば、ロケットを分解して、ノズルスカートを交換し、再点検するところだ。ただしそうすると、打ち上げの実施は1カ月先に延びる。誰もそんなに長く待てなかった。

そのとき、マスクがとんでもない解決策を思いついた。「ノズルスカートを切ったらどうだ。文字どおり、じょきじょきと切ってしまったら」。つまり、エンジンの下部をまるで爪を切るように切り落としてしまえというのだ。

「イーロンはひとりひとりに『それで悪影響が出ると思うか』と確認しました」

デイヴィスは、短くなるぶん、機能はいくらか低下するだろうと答えた。「ですが、もともと長さにはだいぶ余裕を持たせていましたから、問題はありませんでした」。全員、マスクの案に同意した。「30分も経たずに、意見がまとまりました」

そうと決まると、さっそく専門の技師がカリフォルニアからケープカナヴェラルへ飛行機で呼び寄せられた。技師は生け垣の剪定に使うような大ばさみで、ひびの入った部分をきれいに切り落とした。「おかげで翌日、ぶじに打ち上げることができました」とデイヴィス。「一時は絶望しかけましたけど、結局、すばらしい結果に終わりました」

これはNASAではありえない対処の仕方だった。しかしノズルスカートを切っても影響は出ないというスペースXの考えにはNASAも同意し、打ち上げを許可し、問題に対処するスペースXの迅速さに目を見張った。

今、バルブが動かないというトラブルにスペースXは見舞われていたが、NASAはあえて手出しをしなかった。

NASAの有人探査運用局の局長ビル・ガーステンメイアーと、宇宙ステーション計画室の室長マイケル・サフリディーニは管制室で、スペースXのチームが「どうやってバルブにげっぷをさせるか」を静かに見守っていた。どちらもNASAの大ベテランで、勤続年数はふたり合わせると60年近かった。スペースシャトルの二度の悲劇のほか、これまでにありとあらゆる問題を見てきた。今、また目の前でNASAが危機に直面しようとしていたが、ふたりは互いに小声で言葉を交わすだけだった。

そばに立つNASAの副長官ロリ・ガーヴァーは、やきもきしていた。スペースXがトラブルに見舞われている。それもかなり大きなトラブルのように見受けられる。もしドッキングできず、ミッションが失敗に終われば、この民間企業を信頼したオバマ政権への批判はふたたび高まるだろう。このミッションにはどうしても成功してもらいたかった。そのためにはドラゴンを窮地から救う方法をただちに見出さなくてはいけない。

誰かにこの事態への対処を委ねるとしたら、ガーステンメイアーとサフリディーニ以上の適任者はいない。ところがNASAの長老ふたりは、子どものように見える若いスペースXの面々を見守るばかりだった。ときどき簡単な助言をしたり、ささやきかけたり、指摘したりすることはあっても、基本的には手を貸さず、若者たち自身に問題を解決させようとした。

ガーヴァーとしては、ふたりに解決を任せ、すみやかにスペースXを救い出したかった。が、ふたりは干渉しようとはしなかった。

「父親というより祖父という感じでした」とガーヴァーはいう。「孫を魚釣りに連れてきた優しいおじいちゃんのようでした。『ほれ、そこを試してみろ。あそこには何匹かいそうだぞ』と」。がまんできずに子どもから竿を取り上げて、自分で魚を釣ろうとする父親ではなく、子どもが自分で魚釣りを覚えられるよう、穏やかに導く祖父というわけだ。

「口出しできることがあれば、そうしていたでしょう」と、ガーステンメイアーは回想する。だが、ドラゴンはNASAの宇宙船ではなかった。長老たちに指揮権はなかった。

「われわれの立場はあくまでアドバイザーでした」とサフリディーニはいう。「高度な助言はできても、助けることはできません」

ふたりが見守る中、管制室の若者たちはしだいに問題の解決に近づいていった。バルブが閉じたまま動かないことが問題なのだから、それをなんらかの方法で開ければよかった。とはいえ宇宙船は地球の周りを時速2万8000キロで飛んでおり、それは容易ではなかった。しかし、バルブの前側の圧を高めておいて、いっきにその圧を抜けば、その衝撃でバルブが開くのではないかと、スペースXのチームは思いついた。

「いわば宇宙船でハイムリック法〔気道に詰まった異物を取り除く救急法〕を試みたんだ」と、マスクはのちにいっている。

すぐにエンジニアのひとりが大急ぎで、宇宙船に圧を高めさせるプログラムを書いた。新しいプログラムが書き上がると、それをドラゴンに送信した。ちょうどiPhoneのアップデートのような要領だった。そのとき、NASAの3人は尋常ならざることを目の当たりにしていることに気づいた。それは宇宙船の問題が見事に解決されたことではない。問題の解決なら、四六時中行なわれている。驚いたのは、問題を解決するその速さだった。

「スペースXはもともとすばやい対処を旨とする企業でしたが、この日はそれが際立っていました」と、サフリディーニはいう。「宇宙船のシステムとソフトウェアを熟知していることが、彼らの大きな強みのひとつです。おそらく即席でコードを書いた若者がいたのでしょう」

ただ、宇宙船との通信には手こずった。コードは書けたものの、それを宇宙船になかなか送れなかった。そこで空軍に電話をかけて、空軍の強力なパラボラアンテナの利用を許可してもらった。それによってやっとコードを送信することができた。

コードを実行すると、見事にバルブが開き、ドラゴンは宇宙ステーションとのドッキングをぶじに果たせた。

スペースXのチーム全員がこれでようやく安堵のため息をつけた。

「あれには参った」とマスクはのちにいっている。「一時は、ミッションの中止も覚悟したよ。だが、どうにか新しいソフトウェアをアップロードして、難局を乗り切れた」

後ろで見守っていた祖父たちも喜んだ。孫たちが自分の手で大きな魚を釣り上げてみせたのだ。

これがスペースXの転機、おとなの仲間入りをするための通過儀礼になった。これまでも入学はしていた大学で、選ばれた者だけが入れるエリートクラブへの入会を認められたようなものだ。しかしスペースXが頂点へのぼり詰めつつあることを何より象徴したのは、第39A発射台が民間企業であるスペースXの手に渡ったことだった。それはスペースXに牽引されて新しい宇宙時代が始まったことも告げていた。2013年、マスクは第39A発射台を取得する契約書に署名した。そのときにはすでに、世界で最も由緒のある発射台がマスクのものになることは当然の成り行きに見えた。

NASAの上層部の一部にとっては、NASAはサインひとつでスペースXに第39A発射台を渡し、いっさい口出しをせず、ただ発射台を引き継いでくれたことに感謝していればよかった。それで一件落着のはずだった。しかしそれでは問題があると考える者もいた。本来であれば、たとえ形だけであっても、入札が必要だったからだ。もちろん、ほかに入札者がいるとは誰も思っていなかった。何百万ドルもかけて修理しなくてはいけない中古の発射台など、誰が欲しがるだろうか。

ところが、まったくだしぬけに、NASAに入札したいと伝えてくる企業があった。その企業とはほかでもない、何年も沈黙し、秘密裏にロケットの開発を続けてきたブルーオリジンだった。ブルーオリジンはこの頃、少しずつ表舞台に姿を現そうとし始めていた。

1年前の10月、ガーヴァーはブルーオリジンをふたたび訪ねた。今回は西テキサスの打ち上げ施設へ行った。ベゾスが秘密裏に土地の買い占めを始めてから10年近く経っていたこの頃には、エンジン試験場や発射台も完成し、施設の設備は完全に整っていた。

ガーヴァーが特に興味を引かれたのは、試験場だった。ちょうどNASA自身がエンジン試験場の改修を検討していて、その改修に3億ドルという彼女には信じられないほど莫大な費用がかかると聞かされていたときだったからだ。ブルーオリジンの試験場を見て回りながら、案内役の若いエンジニアに建設費を尋ねてみた。すると、3000万ドル程度でしょうという答えが返ってきた。

わずか10分の1の費用だった。ガーヴァーは驚くとともに、あらためて民間産業の効率のよさを思い知らされた。「NASAのロケットをここで試験することは可能か」と従業員に訊いてみたが、いい顔はされなかった。政府機関の官僚主義につき合うのはごめんだというようすだった。

試験場のほかに、オフィスの壁にかかっている奇妙な図もガーヴァーの目に留まった。それは格子状に線が引かれた図で、各マス目はそれぞれテキサスの砂漠の一区画を示していた。ブルーオリジンが数日後に、ロケット事業者の「避難訓練」である発射台脱出試験の実施を控えているときだった。

発射台脱出試験とは、発射台上でロケットに異常が発生したとき、宇宙飛行士の乗ったロケット先端のカプセルを安全な場所まで飛ばせるかどうかを確認するための試験だ。

この試験では、ロケットに異常が発生したことを想定して、発射台に直接置いたカプセルのエンジンを点火し、カプセルをできるだけ遠くの安全な場所まで飛ばすことがめざされる。ガーヴァーがオフィスで目にした図は、そのカプセルの予想着地点を書き込むためのものだった。カプセルは数百メートル上空に打ち上げられたあと、パラシュートで安全に地上に降りてくる。ブルーオリジンのチームはその着地点を当てるゲームをしていた。５ドルで１つのマス目を選べる。自分が選んだマス目の区画にカプセルが降りれば、勝ちだ。

ガーヴァーもマス目を１つ選んだが、勝った場合の賞金はチームに寄付するといい添えた。数日後、２０１２年10月19日、ブルーオリジンの事業開発・戦略部長ブレットン・アレクサンダーからメールが届いた。

「成功‼」と件名の欄にあった。

「最高の発射台脱出試験でした！」と、アレクサンダーは書いていた。「データの分析はこれからですが、見た感じでは完璧でした！」

「それはそれは、おめでとうございます！　ちょうどメールを差し上げようと思っていたところです!!!」とガーヴァーは返信した。

「着地点を当てた人間は11人いて、あなたもそのひとりです‼　予定の着地点から３４０センチしか離れていなかったんです‼　賞金はビールと、スコッチと、テキーラに使わせてもらいました;)」とアレクサンダーからさらに返信があった。

「みなさん、さぞかしゲームの結果にも、精確さにも喜ばれたことでしょうね;)」

それから数カ月後、2013年の1月、ブルーオリジンからまた新しい知らせが届いた。社長のロブ・マイヤーソンがNASA長官チャーリー・ボールデンとガーヴァーにメールを送り、ニューシェパードに搭載するエンジンの開発が大きく前進したことを伝えてきた。

「本日は、航空博物館への訪問にごいっしょできず、残念です」と、マイヤーソンは1月15日に書いた。「直前まで伺う予定でいたのですが（一度はコートまで着ましたが）、やはりケントに残り、西テキサスの弊社の施設で行なわれる新エンジンBE-3の最初の試験に立ち会うことにしました。ブルーオリジンが開発したBE-3は、液体酸素と液体窒素を推進剤に使う推力4万5000キロのロケットエンジンです。最初の試験につきものの障害を乗り越えたのち、本日の午後4時頃、試験に成功しました。これはブルーオリジンにとってきわめて重要な一里塚をなすもので、多年の努力が報われた結果です」

マイヤーソンは続けて、感謝の意を表し、NASAの支援のおかげで開発にかかる時間を1年短縮できたと述べた。

これはほんとうに「きわめて重要な一里塚をなすもの」だった。まさにビッグニュースであり、宇宙業界のヘンリー・フォードが誕生した瞬間ともいえた。あのジェフ・ベゾスがロケットエンジンをつくり始めたのだ。これはNASAやホワイトハウスの絶好のPRのチャンスになると、ガーヴァーは直感した。NASAと政府は2570万ドルの契約でブルーオリジンを後押しするとともに、民間宇宙産業を支援しようとしていた。したがってガーヴァーとしては、このブルーオリジンの成功をぜひ大々的にアピールしたかった。議会や業界、あるいはNASAの上層部内の懐疑的な人々全員に、民間の企業でも政府の支援を受ければ、このような成果を上げられることを知らしめたかった。

「NASAの支援で開発を1年早められたといっていただけたことが、特にうれしいです」と、ガーヴァーはマイヤーソンにメールで伝えた。「そのことを今後のスピーチや公聴会の証言などで、もっと広く世間に知らせられればと思っています。そのような広報活動にみなさんのお力添えをいただくことはできるでしょうか?

貴社が『静かな企業』であることは承知しています」とガーヴァーは続けた。「ですから、わたしもみだりにこの情報を広めようとは考えていません。いずれにしましても、官民のチームの協力でこのようなシナジーが生まれることはほんとうにすばらしいと思います」

結局、このエンジン試験の成功はブルーオリジンから発表されるにはされたが、1カ月以上あとになってからだった。それも、今後ブルーオリジンがNASAとの協力でどのようにエンジンの試験を続けていくか(ただし追加の出資は受けない)を説明した報道発表の中で、簡単に触れられただけだった。

その報道発表で、ブルーオリジンは2014年には引き続きロケットとカプセルの試験を段階的に進める計画だといい、「パワーと作動システム、宇宙空間における推力、航空電子機器、飛行メカニクスに重点を置きます。また誘導、航行、制御の各システムも向上させる予定です」と述べた。

これはつまり、ベゾスがいよいよ宇宙飛行を始めるという意味だった。

ベゾスは開発中の新しいロケット――社内での通称は「ベリー・ビッグ・ブラザー」――の打ち上げには第39A発射台を使いたかった。ベゾスにとって国の宝である第39A発射台は、アポロ11号の打ち上げを見て「人生を決定づけられた」5歳のとき以来、あこがれの場所だった。もしマスクがその独占使用権を得たら、それはNASAがアポロ計画の正統な後継者としてスペースXを選んだといっているのに等しかった。

ブルーオリジンは10年近く、脇役としての地位に甘んじてきた。だが、もうちがう。沈黙を続けるのは終わりだ。第39A発射台は、象徴的な意味も含め、あまりにも特別な施設であり、他人の手に渡るのをむざむざと許すわけにゆかなかった。NASAが手放すというなら、ベゾスはなんとしても獲得したかった。

ベゾスのチームは2013年、由緒ある発射台が1社によって独占的に使われるべきではないと訴えて、その使用権を得ようと努力を続けた。スペースXとちがい、ブルーオリジンはボーイングやロッキード・マーティン、さらにはスペースXなど、他社と共同で利用することを約束していた。

NASAは両社を天秤にかけ、それぞれの長所と短所を検討した。マスクとのあいだにはすでに長いつき合いがあった。スペースXへの出資額は何十億ドルにものぼった。さらにオバマ大統領が数年前、第40発射台への訪問によって、暗にスペースXの成功を祈ってもいた。

いっぽうのブルーオリジンはというと、第39A発射台から打ち上げられるロケットをまだ持っていなかった。全速力で走り続ける兎が亀のはるか先を進んでいた。遅々とした歩みの亀も、やがては兎に追いつけるのかもしれない。それでも今は、大きく引き離されていた。勝負は接戦にすらならなかった。マスクの圧勝だった。マスクは歴史的な発射台を手に入れるとともに、ベゾスとの初の直接対決にも勝利を収めた。

これで決着がついたかに見えた。しかしベゾスはあきらめなかった。ブルーオリジンは法的な手段によって、この結果を覆そうとした。今回のNASAの選定基準には重大な欠陥があるというのが、ブルーオリジンの主張だった。発射台は複数の企業によって使われる「商業宇宙港」にするべきだと訴えた。

さらに強力な援軍として、ロッキード・マーティンとボーイングの合弁企業ユナイテッド・ローンチ・アライアンスを味方に引き入れた。スペースXの最大のライバルであるアライアンスは、マスクとの敵対関係がいっそう悪化することを承知のうえで、喜んでこの争いに加わった。

ブルーオリジンとの提携は古参の請負企業の遺産とスタートアップ企業のイノベーションを融合させるものになり、アライアンスにも好都合だった。しかも世界有数の大富豪をバックに持てることも心強かった。アライアンスはスペースニューズ誌に発表した声明で、第39A発射台の共同利用の見返りに「ブルーオリジンに打ち上げ設備の技術供与を続ける」と述べた。

ブルーオリジンは上院議員たちにも支持を求めた。それらの上院議員たちはNASAのボールデン長官宛に手紙を書いて、「1社に発射台を排他的に使わせれば、その企業の独占になる。そうなれば打ち上げの公正な競争が妨げられ、コストの上昇を招く」と警告した。

このような法的な対抗措置は「やっかみだよ。辟易した」と、マスクはのちに述べている。「軌道に乗せられるものなんて、何も持ってないのに、39Aのために訴訟を起こすっていうんだから。(中略)ブルーオリジンに39Aを使わせろっていう［ベゾスの］言いぶんはまったくばかげてた」

訴訟と議会へのロビー活動、それに密談から突然生まれたアライアンス・アマゾン連合に、マスクは怒りを爆発させた。ただでさえ、ブルーオリジンにスペースXの従業員を引き抜かれ始めたことに腹を立てているときだった。マスクの伝記でアシュリー・バンスが明かしているように、スペースXは従業員のメールにフィルターをかけ、「ブルーオリジン」宛のメールを探すほど、神経を尖らせていた。

ふたりのあいだにいざこざが起きたのは、この第39A発射台をめぐる争いが最初ではない。2008年、スペースXが元従業員マシュー・リーマンを契約違反で訴えたことがあった。スペースXによれば、ブルーオリジンはリーマンから入手した情報を使って、「スペースXの設計業務や、設計業務にまつわる機密情報に精通した複数の従業員を引き抜こうとした」という。「ブルーオリジンは慎重に選び出したそれらのスペースXの従業員に対して、スペースXを辞めて、ブルーオリジンに移るよう、極端な手段で誘いかけた」

訴訟は最終的には取り下げられた。しかしぎくしゃくした関係は残った。そして今また、第39A発射台をめぐって争いが再燃した。マスクは9月、スペースニューズ誌にはげしいメールを送りつけて、新たな競争相手を容赦なく批判し、訴訟を「汚い妨害行為、しかもあからさまだ」とこき下ろした。さらに、ブルーオリジンは事業を始めてから10年も経ちながら、「いまだに信頼できる弾道飛行の宇宙船をつくっていない」と指摘した。

「とするなら、使用契約の期限である今後5年で、NASAの既存の基準に適った軌道飛行の宇宙船を開発できるはずがないでしょう。そう考えると、わたしにはブルーオリジンの行為が悪意にもとづくものではないといい切ることができません。ユナイテッド・ローンチ・アライアンスにはそういう動機がないことははっきりしています」

このメールには微妙な嘲りが織り交ぜられていた。それはほとんどの人には見過ごされてしまうようなことだが、マスクにはけっしてささいなことではなかった。マスクが長年、ことあるごとに指摘したように、ブルーオリジンのニューシェパードは弾道飛行のロケットだった。したがってスペースXでつくっているような宇宙速度（地球の重力を脱して、軌道に乗るために必要な速度）に達するロケットと比べると、はるかに推力は劣った。ニューシェパードは上昇しても、そのまま宇宙空間に浮いていられず、宙に放り投げられたボールのようにまたまっすぐ地上に落ちてきてしまう。

「ただし、この問題については互いにやり合うよりもっと簡単な決着のつけかたがあります。彼らのお手並みを拝見させてもらうという方法です」とマスクは続けた。「もし彼らが今後5年で、宇宙ステーションにドッキングできる、NASAの有人飛行基準を満たした宇宙機を開発できたら、わたしたちは喜んで、彼らの求めに応じます。もともと第39A発射台は宇宙ステーションへのドッキングを目的とした施設なのですから。ですが、率直に申し上げれば、フレームダクトで踊るユニコーンを見ることになる公算が高いでしょう」

フレームダクトのユニコーン。マスクがどこまで本気だったかはわからないが、リーダーの放言に大喜びした部下たちのあいだでは、それが合い言葉になった。しかし皮肉な巡り合わせだった。ブルーオリジンに対する今のマスクの態度は、かつてのスペースXに対するボーイングやロッキードの態度を思い出させた。10年前のスペースXは市場に参入しようと躍起で、訴訟を繰り返していた。古参の請負業者から「きゃんきゃん鳴く小犬」と蔑まれ、実績のあるロケットを持たない企業は敵ではないと侮られた。

ブルーオリジンはマスクの嘲りに対して、軌道飛行用の宇宙機「ベリー・ビッグ・ブラザー」を開発中だといい返すこともできただろう。その宇宙機には自社製の新エンジンを搭載する予定なのだと、教えてやってもよかった。しかし挑発には乗らなかった。マスクの中傷にも、いつものように頑なに沈黙で応じた。

ベゾスは創業時の書簡でみずから説いた10年前のアドバイスを守り通していた。「兎にならず、亀になる」だ。

第39A発射台の使用権争いに勝ったスペースXはすぐに発射台の改修に取りかかった。ケネディ宇宙センターは宇宙業界におけるホワイトハウスのような存在だ。巨大な倉庫の側面にスペースXのロゴが掲げられ、ケネディ宇宙センターの至宝のひとつに、史上初めて企業名が冠された。まだ火星の地は踏んでいなかったが、スペースXはついにフロリダ宇宙海岸で最も神聖な地に自社の旗を立てた。

スペースXは未来に目を向け、前進を続けていた。しかしけんかを吹っかけてきたブルーオリジンに恨みを抱く者も多かった。打ち上げ施設の責任者は、フレームダクトに100体ほどのユニコーンを置いて、それが吹き飛ばされるようすを写真に収めた。

スペースXのワシントンオフィスの奥まった会議室には、ベゾスが子どもの頃にお気に入りだったテレビドラマ『スタートレック』の続編『新スタートレック』の主人公ジャン＝リュック・ピカードの写真が飾ってある。そのピカードの口には吹き出しがつけられ、こう書かれていた。

「ブルーオリジンにフロリダの発射台が必要だなんて、まったく信じられんね」

―第3部　できないはずはない―

PART III “INEVITABLE”

第11章——魔法の彫刻庭園

ジェフ・ベゾスはバナナのせいにした。

2013年3月上旬、ベゾスは拡大を続けるアマゾン帝国からひそかに抜け出して、世界屈指の海中探検家のチームとともに、3週間の海の探検に出た。乗船者は経験豊かな者ばかりだったが、海の男たちのあいだに古くから伝わる迷信はいくらか軽んじてしまった。そのひとつが「船にバナナを持ち込んではならぬ」だった。

最先端の海中ロボットを搭載したノルウェーの海難救助船シーベッド・ワーカー号には、バナナがどっさり積み込まれた。そして今、船はウェザーチャンネルが「サターン」と名づけた晩冬の嵐に翻弄されていた。バナナの呪いだった。

ロッキー山脈から東進し、中西部を抜けてきたサターンは、米国の広範囲に大雪を降らせたあと、東海岸に出ると、大西洋の海に猛烈なしけをもたらした。メリーランド州のアサティーグ島沖約25キロの海上では、この嵐で全長20メートルの漁船が大破し、船に乗っていた3人のうちふたりが死亡する事故が発生していた。

それからほどなくシーベッド・ワーカー号も強く揺られ始めた。60人の乗船者の中には、ベゾスが結成した海中探検隊のほかに、ベゾスの両親と弟、義兄もいた。

予定では家族旅行を兼ねた冒険と発見の旅、失われた宝を探す旅になるはずだった。ところが嵐に完全に行く手を阻まれていた。風が唸りを上げて吹き荒れ、見上げるほど高い波が次々と襲いかかってきた。船は滝のように降ってくる水をかぶりながら、まるで振り子のように上がったり、下がったりした。

南方へ逃れることも検討された。しかしそうするには嵐が大きすぎた。もはや覚悟を決めて、嵐がすぎ去るまで持ちこたえるよりほかに仕方がなかった。

2010年7月、フィラデルフィア市メインラインにあるデイヴィッド・コンカノンの法律事務所に一本の電話がかかってきた。仕事の少ないのんびりとした日だった。コンカノンが受話器を取ると、電話の主は女性で、ファーストネームだけを告げた。あるクライアントの代理で電話をかけているといい、その名は明かさなかった。最近、コンカノンの法律事務所にはおかしな電話が頻繁にかかってきていた。前日にも、空港の近くにテンプル騎士団の秘密の要塞が隠されているから探してほしいという依頼の電話があったばかりだ。

今回もまたそんないかれた人間からの電話のようだった。「でも、その日はひまだったので、話につき合ったんです」とコンカノンはいう。やがて女性は「大資産家」の代理であることを明かし、こんな質問をしてきた。「大西洋の海底からF-1エンジンを回収することは可能でしょうか?」

とっさには、なんのことかさっぱりわからなかった。グーグルで調べてみると、F-1なるものがレーシングカーか、さもなくばアポロ時代のサターンVロケットにまつわるものであることがわかった。前者は自分にはまったく関係なかった。しかし月に宇宙飛行士を送ったロケットのエンジンを回収するという話であれば、まさに自分の出番だった。探検家の血が騒がずにはいなかった。

じつはコンカノンは弁護士業のかたわら、探検のコンサルティング会社を営んでいた。長年にわたって、エベレスト山登頂から海底探検まで、数々の探検を手伝ってきた実績の持ち主だった。タイタニックをはじめ、沈没船から遺物を回収する作業も何度か経験していた。

「ええ、できますよ」とコンカノンは答えた。「何だって、可能です」


しかし今回は困難をきわめそうだった。必要な準備を調べ始めてみて、そのことに気づいた。タイタニック号の残骸を見つけるよりもむずかしそうだった。タイタニック号は全長269メートル、排水量5万2000トンの巨大客船だ。海底に没んだ船体の高さは、6階建てのビルぐらいあった。1985年にタイタニック号を発見した探検隊も、あらかじめ船がどこに沈んでいるかについて、かなり正確な情報を得ていた。加えて、それ以前の探検によって、すでに何百平方キロにもわたる範囲が捜索されていたので、探さなくていい場所がはっきりしていた。

F－1エンジンはタイタニック号よりはるかに小さい。「タイタニック号の中でデッキチェアかボイラーを探すようなものでした」とコンカノンはのちに語っている。

誰もそれがどこにあるかは、少なくとも正確には知らなかった。サターンVがケネディ宇宙センターの第39A発射台から打ち上げられたあと、第1段は切り離され、落下し、最終的には海のどこかに水しぶきをあげて没したはずだった。しかし誰もその動きを追っていなかった。NASAはロケットの飛行経路をもとに大まかな落下点は推測していた。しかしレーダーで追跡することもなければ、ロケットのエンジンの落下が予想される水域に船が入らないよう、「航行警報」を発して、注意を喚起することもなかった。

また、たとえエンジンが見つかったとしても、どんな状態で残っているかはわからなかった。赤熱したエンジンは、冷たい大西洋の海面にぶつかった衝撃で、粉々に砕けてしまったかもしれない。海底に40年も沈んでいるあいだに、腐食が進んでいるかもしれない。コンカノンがニューファンドランド島沖の水深約3800メートルの海底——水圧は1平方センチあたり435キロにもなる——でタイタニックの船体を初めて見たとき、驚いたのは船体の壮麗さではなく、その「ぞっとする状態」だった。

「タイタニック号は濡れた砂でできているようだった」と、コンカノンはそのときの報告に書いている。「船の姿はわたしが想像していたのとはまるでちがった。ろうそくが上から溶けていくように、今にも崩れ去りそうに見えた。タイタニック号は数年後には海底のしみとなっているといわれても、たやすく信じられる」

アポロのエンジンも似たような状態か、あるいはもっと悪い状態になっているかもしれなかった。とはいえそれもあくまで見つかればの話だ。

この謎めいた電話の背後にいるのが誰であれ、費用はもちろんのこと、相当の辛抱強さを求められるにちがいなかった。また、不可能ではないにしても無謀だとほとんどの人が思うようなことに挑戦できる度胸のよさも必要だった。

1カ月後、謎の女性からふたたび電話がかかってきた。女性はクライアントというのはじつは自分の上司で、上司の名はジェフ・ベゾスだと明かした。コンカノンは驚かなかった。ベゾスが宇宙に興味があることや宇宙企業を経営していることは知らなかった。それでもジェイムズ・キャメロンのタイタニックツアーを手がけたこともあるコンカノンは、著名人を含む数々の資産家と仕事をともにした経験から、お金があるとえてして奇抜なことをしたくなるのをよく知っていた。

F-1エンジンはベゾスにとって、5歳のときに感動したアポロ計画の象徴だった。F-1とその怪物のようなパワーに魅了されたベゾスは、それを「現代の驚異」と呼んだ。1基で680トンの推力があり、5基すべてを合わせると、1秒間に15トンの燃料を消費した。ロケットの発射後、第1段が切り離されるまでにかかる時間はわずか2分30秒だった。その後、F-1エンジンは海に落下した。「F-1エンジンほど畏怖の念を起こさせる人工物はめったにない。これまでに設計され、製造されたシングルチャンバーのロケットエンジンの中で最大のパワーを持つエンジンだ」と、ベゾスはいう。「65基が実際に打ち上げに使われ、失敗は一度もなかった」

ほかの人には現実的な価値のない単なる鋼鉄の塊だとしても、ベゾスにはとても大事な遺物だった。「これが人類を初めて月へ送り込んだエンジンの実物なんだ」とベゾスはいう。「わたしには、とても尊いものに感じられる。アポロ計画を実現させた何千人ものエンジニアたちの情熱がそこに込められている」

しかしそれらのエンジンは40年以上海底に沈んだままになっている。「このままではやがて朽ち果ててしまう」のではないかと、ベゾスは心配だった。

当時、ブルーオリジンではニューシェパードの開発が順調に進んでいた。ニューシェパードは高さ110メートルのサターンVに比べると、だいぶ小さく、わずか20メートルしかなかった。搭載されているBE-3エンジン1基の推力もわずか50トンで、F-1エンジンの680トンとは比ぶべくもなかった。

それでもニューシェパードはサターンVにできなかったことができるように設計されている。宇宙へ到達したあと、地上へ戻ってくることができるのだ。それも自動運転でみずから進行方向を調節しながら、着陸台に戻ってこられる。したがって、何度も繰り返し宇宙へ行ける。

ベゾスにとって、F-1はアポロ時代のエンジニアリングの偉業の象徴だが、同時に、あくまで初期段階の技術であり、ロケットが再利用できない消耗品だった時代の象徴でもあった。首尾よく回収できたら、人類の誇るべき業績のひとつとして博物館に展示してもらうつもりだった。ただし、やがてはそれが過去の遺物、馬車のようなアンティークと見られるようになる時代が来るとも信じていた。「ブルーオリジンは新しい時代を切り拓こうとしています。再利用型のロケットの時代です」とベゾスはのちに語っている。「宇宙旅行を手頃なものにするには、それが絶対に欠かせません。エンジンを海に捨てる時代はもう終わりです。50年後、わたしたちのエンジンは誰にも大西洋で回収させませんよ！」

２０１１年9月24日、コンカノンのチームがヴァージニア州ニューポートニューズから、海洋調査船に改造された全長68メートルの元海軍情報収集艦オーシャン・ストールワート号で出港した。

これはベゾスの依頼で実施された事前調査だった。アポロ計画で使われたエンジンを発見することがその目的だ。ベゾスは月面着陸のゆかりの品が欲しかった。もしこの事前調査でエンジンが見つかれば、後日、ベゾスがみずからチームを引き連れて、別の船でそこへ戻り、回収作業を行なう予定だった。事前調査はフロリダ海岸から数百キロ離れた沖合で、最も見込みのありそうな約４７０平方キロの範囲を選んで行なわれた。水深はきわめて深く、最大で約４３００メートル以上あった。タイタニック号の残骸が見つかった場所よりも深い。海底は生命の気配がほとんどない月面のようで、今にも幽霊が出そうだった。こんな深さまでは陽光も届かなかった。あたりは真っ暗闇に包まれ、水温も低かった。水圧は1平方センチあたり約５００キロに達した。

コンカノンたちは海底の調査にカメラではなく、ソナーを使った。海底の物体に音波を当てて、その反射波で物体までの距離やその位置を調べられる装置だ。ソナーを利用すると、最大１２００メートルの距離まで探ることができた。例えば、飛行機のプロペラのような小さなものが、アメフトのフィールド10個ぶん以上離れた所にあっても、見つけることが可能だった。

ただし、海底探査にソナーを使うのは容易ではなかった。洋上では碇を降ろすわけにいかないので、推進装置を使って船体の位置を固定し、潮流や波や風に押し流されないようにする必要があった。今回の探査に用いられるサイドスキャンソナーは、長さ4・5メートル、重さ6トンの小さな魚雷のような形をしたトーフィッシュ〔曳航体〕に取りつけられた。トーフィッシュを海底まで降ろすのに使われた長さ1万メートルのケーブルには、それだけで20トン以上の重さがあった。これらすべてを合わせたソナーシステムの費用は100万ドル以上にのぼった。

船が所定の場所に到着し、探査の準備が整うと、5時間かけて、トーフィッシュを所定の位置まで降ろし、いよいよロケットエンジンを見つける海底の探査が始まった。それから2週間にわたって、コンカノンのチームは休まずに探査を続け、探査エリアの海底地図を作成した。努力のかいがあって、何千個もの人工物と、300個以上のロケットエンジンの可能性のある物体が、18箇所にかたまってあるのが見つかった。

データを分析したのち、ベゾスは数カ月後のブログでエンジンの発見を発表した。「エンジンの状態はまだわかりません。エンジンは高速で海面に衝突したうえ、40年以上塩水に浸かっています。ですが、頑丈につくられていることも確かですから、期待は持てると思います」

エンジンは見つかった。いよいよ次はそれを海面に引き上げる作業だ。

2013年2月、1隻のノルウェーの船がバミューダを出発し、エンジンの回収に向かった。この船には最高の装備ばかりが揃えられていた。費用はきっと何百万ドルという額だろう。全額べゾスの負担だ。コンカノンも今回のために超一流のチームを結成していた。そのチームには、米国海洋大気庁の元主任考古学者ジョン・ブロードウォーターや、世界を代表する水中探査の専門家ヴィンス・カポネなど、錚々たるメンバーが名を連ねた。さらにチームには医師のケン・カムラーも加わっていた。数々の危険な冒険に同行した経験を持つ、極限環境での医療の専門家だ。エベレスト登山での治療のもようは、ジョン・クラカワーのベストセラー『空へ』（山と溪谷社）で克明に描かれている。

乗船者は全員でおよそ60人。そこにはベゾス本人も含まれた。ベゾスはアマゾン帝国から抜け出し、3週間、洋上で過ごすつもりでいた。ただし、作業の合間にはキャビンでコンピュータに向かって仕事をしていたが。

のちにベゾスは、家族といっしょに来られて「ほんとうに楽しかった」と話している。母ジャッキー、父マイク、弟マーク、義兄スティーヴ・プーアと「この体験を共有できるのはすばらしかった」と。ジャッキー以外は男ばかりだったから、船長には、船の共有エリアにあるポルノ雑誌は全部片づけておいたほうがいいぞとからかわれた。

今回の任務に使われる回収船シーベッド・ワーカー号は、6階建てのビルほどの高さがあり、全長は88メートル、排水量は4000トン近かった。操舵室は巨大な宇宙船の司令室のようだった。プラッシュ張りの大きな船長用の椅子がでんと据えられているほか、操縦桿や、あらゆるデータをリアルタイムで表示するコンピュータ画面がいくつも並んでいた。またGPSを使って、目標物の上に船を留めておく自動船位保持装置も備わっていた。

おそらく最も重要だったのは、シーベッド・ワーカー号には遠隔操作ビークル（ROV）が2台備わっていたことだろう。ROVは簡単にいえば船上からの操作で動かせる海中作業ロボットだ。700万ドルするこのROVは深海でも作業可能だった。

「水深5キロの深海で作業をしています」とカポネはいった。「わたしたちのロボットは5キロのケーブルにつながれた操り人形みたいなものです。それらのロボットを操っていると、深海で水中バレエを演じさせているような気になりますよ」

バミューダの南西500海里の回収地点に向けて出航したとき、海はしけていた。それでもシーベッド・ワーカー号は船体の大きさにものをいわせ、ぐんぐん進んだ。高いうねりにびくともせず、5メートルの波の中でもROVを操作できた。2013年3月2日、捜索海域に到着すると、荒天もいくらか落ち着いた。チームはさっそく海底から金属の塊を引き上げる作業に取りかかった。「船の中を歩いていると、みんなの興奮がこちらにも伝わってきました」と、ジェフの弟マークはいう。「でも、いくらかは不安もあるようでしたね。絶対確実という保証はありませんでしたから」

3月3日の午前11時、ROVが海底に着いた。するとほどなく、今回の回収作業のために特別に設置した高精細テレビの大画面に、エンジンの一部と思われるものの姿が映し出された。「初日の最初の数分でエンジンの部品が見つかり、最初の1時間でエンジン本体が見つかりました」と、コンカノンはいう。

その海底には、スラストチャンバーとターボポンプ、熱交換器があった。人によってはそれらはねじ曲がった金属の塊にしか思えなかっただろう。しかしベゾスにとっては、それらは芸術と歴史が結びついたものだった。

「今、わたしが立っている場所の5キロ下に、アポロ計画の証拠品が眠る、夢のような世界が広がっている」と、ベゾスは船上でビデオカメラに向かって語った。「まるで魔法の彫刻庭園のようだ。異なるミッションのあらゆる断片が揃っている。完全な状態を保っているものもあれば、美しい形に曲がっているものもある」

数時間後には、100メートルほど離れた場所でさらに多くのものが見つかった。中には海底の地面に深く埋まっていたものもあり、それは「ローン・ダーツ」と名づけられた。それから数日間、一帯の探索を行なって、写真を撮り、位置と状態を記録した。しかし同時に天気も悪化し、しけがひどくなってきた。冬の嵐「サターン」が東進を続けており、作業を速める必要があった。

「着いたときにはとても荒れていました。着くまでも、とても荒れていました」とコンカノンはいう。「幸い、最初の数日はしけが収まったので、作業ができました。それでも波が強くなっていて、また荒れてきそうだとわかりました。ですから、天気との競争、時間との競争で、引き上げ作業を進めました。とにかく船に引き上げておけば、嵐で回収が中断したときにも、船内でなんらかの作業ができますから」

3月6日、ベゾスたちのいる場所から北西数百キロのメリーランド沖合で、漁船が嵐によって大破したのと同じ日、シーベッド・ワーカー号のクルーは最初に発見したエンジンを引き上げた。ただ、アポロ計画のどのミッションで使われたエンジンであるかはわからなかった。

そこで回収作業は嵐により中断となった。ベゾスたちにできるのは早く嵐がすぎるよう祈りながら待つことだけだった。

サターンは5日間にわたって猛威を振るい続けた。探査機もいったん海中から引き上げざるをえなくなった。レーダーを見ると、嵐は東海岸全域と大西洋の大部分を覆っているようだった。次々と高い波に見舞われ、船は揺れに揺れた。酔い止めの薬に「みんなが殺到しましたよ、もちろん」とカポネはいう。

嵐を避けるため、もっと南の海域に逃げることも検討された。しかし「嵐があまりに大きすぎて、抜け出ることはできそうもありませんでした」とコンカノン。選択の余地はなかった。「ここに留まって、乗り切る」しかなかった。

酔っていない乗船者たちのあいだではダーツ大会が開かれ、ベゾスの父親が優勝した。睡眠不足を解消するため、寝だめをする者もいれば、船乗りの不文律――特にバナナにまつわるもの――を破ったことを嘆く者もいた。

「世界のどこの船乗りも、みんな、数々の迷信を持っているものだ」とベゾスは話した。「船上でベルを鳴らしてはいけない。リュックサックを持ち込んではいけない。だが、あいにく、わたしたちはこれは破ってしまった。それからわたしたちはバナナも大量に積み込んだが、バナナも船には持ち込んではならないとされている。しかもここはバミューダトライアングルの中だ。この船の経験豊かなクルーたちもこんなに長く天気のせいで作業を中断したのは初めてだといっている」

とはいえ、中断時間の大半は引き上げたものとまだ5キロ下の海底にあるものの分析に費やされた。「ただ座って、げえげえやっていたわけではありません」とカポネはいう。「仕事もしました。（中略）ジェフがこの構想を描き、わたしたちはそれを実現させる役目を負っていました。嵐にひるむ者はひとりもいませんでした。もちろん、首は痛かったですし、快適ではありませんでしたよ。それに90メートル近い大きな船が、だいぶ痛めつけられていました。でも誰もあきらめようとはしませんでした」

3月11日、ようやく嵐が去ると、チームは作業を再開し、探査機を海底に降ろした。すぐにありとあらゆる金属が船に引き上げられ、作業は昼も夜も続けられた。無精ひげを生やしたベゾスも、オレンジ色のジャンプスーツにヘルメット、安全ゴーグルという格好で、エンジンから泥を洗い落とす作業を手伝った。

長時間の作業と、洋上という孤立した状況と、恐ろしい嵐の経験により、地位とか肩書きとかはいっさい消え去っていた。誰もが探検の鉄則「チームの役に立っていない者は、チームの足を引っ張っていると思え」に従っていた。

「引き上げたものにみんなでホースで水をかけ、泥を落としました。誰もが作業をしていました」とコンカノンはいう。「そこにはもうアマゾンのCEOはいません。いるのはジェフです。ジェフの母［と父］、ジェフの弟、ジェフの義兄です。（中略）手が真っ黒なのも、ほとんど寝ていないのも、嵐で作業が中断すれば、ダーツをするのも、みんないっしょでした」

数日後には、貴重なエンジンの部品を山ほど回収していた。十分、成功だったといえるだけのものを引き上げたチームは帰路に就いた。エンジンはカナヴェラル港に持っていくことにした。40年以上前に打ち上げられた場所に戻そうというわけだ。日がのぼり始めた頃、シーベッド・ワーカー号は3週間ぶりに陸の近くに帰ってきた。みんなデッキに集まり、陸を眺めた。かすかに第39A発射台の姿も見分けられた。

チームは回収したエンジン部品の中にはきっとアポロ11号のものも含まれているだろうと期待していた。しかし確信はなかった。

エンジン部品はカンザス宇宙博物館に送られた。カンザス宇宙博物館はスミソニアン協会と共同で長年、航空宇宙関連の歴史的な人工物の修復と保存を手がけている博物館だ。その博物館のスタッフがエンジン部品をさらなる腐食から守るため、つねに湿らせた状態で保管しながら、丁寧にゆすいだり、ドライアイスで洗浄したり、歯ブラシで付着物をこすり落としたりした。しかしどのミッションに使われたエンジンであるかを示すシリアルナンバーは見つからなかった。探索した場所から判断するかぎり、アポロ11号のエンジンが含まれている可能性は高いとベゾスのチームは考えていた。しかしその証拠がなかった。

そんなとき、保存を専門に手がけるスタッフがあることを思いついた。シリアルナンバーはおそらく肉眼では見えない状態になっているのではないか。それでも、ブラックライトを当てると浮かび上がるのではないか、と。

そのスタッフはさっそく通勤途中に店に立ち寄って、ブラックライトとゴーグルを買った。そして、スラストチャンバーにブラックライトを当ててみた。すると思ったとおり、「２０４４」という数字が見えた。興奮のあまり、報告しようと電話へ駆けていったときには、つまずいて転んでしまった。

ベゾスは２０１３年7月19日、ブログでこの発見を発表した。

「４カ月前、カナヴェラル港でシーベッド・ワーカー号から降りたとき、わたしたちは使用済みのＦ－１エンジンを2基、展示用に組み立てられるぐらい数多くの主要部品を持ち帰りました。スラストチャンバー、ガス発生器、噴射装置、熱交換器、タービン、燃料分流板などなど、何十もの部品です。どれもすばらしいものばかりで、アポロ計画の驚くべき証拠の品々です。ただ、どのミッションで使われたものであるかを示す印は、なかなか見つかりませんでした。どの部品も最後に一度燃えているうえ、43年間海中にあったせいで腐食も進んでいて、シリアルナンバーは剝がれるか、覆われるかしていました。でも、保存専門員のチームがきっとなんとかしてくれると信じて、わたしたちはフロリダをあとにし、以来、いい結果が出ることを心待ちにしていました。

そして、きょう、みなさんにうれしいニュースを伝えられることになりました。保存専門員のひとりがブラックライトと特殊なレンズフィルターでエンジン部品を調べ、巨大なスラストチャンバーの側面に黒で『２０４４』という数字がステンシル印刷されているのを発見したのです。『２０４４』は、ロケットダイン社のシリアルナンバーで、ＮＡＳＡの『６０４４』という数字と対応しています。ＮＡＳＡの『６０４４』はアポロ11号のＦ－１エンジン#5に使われていたシリーズ番号にほかなりません。この恐れ知らずの保存専門員はさらなる証拠を探そうと、同じスラストチャンバーの底の部分の腐食も取り除きました。すると、その金属の表面には『Unit No 2044』という文字が見つかりました」

これにより、フロリダ海岸からおよそ７００キロ離れた海域の水深５キロの海底でベゾスたちが見つけたものが、人類を初めて月に送ったエンジンだったことが証明された。

探検家クラブは１９０４年の創設以来、真の冒険家たちを称揚してきた。会員の中には、北極点に人類で初めて到達したロバート・ピアリー提督とマシュー・ヘンソンから、南極点に人類で初めて到達したロアール・アムンセンまで、世界で最も勇敢な探検家が名を連ねる。リンドバーグや、史上初めてエベレスト登頂に成功したサー・エドモンド・ヒラリーとそのシェルパ、テンジン・ノルゲイも会員だった。もちろん、アポロ11号のニール・アームストロング、バズ・オルドリン、マイケル・コリンズをはじめ、宇宙の開拓者たちもその偉業を認められ、会員に迎えられている。

毎年、この探検家クラブはニューヨークのウォルドーフアストリアで、黒蝶ネクタイ着用の豪華な授賞式と晩餐会を開催している。晩餐会で振る舞われる食事は、会員たちの冒険に負けないぐらい冒険心に富んだものだ。「ミミズ炒め」、「ウジ虫でくるんだストロベリー」、「サソリ・トースト」、「ベルギーエンダイブで包んだアヒルの舌」、「牛のペニスの甘酢和え」といった料理がメニューに並ぶ。

クラブの会長が白馬にまたがってステージに現れた年もあり、そのときには白馬が壇上のエドモンド・ヒラリーのテーブルに近寄り、その料理の皿に脱糞するというおまけもついた。

2014年の晩餐会は3月15日に開かれ、馬は登場しなかった。それでも料理はいつものようにエキゾチックだった。列席者たちは串に刺したゴキブリのほか、ビーバー、ダチョウの卵、タランチュラ、ヤギ、ヤギのペニス、頭部がついたままの2頭のアリゲーターを食した。

食事が終わると、バズ・オルドリンがステージに上がって、F-1回収チームを代表して賞を受けることになったベゾスを紹介した。

「みなさん、信じられますか。あのロケットエンジン、人類が何百年も前から夢見てきたことをついに実現させたあの巨大なF-1エンジンです」と、オルドリンは畏怖の念に打たれたようにいった。「第1段に使われたメインエンジンです。こんなことがあるとは想像もしませんでした。数あるエンジンの中からジェフが見つけたのが、なんとこのエンジンだったなんて」

有名宇宙飛行士はベゾスの秘密主義にも冗談めかして触れた。

「ジェフはみなさんを宇宙に連れていこうと頑張っています」とオルドリン。「でも、誰にもそのことを話しません。かなり無口な男なんです。でも、わたしにはきっと少しは話してくれるんじゃないでしょうか」

ベゾスは満面に笑みを浮かべてステージに上がると、「歯にはさまったゴキブリがなかなか取れなくて、困っています」と冗談をいって、短いスピーチを始めた。「チームには歴史を取り戻すと同時に、新たな歴史をつくるのだという感覚がありました。それはもうほんとうに楽しい体験だったと断言できます。すんなりとは進みませんでしたし、エンジンを見つけるのは容易ではありませんでした。サイドスキャンソナーでエンジンを探すなどという大それた作業を、きわめて広い海域で辛抱強く行なわなくてはなりませんでした。

チームのみんなのプロ意識と力量には心から感服しました。今回の試みは少人数でできることではありません。おおぜいのプロが必要です。エンジンを見つけてくれたグループ。彼らの活躍はじつに見事でした。ROVの操縦士たちは、5キロ下の海底で作業をする外科医のようでした。それからクレーンオペレーター。荒海で作業するクレーンオペレーターを見たことがありますか。甲板が揺れ動きます。そうするとクレーン全体が振り子のように振れ始めるんです。チームの面々はいずれも真のプロばかりです。そんな者たちの作業のようすには、惚れ惚れとさせられました。この賞はチーム全員に与えられた賞としてお受けしたいと思います」

ベゾスはチームのメンバーに立つよう促してから、列席者に拍手を求め、「最高のチームです！」と大声で仲間を称えた。

この晩の会場には、F－1チーム以外にも宇宙関連の受賞者がいた。探検家クラブの会長はかねてからイーロン・マスクとその宇宙での目論見に強い関心を抱いており、特別に会長賞がマスクに授与されることになっていたのだ。ぴったりしたTシャツ姿で腕を組み、二の腕を盛り上がらせたマスクの写真が巨大なスクリーンに現れると、マスク本人が軽快にステージに上がり、賞を受けた。

ベゾス同様、マスクも宇宙飛行を手頃なものにするためには、再利用可能なロケットを新たに開発し、航空機のように頻繁に飛べるロケットをつくる必要があるという結論に達していた。それによって初めて、宇宙を一般大衆に開かれたものにし、ひいては火星への到達を実現する飛躍的な進歩が可能になる。スペースXはそこに着実に近づきつつあった。公には頑なに自社の計画について話そうとしないベゾスとちがい、マスクはこのスピーチで、自社の計画の最新の進捗状況について語った。

「これまでにわたしたちがしてきたことは、まだ段階的な進歩であり、飛躍的な進歩には至っていないと思います」とマスクは話し始めた。「今後、スペースXか、あるいは他社が成し遂げなくてはならないのは、完全に再利用可能なロケットシステムをつくることです。火星への移住が実現しない原因も、そのようなシステムがないことにあります。

今のロケットはすべて使い捨てです。1回飛んだら、もうそれで終わりです。移動手段で使い捨てのものなど、想像できるでしょうか。そういうものはあっても、ほとんど使われないでしょう。航空機にしても、船にしても、自動車にしても、自転車や馬にしても、すべて再利用できます。もしジャンボジェットの1回の飛行の料金が2億5000万ドルだったら、誰も5億ドル払って、ロンドンとニューヨークを往復しようとしないでしょう」

スペースXはそのための技術の開発に取り組んでおり、マスクによれば、「ブースターを地上に戻すことに関しては、技術の進歩に貢献できる」段階まできた。次の打ち上げに使うロケットには初めて、着陸用の脚をつけるという。ただし最初は陸ではなく、海で船への着地をめざす。「まだ狙った所にピンポイントで着地できるとは100パーセントの確信が持てないから」だった。「したがって、地上への帰還には不安もあります。それでも、かなり正確な位置への着地をめざしますし、ランディングギアも出します。着地後ははしけで回収する予定です」とマスクは抱負を述べた。

マスクが公の場でスペースXの打ち上げや着陸や、ロケットの再利用の計画を語るいっぽう、ベゾスも政府機関へのある申請書の中で、計画をひっそりと公表していた。それはほとんど誰の目にも留まらなかった。

2014年3月25日――マスクが探検家クラブの授賞式でスペースXの計画の詳細を明らかにしてから10日後――米国特許商標庁により、特許番号8678321の特許が認められた。件名は「宇宙ロケットの海上着地と関連するシステム及び手法」といった。

10ページに及ぶその特許には、マスクがスピーチで詳述した手法とそっくりのロケットの回収システムが記されていた。それは「再利用型の宇宙打ち上げ機を沿岸の発射場から海上方向へ打ち上げる」システムだった。第1段のエンジン停止後、第1段が切り離され、地上へ落下し始めると、「ブースターは尾部を前にして、大気圏に再突入する。そこでブースターのエンジンが再始動し、ブースターは海上に設置されたデッキに垂直に動力着地する」。

宇宙飛行のコストを下げ、宇宙産業の効率をさらに高めるためには、こういう技術が欠かせないと、その特許では説かれていた。

「有人や無人の宇宙飛行が急速に発展するいっぽうで、宇宙飛行士や人工衛星などのペイロードを宇宙へ送るコストはいまだに高い。原因のひとつは、従来型の打ち上げ機の大半が、『使い捨て型打ち上げ機（ELV）』とも呼ばれるように、1回しか使用できないことにある。再利用型の打ち上げ機（RLV）には、宇宙へ行くコストを下げられる利点がある」

この特許で描かれているビジョンは多岐にわたり、洋上だけではなく「湖や湾、海峡、大きな河川など、ほかの水域」でのロケットの着地計画も詳しく説明されていた。また、洋上の発射台からロケットを打ち上げる方法にも触れてあった。さらには、ロケットの修理点検をはしけの上で行なうなどして迅速化することや、ブースターを小型の高速船に移してすみやかに陸に戻すことが論じられていた。

マスクはこれを知って、激怒した。第39A発射台の使用権をめぐる争いに続き、この特許でもまた、自分たちより劣る競争相手からこけにされたように感じた。洋上の船への着地という方法は、マスクにいわせれば、「もう50年も前からいわれてること」だった。「独創的な方法なんかじゃない。映画にも出てくれば、いくつもの計画案にも書かれてるし、先行技術も無数に使われてるんだから、まったくいかれてるよ。50年も前から論じられてきたことで今さら特許を取るなんて、ばかげてるとしかいいようがない」

これは数年後の発言だが、マスクにはまだわだかまりが残っていた。

「ジェフ・〝1クリック〟・ベゾス」と、マスクはいい、物議をかもしたベゾスのもうひとつの特許を引き合いに出した。「なあ、もういいかげんにしてくれ、ジェフ。じゃまをしないでくれ」

スペースXは即座に訴訟を起こし、特許に抗議した。船にロケットを着地させるという手法は、ブルーオリジンの発明ではなかった。それは以前から広く知られている手法であり、ブルーオリジンが先行技術にどれだけ「リップサービス」を連ねても、そのことに変わりはないと、マスクの弁護士たちは主張した。

もしこんな特許が認められたら、船への着地という方法を独占的に使う権利がブルーオリジンに与えられ、スペースXは大打撃を受けかねない。1904年に航空機のあらゆる特許を取得したライト兄弟のように、ブルーオリジンも他社の活動を停止に追い込むか、あるいはライセンス料を要求できるようになる。

特許に抗議するため、スペースXはブルーオリジンの特許取得よりはるか以前にそのアイデアがほかの者によって考え出されていることを明らかにし、証拠としていくつかの図面を提出した。1959年のロシアのSF映画に、ロケットが洋上の船に着地する場面があることも指摘した。

結局、ブルーオリジンは大半の主張を取り下げた。スペースXの勝利だった。しかし決定的な勝利は、初めてロケットの着地を成功させたときに訪れることになる。

マスクは探検家クラブのスピーチで、スペースXが近々実施予定の打ち上げで、洋上の船への着地に挑むと宣言していた。この初めての試みが成功する可能性は高くはなかった。「たぶん40パーセントぐらいでしょう」とマスクはいった。

それでもスペースXはあきらめずに成功をめざして努力を続けていた。体操選手が繰り返し器具から落ちながらも、そのたびに上達するように。「今年はこれから数多くの打ち上げを予定しています。打ち上げのたび、成功の可能性は高まるでしょう」とマスクは続けた。「ですが、1回でうまくいくかもしれないとも、少し思い始めているところです」

この着地が成功すれば、「火星へ行く料金を50万ドル以下」にするという目標にも一歩近づくことになる。50万ドルという数字は、マスクが火星旅行の希望者に支払ってもらえると考えている額の上限だった。

晩餐会の締めくくりに、探検家クラブの会長が受賞者とプレゼンター全員にあらためてステージに上がるよう呼びかけた。十数人の受賞者とプレゼンターがひとりひとりステージに上がった。マスクはステージの端に立ち、ベゾスはその反対側の端に立った。ふたりは言葉を交わさなかった。

第12章 ――「宇宙はむずかしい」

　突然、ロケットが爆発して、巨大な火の玉に変わった。同時に、晴れ渡ったテキサスの青空に不吉なきのこ雲が浮かび、破片が飛び散った。煙と火が花火のように弧を描いて落ちる光景は、美しくもあり、荒々しくもあった。

　ロケットはマグレガー試験場の上空100メートルほどに達したところで、急に制御不能のスピンに陥り、落下し始めた。その結果、予定経路から大きく外れる前に、「飛行終了システム」が作動して、平原の100メートルほど上空で爆破されたのだ。けが人はいなかった。あくまで試験飛行でもあった。スペースXの説明によれば、今回の試験は「きわめて複雑なものであり、過去のいかなる試験よりも機体に無理をさせたもの」だった。イーロン・マスクはこのような派手な失敗を表す新語までつくってみせた。ラピッド・アンスケデュールド・ディスアセンブリ（急速想定外分解）、略してRUDと呼ぶのだという。

　しかし同時に、どれだけロケット科学が進歩しても、打ち上げは基本的には、推進剤という可燃混合物の制御爆発だということをあらためて思い知らされる失敗でもあった。マスクが誰よりもよく知っていたように、たったひとつの小さなミスで、たった1本のナットの腐食だけで、機体全体が炎に包まれてしまうのだ。「いまだにひどく緊張する」と、マスクは前回の打ち上げのあとにツイートしている。「いつか平常心で行なえるようになりたいものだ」

今回の試験でロケットが爆発したあとには、「ロケットはむずかしい」とツイートした。とはいえファルコン9の打ち上げでは、信じられないほど長いあいだ、成功が続いていた。4年にわたって一度も失敗がなく、打ち上げがもはや日常業務のように感じられ始めていた。それでもマスクは相変わらず、全従業員にメールを送って、飛行を中止すべきだと考える者がいれば、すみやかに申し出るよう促した。さながらCEO兼結婚式の司祭だった。「異議がある人は今、申し出るか、さもなければ永遠に口をつぐむように」と。

この成功によりスペースXへの期待は高まったが、尊大な態度には批判もあった。ファン層は巨大化し、増加の一途をたどっていた。ソーシャルニュースサイト、レディットのスペースXの公式ページの購読者数は、2014年6月、1万人を超えた。スペースXのオンラインストアでは22ドルの「火星占領」Tシャツが飛ぶように売れた。マスクは一実業家以上の存在になっていた。今や、崇拝の対象だった。その名声はシリコンバレーの外に広く轟いていた。

電気自動車企業テスラと、ソーラーエネルギー企業ソーラーシティで、マスクはすでに米国の輸送とエネルギー利用に変革を起こし始めていた。スペースXの未曾有の成功は、宇宙産業に破壊的な変化をもたらしたのに加え、人々の宇宙への関心をふたたび呼び覚ました。CBSの「60ミニッツ」は、マスクが「産業王国」を築き上げたと述べた。タイム誌は「最も影響力のある100人」の特集号の表紙にマスクの写真を掲げた。アトランティック誌は「現代の最も野心的なイノベーター」とマスクを評した。

「マスクは不屈の精神と、レオナルド・ダ・ヴィンチやベンジャミン・フランクリンのような多芸さを発揮して、電子決済から商業宇宙飛行や電気自動車まで、興味を持った分野をことごとく変革してきた」と、アトランティック誌は書いている。「野心の範囲の広さとスケールの大きさから懐疑的な見方をされることもあったが、実際に成果を上げることで、単なるアイデアマンではなく、明敏な事業家であることも証明してみせた」

しかし排他的な宇宙業界内では、スペースXは嫌われ者になりつつあった。ある宇宙業界のパーティーでは、便器の中にマスクの写真が貼られていた。ライバル企業の出席者たちはトイレに行くたび、そのマスクの写真に小便をかけた。

かつて「きゃんきゃん鳴く小犬」呼ばわりして、相手にしていなかったスペースXが、今では侮れない強敵に成長していた。スペースXは、ユナイテッド・ローンチ・アライアンスの莫大な収入源である国防総省と諜報機関の打ち上げをも奪おうと狙っていた。

過去10年にわたり、それらの数億ドルの打ち上げはアライアンスに独占されてきた。10年前にもマスクは競争への参加を求めて、訴訟を起こした。しかし当時は飛ばせるロケットを持っておらず、訴訟はあえなく退けられた。

今はロケットを持っていた。しかし打ち上げに必要な空軍の認可をまだ得ていなかった。国防総省は長年、事実上スペースXを締め出したまま、ふたたびアライアンスと大規模な契約を結ぼうとしていた。ここでまた訴訟に打って出るのは危険だった。最大の顧客を相手に訴訟を起こすのは、ビジネスではふつう得策とはいえない。

訴訟は控えたほうがいいと考える理由はたくさんあった。しかし訴訟を起こすだけの価値があることも、また確かだった。国家の安全保障に関わる打ち上げでは莫大な金が動く。今回の複数年の計画の契約額は700億ドルにも達する。入札すれば、ロッキードやボーイングの価格を下回れる自信はあった。市場を破壊できるだろう。契約を獲得できれば、今後何年にもわたって潤沢な収入を得られ、火星計画にも都合がいい。しかし、じっくり考えているひまはなかった。契約に抗議するなら、迅速に動かなくてはいけなかった。

「軍産複合体を相手取って、訴訟を起こすというのは、軽々しくできることではない」とマスクはのちにいっている。

ワシントンＤＣでのスピーチ後、セダンの後部席に座っていたマスクに、アドバイザーふたりがどちらにするかを尋ねた。

マスクは頭を反らせ、目を閉じると、黙り込んだ。そのまま2分がすぎ、３分がすぎた。時間が長く感じられた。マスクには奇癖があった。急に自分の世界に閉じこもるのもそのひとつで、社内では有名だった。採用面接を受ける人は、もしマスクが黙り込んでもそれは考えているだけなので、話しかけないほうがいいと、あらかじめ注意された。アドバイザーたちも何もいわないのがいいとわかっていた。６分が経過した。やがて8分になった。時間が止まったように感じられた。

「前にも瞑想状態に入るのは見たことがありましたが、あそこまで長いのは初めてでした」とアドバイザーのひとりはいう。

マスクはようやく目を開けると、いった。「訴訟を起こそう」。それだけいうと、車を降りて、次のイベントに向かった。

アドバイザーたちは顔を見合わせた。「未来に行って戻ってきたんだろう」と、ひとりがいった。

ひとたび訴訟を起こすと、マスクは２０１４年の春から夏にかけて攻撃を続け、これほど威勢のいい人物をふだん見ることのない首都の報道陣を喜ばせた。国防担当のある記者は「マスクはインタビューのしがいがある」といった。

役人の型にはまった発言ばかりを聞かされているワシントンＤＣの記者たちには、検閲されていないマスクの発言は新鮮だった。ナショナルプレスクラブでの会見で、マスクはスペースXにも競争の機会が与えられるべきだと述べて、訴訟がやむをえないものであることを説明した。また自社のロケットがNASAに認められる水準に達しているのなら、国防総省に認められる水準にも達しているはずだといい、空軍の認可の手続きを「茶番だ」とこき下ろした。

マスクは意図的にユナイテッド・ローンチ・アライアンスに戦いを仕掛けた。アライアンスは市場を牛耳っているとはいえ、大きな弱点も抱えていた。同社のアトラスVロケットに使われているRD－180エンジンはロシア製だったのだ。折しも、ロシアのクリミア併合をめぐって米ロの緊張が高まっているときだった。マスクは徹底的にアライアンスに攻撃を加えた。

議会議事堂の近くにニュージアムというニュースの博物館がある。マスクはそこで開かれたレセプションで、宇宙船ドラゴンの有人バージョンを披露した際、詰めかけた報道陣に向かって、現状への批判をぶちまけた。

「世界の打ち上げ市場において、わたしたちの最大のライバルはロシアです。ところが、米国の空軍はそのロシアにエンジンの代金として毎年、何億ドルも送金しています」とマスクはいった。「こんなおかしな話がありますか。わたしにはさっぱり理解できません。

想像してみてください。もしみなさんが今、40年前の世界に戻って、当時の人たちに、2014年の米国はロシアに頼らなくては、月やそのほかの宇宙に行くのはもちろん、地球低軌道にすら行けないといったら、どうなるでしょうか。みなさんはいかれていると思われるはずです。それぐらい今のわたしたちはとんでもない状況に置かれています。この状況から脱する策を講じなくてはなりません」

アライアンスを敵に回すのが賢明だと思うかという質問には、次のように答えた。「アイゼンハワーは軍産複合体について警告を発しました。彼にはよくわかっていたのでしょう。では、アイゼンハワーの時代と比べ、軍産複合体はよくなったか、悪くなったか。よくなってはいません。ロッキードとボーイングは新規に参入しようとする企業をつぶすのは当たり前だと思っています。わたしたちのことも必ずつぶそうとするでしょう。ですが、わたしたちは易々とは屈しません。わたしたちは小さいながらも巨人に立ち向かう将来有望な新人です」

威勢のいい発言と訴訟、それにメディアの注目が加わると、国防総省も黙ってはいられなくなった。空軍宇宙軍団の当時のトップが記者に次のようにコメントした。「一般的にいえば、これからともにビジネスをしようとする相手に訴訟は起こさないものだ」

アライアンスもとうとう公に反撃を開始し、「口先より結果」というスローガンのもと、スペースXの経験の浅さに対して自社の長い歴史を強調する広報活動を繰り広げた。

「この広報活動の趣旨は、ロケットの打ち上げには大きな危険が伴うことをはっきりとみなさんに知ってもらう点にあります。打ち上げは文字どおりの意味で、命がけのものなのです」と、アライアンスのCEOマイク・ガスは記者会見で述べた。「また、合計すればこれまで100年にわたって、軌道に衛星を送ってきた実績を持つ企業と、［国防総省の］打ち上げの認可すら得ていない企業とでは、大きな差があることも、みなさんにはっきりと知っていただきたいと思います。

スペースXは近道をして、早急に空軍の承認を得ようとしています。『自分たちを信頼してくれ』の一点張りです。こういう姿勢は明らかに危険だと思います。幸い、わたしたちだけではなく、ほとんどのかたがそう思っています」

失うものが何もないスペースXは、どこまでも戦うつもりだった。

「アライアンスは競争の意義を理解していません。独占企業には理解できないのでしょう」と、スペースXの広報担当ジョン・テイラーはいった。「アライアンスはいっそのこと記者会見を開いて、政界へのロビー活動を始めたと発表するのがいいのではないでしょうか。技術の進歩や、信頼性の向上や、コストの低下といった、競争によって市場にもたらされる数々の恩恵から議員の目をそらすためのロビー活動を始めたと」

2カ月後、ガスは解任された。後任には社のスリム化と効率化を託されたトリー・ブルーノが就いた。自社の商売を脅かし始めたスペースXに対抗するためのCEOの交替だった。ブルーノは打ち上げの価格を半分に下げるとともに、新しいロケットを開発することで、「社を文字どおり変革する」と宣言した。

さらに、アライアンスにはむだを省くことのほかにも、スペースXと戦うための秘密兵器があった。それはジェフ・ベゾスだった。

ブルーオリジンは何年も前から、怪物級のロケットエンジンBE－4の開発に取り組んでいた。高さ3・6メートル、推力25万キロという巨大エンジンで、スペースシャトルのエンジン以上のパワーがあった。パワーの面では、ベゾスがこよなく愛する史上最大のエンジンF－1に及ばなかった。しかし比較的低コストで、何回でも繰り返し打ち上げを行なえるよう設計されていた。

ブルーオリジンが独自にエンジンを開発したり、西テキサスにその試験場を建設したりしていることは、ベゾスが宇宙に本気で取り組もうとしていることの現れだった。ベゾスはすでにエンジンの開発だけでも莫大な資金を投じていた。その額はおそらく10億ドルを下らなかっただろう。

ナショナルプレスクラブで開いた記者会見で、ブルーノとベゾスは「未来への点火」と書かれた横断幕の後ろに並んで座り、事業提携の発表を行なった。ブルーノとベゾスは、ブルーオリジンがアライアンスにBE－4を供給するという。これによりアライアンスは、ロシア製のエンジンRD－180を利用せずにすみ、ひいてはマスクの攻撃を封じることができた。

これは衝撃的であると同時に不釣り合いな提携だった。アライアンスはロッキード・マーティンとボーイングのコングロマリットであり、合わせて1世紀に及ぶ宇宙での経験を持つ。それに対して、ブルーオリジンは陰で慎重に歩を進めてきた無名のスタートアップ企業にすぎなかった。しかしこれによりブルーオリジンが初めて、表舞台に立つことにもなった。それもスペースXの最大の敵と手を結ぶという形で。

「2つの世界の最良のものが組み合わさるといえるでしょう」と、ブルーノは笑顔でいった。「アライアンスの揺るぎない実績と確実性と信頼性、ブルーオリジンの独創性と起業家精神、それらが今、ひとつになるのです」

ベゾスも新しいパートナーとその長い歴史を称え、次のように述べた。「アライアンスはもう8年も、ほぼ月に1回のペースで衛星を打ち上げています。これは比肩するもののないすばらしい実績です。加えて、衛星の姿勢制御や運用の改善にもたいへんな貢献をしています」

ベゾスはさらに自社のエンジンの技術的な特徴も詳しく語った。いかに「濃酸素2段階燃焼サイクル」が「ガス発生器サイクル」より優れているか、ターボポンプが1個しかなく、シャフトも1本きりなので、いかに構造がシンプルか、それでいていかに高い性能と高い信頼性を維持しているか。

その日、マスクはアライアンスとブルーオリジンの提携について尋ねられると、例によってあけすけに答えた。「連中が力を合わせて攻撃を仕掛けようとしてるなら、それは、わたしたちへの何よりの賛辞だ。よっぽどわたしたちを褒め称えたいんだろうな」

同時に、スペースXにかかるプレッシャーも増した。マスクはつまずくことを許されなかった。ライバルたちがこちらの隙を窺い、オバマ政権がスペースXに大規模な投資を行ない、マスクがツイートひとつで市場を動かしたりメディアを騒がせたりできるような著名人になった今、もはや失敗はできなかった。華々しい快進撃を続ける中で、マスク自身やスペースXが名声を高め、その地位が確立されるにつれ、マスクもとうとう「失うものは何もない」とはいえない立場になっていた。

２０１４年9月16日は、ＮＡＳＡが米国の地から最後に宇宙飛行士を宇宙へ送ってから、つまり２０１１年の最後のスペースシャトルのフライトから、１１６７日めだった。有人宇宙飛行の中断期間の最長記録はアポロ計画の最後の打ち上げから１９８１年の最初のスペースシャトルのフライトまでの２０９８日だが、有人宇宙機の打ち上げを取りやめているＮＡＳＡは毎日、不名誉な記録を更新する日に近づいていた。

しかし、１１６７日めに当たるその日、宇宙飛行士をふたたび宇宙へ送ろうとするＮＡＳＡの計画に新しい動きがあった。ＮＡＳＡの長官チャーリー・ボールデンが「ＮＡＳＡと有人宇宙飛行の歴史にこの上なく野心的で刺激的なページをつけ加えるための準備が整った」という声明を出したのだ。スペースXとボーイングの2社がＮＡＳＡの商業乗員輸送計画で、国際宇宙ステーションに次世代の宇宙飛行士を送る企業に選ばれたと、ＮＡＳＡは発表した。2社が宇宙ステーションまで飛ぶ回数は同じで、果たすべき任務も同じだった。しかしスペースXのほうが低い価格を提示していたことから、契約額には大きな差が生じた。

ボーイングの契約額が42億ドルだったのに対し、スペースXの契約額は26億ドルだった。

マスクは長年、従来の請負業者よりも値段を下げ、効率を高められるといってきた。今回の採用はそれがＮＡＳＡに認められた結果だった。いっぽうのボーイングは、値段は高かったが、経験を買われた。

スペースXはすでに複数回、ファルコン9とドラゴンを宇宙ステーションまで飛ばしていた。しかしマスクは火星旅行実現に向けて、早く次の段階に進みたかった。それは新型ドラゴンに実際に人を乗せて飛ばすという段階だった。新型ドラゴンはアポロの宇宙飛行士たちを宇宙へ連れて行ったカプセルをより洗練させたような形をしていた。ゆったり座れる座席と大型スクリーンを備え、美しい内装を施された室内は、ナイトクラブのVIPルームとしても通用しそうだった（マスクのスペースXでの肩書きには、創業者とCEOのほかに「主任デザイナー」も入っていた）。また、パラシュートで海に落下する従来の宇宙船とちがって、ドラゴンにはエンジンが搭載されており、自力で飛んで、地球上のどこへでも――エンジンの推力で減速し、ゆっくり――着陸することができた。

「これが21世紀の宇宙船の着陸の仕方だ」とマスクはいった。

民間部門に頼るというホワイトハウスの危険な賭けは、今、オバマ政権が望んでいたとおりの成果を上げつつあった。

商業乗員輸送計画の契約を得た4日後、スペースXは宇宙ステーションに物資を送り届ける別のミッションをふたたび成功させた。宇宙ステーションに無人の宇宙機で物資を運ぶそのミッションは、スペースXのほかに、オービタル・サイエンシズも請け負っており、すでに3回、宇宙船シグナスを宇宙ステーションへ送っていた。

ミッションを終えたスペースXのドラゴンが地上に帰還しようとしていた10月28日、オービタルは新たな打ち上げに臨もうとしていた。NASAの元宇宙飛行士で、オービタルの上席部長フランク・カルバートソンは打ち上げ前、冗談めかしていった。こんなに頻繁に宇宙船が出入りするのでは、宇宙ステーションの宇宙飛行士たちには、宇宙船を誘導するのに「航空母艦のデッキで使っているあの緑と赤の棒が必要だな」と。

スペースX同様、オービタルも宇宙ステーションへの飛行を「もっと頻繁にし、長期的に続ける」考えだった。まずは宇宙ステーションとの行き来を日常的なものにすることが目標だったが、「それを足がかりにして、次に進みたい。地球低軌道を超えて、月へ行き、その探査を続け、やがては火星や小惑星への到達、さらには太陽系の探査をめざしたい」という構想も描いていた。

天気は最高の打ち上げ日和だった。雰囲気も盛り上がっていた。NASAと民間部門には今、勢いがあり、NASAはこの勢いをぜひとも持続させたかった。ただ、NASAの最も尊い資源――宇宙飛行士――をまだ未熟な産業に運ばせることに対しては、一部に懸念の声もあった。


夜の打ち上げを見ようと、ヴァージニアの海岸には何重にも人垣ができていた。親に肩車された小さな子どもの姿もあった。中には車の上にのぼっている者もいた。誰もがロケットの発射の瞬間を撮影しようと、携帯電話を掲げていて、あたりは携帯電話の画面の光でいっぱいだった。やがてカウントダウンの大合唱が始まった。「5、4、3、2、1!」。群衆の歓声の中、オービタルのロケット、アンタレスが黄味を帯びたオレンジ色の炎と煙を吐き出して、飛び立った。時刻は午後6時22分、日の入りの15分後だった。

ところが数秒後、打ち上げの壮麗さは一瞬にして、恐ろしい閃光へと変わった。ロケットが爆発して、破片をまき散らす火の玉と化したのだ。空はきのこ雲に覆われ、燃えた小さなかけらが花火のように四方に飛んだ。数キロ離れた場所にいた見物客たちには音が聞こえる前に、その光景が見え、火の熱さが感じられた。それからだしぬけに大砲のような轟音が響きわたった。呆然とする者もいれば、避難しようと駆け出す者もいた。

この爆発でロケットと、国際宇宙ステーションに届ける予定だった約2300キロの物資が燃え尽きた。発射台も大きく損なわれた。深さ9メートル、直径18メートルの穴があいてしまい、修理費用は1500万ドルにのぼった。

しかしそれよりも大きかったのは、積極的に民間部門の力を活用しようとするNASAの計画がこうむった打撃だった。

その3日後の2014年10月31日、ブランソンはカリブ海のネッカー島の別荘で、息子のサムと電話で話をしていた。サムはフィラデルフィア近郊のセントリヒュージ訓練施設で宇宙飛行の訓練を終えたところだった。

ブランソンは長年、「世界初の宇宙航路」をまもなく開通させ、観光客を宇宙に連れて行くと約束していた。最初のフライトは2009年のはずだったが、何度も延期され、やがて就航の予定日は発表されなくなった。その代わり、ヴァージン・ギャラクティックは次のようにいった。「わたくしどもは一般のかたがたに弾道飛行の宇宙旅行を提供する最初の（そしてもちろん最高の！）企業になりたいと思っています。ですが、打ち上げを行なうのは、ホワイトナイトツーとスペースシップツーの綿密な飛行計画で満足のゆく結果が得られてからとなります」

それでも、宣伝は控えめにならなかった。ヴァージン・ギャラクティックは25万ドルで、究極のスリルを味わえると約束した。「最初の宇宙体験には万全の準備をすることは不可能だと、宇宙飛行士たちはいいます。ですが、わたくしどもはあらゆる用意を調えて、みなさんにあますところなく宇宙体験を堪能していただきたいと考えています。刺激と驚きに満ち、生涯忘れられない体験となるでしょう」

ヴァージン・ギャラクティックは何年も延期を繰り返してきたすえ、今ようやく、宇宙飛行に臨もうとしていた。重役たちはブランソンに詳しい日程を明かさないよう忠告したが、ブランソンに黙っていろというほうが無理だった。ブランソンはさっそくメディアに、クリスマス前に有人のテスト飛行を実施すると語った。さらには、２０１５年の前半に息子と親子で宇宙へ行き、その後、一般の人たちにも有料で行ってもらえるようになる、とも。

宇宙船の試験飛行は50回以上行なっていたが、大半は動力を使わない「滑空飛行」だった。ルータンが発明した「フェザーシステム」の試験も、10回しか行なっていなかった。エンジンを点火させる動力飛行に至ってはたった4回しか実施していなかった。それでもブランソンとヴァージン・ギャラクティックは完全に売り込みモードに入っていた。

ヴァージン・ギャラクティックは早くもグレイグース（ウオツカブランド）やランドローバーとスポンサー契約を結んだ。ランドローバーは４人の一般人を宇宙旅行に招待するコンテストも開催した。NBCとは「打ち上げ前夜のゴールデンタイムに特集番組を放送し、当日、マット・ラウアーとサヴァンナ・ガスリーが司会を務める『トゥデイ』で3時間の生中継をすること」で合意したことが、発表された。さらに、ニューメキシコ州にある宇宙港スペースポート・アメリカから、有料の乗客を乗せた宇宙船を打ち上げることも決まった。スペースポート・アメリカは2億２０００万ドルの税金を投じて建設された近未来的な打ち上げ施設だった。

初フライトの日が間近――数週間後――に迫ったとき、ブランソンの目はすでにその先の未来に向けられていた。

「何年かのうちには値段を下げられると思います。そうなれば、おおぜいの人が宇宙に行けるようになるでしょう」と、ブランソンはインタビューで語った。

ブランソンも息子と同じように宇宙へ行く訓練を受けていた。2週間ほど前には、Gの増加に慣れるため、スタント飛行機で曲芸のような飛行を体験した。

根っからのショーマンであるブランソンはモハーヴェ砂漠の上空を飛びながら、パイロットに尋ねた。「宙返りはできないか？　滑走路の上でみんなをちょっと驚かせてみよう」

「気分は平気ですか？」と、パイロットが機体を宙返りさせながら訊いた。眼下では地上がぐるぐる回っていた。

「ああ、絶好調だ」と、ブランソンは興奮して叫んだ。「最高だ！」

しかし今、ネッカー島で息子とセントリヒュージの体験について話していると、緊急連絡が入った。ヴァージン・ギャラクティックのCEO、ジョージ・ホワイトサイズからだった。重大な事故が起こったらしい。ブランソンはすぐに出発しなくてはならなかった。

ピーター・シーボルトがふたたびコックピットに座った。スケールド・コンポジッツ――ヴァージン・ギャラクティックのスペースシップツーを設計及び製造したバート・ルータンの会社――の43歳のテストパイロットは、今回は飛ぶ覚悟ができていた。

10年前、Xプライズのときには、シーボルトはスペースシップワンの安全性に不安を感じ、計画から降りていた。それでもスペースシップツーの開発には一貫して携わり、10月31日の朝、もうひとりのテストパイロット、マイケル・アルズベリーとともにそのコックピットに乗り込んだ。

シーボルトとアルズベリーは家族ぐるみのつき合いがある友人どうしだった。互いの子どもたちは週末にいっしょに遊んでいた。ふたりとも自動車の運転免許より飛行機の操縦士免許が欲しいという大の飛行機好きで、独学で飛行機の操縦を覚えた。同じ大学に通っていたふたりは、ルータンの最新の航空機に乗ってみたいという思いから、ルータンのテストパイロットの募集にいっしょに応募した。アルズベリーは、２０１１年に引退したルータンが最後に手がけた乗り物――空飛ぶ車――でも、操縦を任されていた。シーボルトは小さい頃から父親の飛行機に乗って育った。５歳のとき、積み上げた枕の上に父親に乗せてもらったのが、パイロットのスリルを味わった最初の経験だった。

10月のよく晴れた朝、スペースシップツーは母機ホワイトナイトツーに吊されて、上空へ高く運ばれた。高度15キロに達すると、母機から切り離され、パイロットがエンジンに点火した。

シーボルトはこのミッションを「ハイリスク」だと思っていた。そう思う理由を尋ねられると、次のように答えた。「今回は飛行包絡線を大きく広げることになっているんだ。実績のないロケットエンジンを積んだ機体を、空気力学的に初めての条件下で飛ばすことになる。これはふつうの試験危険評価では、『ハイリスクのフライト』に分類されるよ」

加えて、「信頼性が低いことが過去の事例でわかっている推進システムが使われている。タービンエンジンやレシプロエンジンよりはるかに信頼性が劣るんだ」

リスクの高さが気になったシーボルトは、母機から宇宙船を切り離す直前、ひとつ間を置いて、心を落ち着けた。パラシュートのリップコードと酸素マスク、シートベルトにもひとつひとつ手を這わせた。いざというときに体が自然に動くよう、緊急脱出の手順をあらためて確かめるかのように。

ホワイトナイトツーから宇宙船が切り離され、シーボルトとアルズベリーがエンジンを点火すると、機体はいっきに天に向かって16キロ急上昇し、音速の壁を破った。

「点火！　#スペースシップツー　ロケットパワーでふたたび飛行中。随時、情報を更新します」と、午前10時7分、ヴァージン・ギャラクティックはツイートした。

６分後に更新されたツイートは、吉報ではなかった。「#スペースシップツーの機内で異常が発生したもよう。詳しいことはのちほどお伝えします」

シーボルトが機内で最後に覚えているのは、吐き気を催すほどの揺れと低い異音、大きな爆発音、それに室内の減圧だった。機体が上下にはげしく揺れたと、シーボルトは国家運輸安全委員会の調査官に話した。宇宙船が分解したときの音は、かすかといえるぐらい静かで、「凪にはためく紙の音」のようなふしぎな音だった。その後、強烈な重力加速度のせいで脳が低酸素状態に陥り、シーボルトは気を失った。

意識が戻ったときには、宇宙船の外にいて、宙を落下していた。ヘルメットは曲がり、酸素マスクはずれていた。風の音がすさまじく、空気は凍えるほど冷たかった。視界を遮っていたものを取り払うと、下に広大な砂漠が見えた。

モハーヴェ砂漠の地面がぐんぐん近づいていた。

数分前に手順を確かめていたとおり、シーボルトは手さぐりでシートベルトの締め金を探して、外した。薄い絹雲の中を落ちていくうち、訓練の記憶が戻り、両腕両脚を広げる落下の体勢を取って、できるだけ空気抵抗を大きくした。

その次に覚えているのは、別の衝撃で驚き、目が覚めたらしいことだった。そのときにまた気を失っていたのかどうかは自分でもわからないと、シーボルトは調査官に話している。ただ、もし気を失っていたのなら、真っ赤なパラシュートが自動で開いたときに、意識が戻ったのだろう。気づくと、肩がひどく痛かった。どうやら関節が外れたようだった。そのままではパラシュートの操縦に肩が使えないので、どうにか関節を元に戻そうとしたが、うまくいかなかった。

最後はハードランディングを覚悟し、砂漠の真ん中で低木の茂みに突っ込んだ。救助を待っていると、胸が血に覆われているのに気づいた。腕は4カ所骨折し、右手には「素手で雪玉を投げ続けたあとのよう」に感覚がなかった。角膜も傷つき、のちに病院に運ばれてから、左目からガラス繊維の破片を取り除く手当てを受けた。それでも命は助かった。

アルズベリーは緊急対応班によって機体の残骸のそばで、遺体で発見された。座席に座ったままだった。検死の結果、死因は「頭、首、胸、腹、骨盤部、及び四肢、全臓器への鈍器損傷」とされた。まだ39歳で、10歳と7歳の子どもがいた。

ブランソンは息子との電話を切ると、飛行機に飛び乗って、事故現場へ向かった。とにかく急いで現場へ行かなくてはいけないという一心だった。

重大事故はこれで2回めだった。２００７年にも、スケールド・コンポジッツの3人の従業員がエンジンの亜酸化窒素装置の地上試験中に死亡する爆発事故が起こっていた。この爆発では、地面が焦げ、砂漠に戦場のような跡ができたほか、あたり一面に飛び散った破片で、多数の負傷者も出た。

カリフォルニアの労働安全衛生局はスケールド・コンポジッツに対し、２万８８７０ドルの罰金を科した（罰金額はのちに同社の申し立てを受け、1万８５６０ドルに減額された）。

爆発事故は「遺族に耐えがたい悲しみを味わわせるいっぽうで、わたしたちの計画にも大打撃をもたらした」とブランソンはのちに振り返っている。「あのあと、自社で試験を行なうことと、そのためのチームを設けることを決めたんだ」

その爆発事故があった年の2月には、ブランソンの鉄道会社がイングランド北東部で脱線事故を起こしていた。そのときもブランソンはスイスのツェルマットでの休暇を打ち切って、ただちに現場に向かった。

「できるかぎり早く現場へ向かうこと、できるかぎり早く現場に到着して、現実と向き合うことが大事だと思った。自分に非があってもなくても、そうするべきだし、非があるなら、なおさらそうしなくてはいけない」とブランソンは当時のことについて話している。

スペースシップツーの事故現場に到着したブランソンは、報道陣と話す前に、ヴァージン・ギャラクティックのチームに言葉をかけた。

「チームの全員を集めて、精一杯励ました。すばらしい宇宙船をつくったことには自信を持っていいということを伝えたんだ」とブランソン。「みんなとそれまでしたことのないような固いハグを交わした。それから宇宙船に問題はないことはわかっていたから、計画はこの先も続けるとはっきりいった」

しかし、国家運輸安全委員会の調査はこれからだった。またメディアからも質問が相次いだ。

NBCの情報番組「トゥデイ」では、事故の3日後、司会のマット・ラウアーがブランソンにヴァージン・ギャラクティックに未来はあるのかと、問い詰めた。

「パイロットのひとりが亡くなった今回の事故が致命的な打撃になるのではないかと、すでに多くの人たちが思っています」とラウアーはいった。「これまでにも計画の延期や失敗がたびたび繰り返されてきました。そして今、高度14キロの上空で機体がばらばらになる映像が世界じゅうの人々の見るところとなりました。ヴァージン・ギャラクティックはこの危機を乗り越えられるのでしょうか？」

ヴァージン・ギャラクティックの計画には命の危険を冒すだけの価値があるのか、それをラウアーは知りたがった。

モハーヴェ砂漠へ向かう機中でブランソンが考えていたのも、まさにそのことだった。熱気球や、高速船や、あらゆる種類の派手な宣伝活動で、自分の命を危険にさらすことにためらいはなかった。

それらは冒険であり、無茶な挑戦であり、商売に役立つことだった。しかし今回の事故はそういう次元のものではなかった。回転木馬の回転が速くなりすぎたこと、うるさくなりすぎたこと、そんな状態があまりに長く続いたことへの警告なのかもしれなかった。

もしかしたら、あきらめるべきなのかもしれない。宇宙は自分の手に負えないのかもしれない。ヴァージン・ギャラクティックはこの計画にすでに5億ドル以上注ぎ込んでいたが、ひとりも宇宙に送っていなかった。しかし現場に到着し、チームと会うと、続けるべきだといわれた。チームに励まされたブランソンは、ここで止めてほしくないというにちがいないアルズベリーのためにも、チームのためにも、踏ん張らなくてはならないと思い直し始めた。あらゆる探検家がこのような困難に直面し、乗り越えてきたのではないか。そもそもこれはヴァージン・ギャラクティックや宇宙業界が最初から恐れ、覚悟していたことではないのか。アポロ1号と同じ試練ではないのか。退却するか、それともたとえ傷ついていても、態勢を立て直し、さらに強い攻撃に打って出るか、決断をしなくてはいけないときだった。

「もちろん、危険を冒す価値はあります」とブランソンは答えた。「壮大な計画です。つらい失敗も経験しました。ですが、ここで投げ出したら、この計画をこれまで見守ってきてくれた人たちの期待を裏切ることになると思います」

ブランソンは決断を下した。計画は続行と決まった。

向かうところ敵なしのスペースXは、創業以来最も実りの多い1年となった2014年を盛大なパーティーで締めくくった。祝うことはいくらでもあった。国際宇宙ステーションまで確実に飛べることを実証してみせたし、宇宙飛行士を乗せて飛ぶ契約をNASAと交わし、物資輸送の契約と合わせて、42億ドルの出資も得られた。商業衛星の打ち上げにも顧客がつき始めた。第39A発射台も手に入れた。国家安全保障のための打ち上げをめぐるワシントンでの戦いでは優位に立った。ロケットの再利用に欠かせない安全な着陸でも、大きな進歩があった。

やることなすことすべてうまくいった1年だった。

パーティーの規模も並みではなかった。会場案内図には、室内ビーチ（トラックで砂を運び込んで、敷き詰め、そこにハンモックを並べた）から、カジノや「汚れる部屋」（従業員たちが白いボディースーツを着て、ペイントし合う）まで、さまざまな趣向の場所が紹介されていた。ダンスホールもあり、幻想的な明かりに包まれたその部屋では、天井から吊されたフラフープで曲芸師がサーカスのように宙を舞っていた。人力車とミニ鉄道「スペースXプレス」は酔客を乗せて、乱痴気騒ぎの中、あらゆる酒を取り揃えたバーと、テーブルサッカーがあるプレイルームや、菓子の壁で囲まれた「キャンディールーム」のあいだを行き来した。また、スペースXのロゴの形にドーナツを並べた壁もあれば、おとなが入れるボールプールもあった。もちろん、ボールプールはバーのすぐ横に用意されていた。

「@SpaceX のクリスマスパーティーでボールプールを堪能した！」とツイートしたのは、スペースXの重役で、2回スペースシャトルで飛び、国際宇宙ステーションに3カ月滞在したことがある元NASAの宇宙飛行士ギャレット・リーズマンだ。

半年後の土曜日の明け方、スペースXの従業員たちはふたたびパーティーを開くため、また別の目標の達成を祝うため、本社にぞろぞろと集まってきた。2015年6月28日、午前7時（太平洋標準時）に打ち上げを予定しているファルコン9の管制室は従業員で埋め尽くされた。フロリダは気持ちのよい朝を迎えていた。気温は30度弱、風は微風。天候のせいで打ち上げが延期される心配はまずなかった。

今回の飛行のクライマックスは打ち上げではなく、着地にあった。より正確にいえば、着地の試みにあった。スペースXはこの数カ月間、ロケットの第1段を「自律型スペースポート・ドローン船」に着地させるという前例のない飛行操作に取り組んできた。前2回の着地の試みは火の玉――「急速想定外分解」――に終わったが、成功まであと一歩の所まで近づいていた。

前2回のどちらの試みでも、ロケットはドローン船にぶつかってはいた。ロケットが宇宙から戻ってきたものであることを考えるなら、それだけでもたいへんな離れ業だった。しかしどちらのときにも、最後の瞬間に問題が発生し、炎に包まれた失敗の場面の映像がまた1つ増えることになった。

今回は、ようやく着地の仕方がわかったという手応えを得ており、自信があった。スペースXの本社にはナショナル・ジオグラフィックの取材班も招かれ、宇宙飛行の歴史における重要な瞬間を映像に収めることになっていた。

ロケットの第1段の着地に成功すれば、それは史上初の快挙であり、スペースXと宇宙業界全体にとって大きな前進になる。加えて、アライアンスとブルーオリジンに対して挑戦状も叩きつけられる。また、この日はマスクの44歳の誕生日でもあった。歴史を築いて、批判者を黙らせられれば、最高の誕生日のお祝いになる。

打ち上げにも、大きな意味があった。

オービタル・サイエンシズのロケットが国際宇宙ステーションへ物資を輸送中に爆発してから7カ月後、何千キロもの物資や食料を積んだロシアの宇宙船がはげしいスピン状態に陥った。

国際宇宙ステーションへの打ち上げが連続で失敗に終わっていた。

次は、スペースXの番だった。

2回連続の失敗のあとであり、プレッシャーは大きかった。アライアンス・ブルーオリジン連合との競争の激化や、国際宇宙ステーションに宇宙飛行士を送るミッションを請け負ったことによる期待の高まりもプレッシャーに拍車をかけた。もし今回、失敗すれば、民間企業に国際宇宙ステーションへのミッションを任せ、NASAには火星に行くというもっと壮大なミッションに力を入れさせようとするオバマ政権の大胆な構想にも痛手となる。加えて、まだ初期段階の産業に対する疑念の声も強まるだろう。失敗ばかりではないか、金がかかりすぎではないか、まるできのこ雲の大きさで成果が測られているようではないか、と。

さらに、ミッションの2回の失敗によって国際宇宙ステーションにどういう影響が出るかという問題もあった。2015年の夏、軌道上の実験施設に滞在する宇宙飛行士たちに危険はないと、NASAは述べた。それでもNASAのスライドには、現在のまま進めば、宇宙ステーションの食料は7月末に「予備レベル」まで減り、9月5日には底を突くことが示されていた。

打ち上げの13分前、ローンチディレクター〔打ち上げ責任者〕が打ち上げの実施か中止かの最終判断を下すため、打ち上げ準備作業チームの13人のメンバーにそれぞれの担当部門の準備が整っているかどうかを確認した。NASAのやり方を踏襲した、この打ち上げ前の問いかけと応答の儀式も、すっかり板についていた。

「全部門の打ち上げ準備を確認」と、発射指揮者がヘッドセットのマイクに向かっていい、最終確認が始まった。13人のメンバーから順に「準備よし！」という応答が返ってくる。

推進装置、よし。航空電子機器、よし。誘導、航法、制御、よし。チーフエンジニア、よし。最後にミッションディレクターが「よし」と答えると、ローンチディレクターは「秒読み、開始」を宣言した。

秒読みは滞りなく進んだ。「ファルコン9、発射。離陸に成功」

スペースXの本社に集まっていた従業員たちは歓声を上げ、フットボールの試合のように、新たな打ち上げの成功に拳を振り上げて喜んだ。あとは着陸が成功すれば、パーティーが待っていた。

ロケットは順調に上昇を続けた。異常はまったく見られなかった。

「第1段の推進、異常なし」と、離陸からまもなく推進装置のエンジニアがいえば、航空電子機器のエンジニアも「電力、遠隔測定、異常なし」と続いた。

打ち上げから1分30秒後、ファルコン9は機体に最も大きな圧がかかる最大動圧点（マックスQ）を通過した。飛行は相変わらず順調だった。「第1段の推進、引き続き異常なし」

打ち上げから2分後、ファルコン9は高度約30キロに達し、秒速約1キロで宇宙に向かっていた。機体の後ろにたなびく煙と炎が大きくなったが、高高度で気圧が低下したせいであり、異常ではなかった。すべてが順調に進んでいた。

それが一瞬にして変わった。

打ち上げから2分を少しすぎたとき、突然、ロケットが爆発し、白い雲に覆われた。しばらくすると、煙と破片は消え、あとには淡い青空だけが残った。まるで手品のようにロケットと1800キロの積み荷は消えてしまった。

宇宙ステーションでは、打ち上げを見守っていたNASAの宇宙飛行士スコット・ケリーがツイートした。「残念だが、失敗だ。宇宙はむずかしい」

スペースXの本社は沈黙に閉ざされた。口に手を当てて、呆然とする者もいた。ナショナル・ジオグラフィックの取材班はカメラを回し続け、誕生日兼祝勝パーティーを開くはずが、一転して葬儀のような重苦しい空気に包まれた社内のようすを撮影した。

打ち上げから数週間後、スペースXは爆発の原因を突き止めた。長さ60センチ、最大幅2・5センチの鋼鉄製の支柱の欠陥が原因だった。その支柱は4500キロの圧力に耐えられるはずだったが、900キロの圧力で曲がってしまった。その結果、第2段の酸素タンクにヘリウムによって過度の圧力が加わり、爆発が引き起こされた。

1カ月後、記者の取材に応じたマスクは、まるで本物のロケット科学者のように、まだ暫定的とはいえとても詳しく事故の原因を分析してみせた。しかし同時にその話は、スタートアップ企業が大企業へと変貌を遂げる過程で、いかに創造的な文化と自社の強みを維持すればいいかについての、ビジネススクールの講義のようでもあった。

マスクは今回の失敗には支柱の欠陥以外にも原因があるかもしれないといい、かつてまだロケットを確実に打ち上げられるようになるかどうかはわからなかった頃、自社の前進の原動力になっていた偏執狂ぶりが最近いくらか薄れてきた可能性があると述べた。

長いあいだ成功が続いていたので、今回の爆発は試験飛行を除けば、「7年ぶりの失敗」だった。「社内全体にわずかに慢心が生まれてたのかもしれない」とマスクはいった。

ロケットを立て続けに失っていた初期、スペースXにはわずか数百人の従業員しかいなかった。今は4000人いた。

「今の従業員の大多数は成功しか経験してない。だから、失敗に対する恐怖心があまりない」とマスク。

したがってマスクが打ち上げのたび、結婚式の司祭よろしく、異議があれば申し出るよう呼びかけても、「以前と同じ効果はなかった」。まだ会社が小さくて、好戦的で、廃業を恐れていた頃とはちがった。

今の従業員には、「またイーロンの偏執狂ぶりが始まったと思われるだけ」だ。

しかし、そんな新しい従業員たちも今回の爆発事故で、失敗——と恐怖心——がいかに原動力になるかを知った。「こうやって、わたしたちは強くなっていく」とマスクは語った。

第13章　「イーグル、着陸完了」

長年、ジャーナリストたちはＣＩＡ並みに謎に包まれた企業ブルーオリジンに取材を申し込んでは拒まれてきた。それが２０１５年11月24日の早朝、突然、ブルーオリジンから電話がかかってきた。まだ夜明け前で外は暗かった。寝ぼけた頭で電話に出ると、今メールで報道発表を送信したから見てほしいといわれた。さらにきょう、ベゾス本人が取材に応じる時間も設けるという。

ベゾスから発表があるらしかった。

その前日、ブルーオリジンは西テキサスの砂漠の奥地でロケットを打ち上げ、宇宙の境界線を越え、最高速度マッハ３・72を達成していた。初めて宇宙へ行った米国人アラン・シェパードにちなんで名づけられた弾道飛行用ロケット、ニューシェパードが初めて、宇宙空間と大気圏の境目とされている高度１００キロの「カーマンライン」を越えたのだ。

さらにロケットの先端に搭載された無人のカプセルも、ブースターから切り離されたあと、パラシュートに導かれて地上に軟着陸した。しかし何より重要なのは、ロケットが大気圏へ戻ったあと、時速１９０キロの横風に耐えて、地上への着陸を果たしたことだった。ＧＰＳの誘導システムと、下降時の機体の姿勢を安定させる尾翼のフィンシステムを使いながら、エンジンの噴射で減速し、最後には着陸用の脚を出して、コンクリートの着陸台に静かに着地することに成功した。

着地した位置も着陸台の中心から１・４メートルしか離れていなかった。最初の着陸としては、申し分のない精度だった。

ブルーオリジンの本社では従業員たちが集まり、テレビでいっしょに着陸を見守った。ロケットが着陸台に立つと、大騒ぎになった。およそ400人の従業員がいっせいに雄叫びを上げて、拳を突き上げ、抱き合った。

ブルーオリジンは当初から再利用型のロケットの開発に取り組んできた。飛行機のように何度でも繰り返し飛べるロケットだ。それは宇宙業界の悲願でもあった。ロケットが再利用できるようになれば、宇宙へ行くコストを下げられ、ついに宇宙旅行が大衆に手の届くものになる。今、ブルーオリジンはとうとう着陸に成功した。10年以上に及ぶ努力がついに実を結んだ。

ベゾスは晴れ晴れとした顔でインタビューに応じ、今回のミッションを「完璧だった」と自賛して、「生涯で最高の瞬間だ。目頭が熱くなった」と語った。

ベゾスは15年前にブルーオリジンを創業し、その数年後には、再利用可能な化学燃料ロケットの開発を誓っていた。今、ブルーオリジンによってその誓いが果たされた。

のちにベゾスは、着陸の成功を喜びながら「神はご自分のつくったものにそれぞれ適切な値段をつけておられる」という言葉を思い出したと話している。

「努力をすればしただけ、時間をかければかけただけ、必ず、それに見合った満足が得られるものだ」とベゾスはいう。「10分でできることをしても、どれほどの満足が得られるだろう。10年かけて取り組めば、それだけ大きなことが成し遂げられる。わたしの場合、始まりはいってみれば5歳の頃までさかのぼる。だから満足はひとしおだった。チームのみんなも大きな満足感を味わったはずだよ。この事業に携わる人たちはみんな自分を伝道者だと思っているんだ」

炎で焦げた着陸台に立ったロケットには、数学と工学と科学の粋が凝らされていた。それは過去に飛んだいかなるロケットともちがった。

従来のロケットは力はあるが、頭は空っぽだった。強力なブースターで重力を振り切ることだけを唯一の仕事にし、その仕事を果たせば、もう役目はなかった。あとは水中の墓場へ没するだけだった。

しかしニューシェパードは頭がよくて、力もあった。自分で飛べる自律型のロボットだ。コンピュータのアルゴリズムと、風速を計測するセンサー、それにGPSを使って針路を調節しながら、大気圏内を降りてくると、高度1500メートルでエンジンを再点火して、減速し、着陸態勢に入った。

そこからが最も目を引く部分だった。ロケットはしばらく着陸台の上でホバリングして、座標を調べ、着陸の位置が合っているかどうかを確かめた。位置が合っていないと判断したニューシェパードは、推進装置を使って位置の微調整を始めた。前後左右に動くそのようすは、ソファーの上でもぞもぞと座り直しているようだった。やがて位置が決まると、土煙を上げながら、時速7キロでふわりと着地した。

これにより、有料で観光客を宇宙との境界線の上まで連れていくという目標の実現が現実味を帯びてきた。その目標が実現すれば、一般の人々に宇宙空間からの眺め——地球の輪郭や、薄い大気の層や、宇宙の広大な暗闇——を楽しんでもらえるようになる。今回のフライトでは、カプセルの試験飛行も無人で行なっており、カプセルも打ち上げの11分後、パラシュートでぶじに帰還した。

ベゾスは今回のフライトの成功で、長期的な目標であるさらに大型のロケットの開発に向けても、大きく前進できたと述べた。そのロケットには「ベリー・ビッグ・ブラザー」という呼び名がつけられていた。2年前、マスクはベゾスを嘲り、ブルーオリジンがペイロードを軌道へ運べるロケットを開発するより、「フレームダクトで踊るユニコーンを見ることになる公算のほうが高い」といった。

しかし今、ベゾスはまさにそのようなロケットを開発してみせると宣言していた。

しかもそのロケットはスペースXの第39A発射台からよく見える所で打ち上げられることになる。数カ月前、ベゾスはブルーオリジンが第36発射台の利用契約を結んだことを発表していた。第39A発射台ほど由緒のある発射台ではないが、ケープカナヴェラルの通りを南に少し下った場所にあり、閉鎖されるまで43年間使われてきた発射台だ。打ち上げの回数は145回にのぼり、その中にはマリナー計画の打ち上げも含まれる。マリナー計画は米国で初めて、金星や火星など、他惑星に探査機を送ろうとした計画だ。また、小惑星帯の中を初めて飛んだパイオニア10号も、ここから打ち上げられた。

しかしフロリダ宇宙海岸の大半の施設同様、放置され、かなり錆びていた。「この発射台は10年以上も沈黙してきました。それはあまりに長すぎました」と、ベゾスは除幕式でいった。「改修を始めるのが待ち遠しくて仕方ありません」

さらに今、ニューシェパードの着地の成功で祝い事がまたひとつ増えると、ツイッター――マスクが好んで使っていた発信手段――で発表した。

「世界で最もめずらしいものといえば、中古のロケットでしょう」と、ベゾスはツイートした。ツイッターのアカウントは2008年7月に取得していたが、これが初めてのツイートだった。「制御された着地は易しくはありません。でも成功すると、簡単に見えてしまうんですよね」

マスクには、ベゾスがたいしたことを成し遂げていないのに、はしゃぎすぎではないかと感じられた。第39A発射台をめぐる対立があり、特許論争があり、ロッキード-ボーイング連合との提携があり、従業員の引き抜きがあったあとでは、なおさらその発言が不愉快に感じられた。

マスクにいわせると、成功を祝うベゾスの発言は、恥ずかしい自画自賛であるだけでなく、事実の面でも誤っていた。

スペースXは何年も前に、試験機グラスホッパーで何度も数百メートルの打ち上げと着地を行なっていたし、一度は800メートル近い高度から着地を成功させている。だから、厳密にいえば、着地を最初に成功させたのは、マスクだった。

「@JeffBezos　それは『最もめずらしいもの』ではない。スペースXのグラスホッパーは3年前に6回、弾道飛行を実施し、今も現役だ」とマスクはツイートした。「スペースXが弾道飛行の垂直離着陸を2013年に始めたことをジェフはきっと知らないのだろう」

とはいえ、それらの試験機は最高で1000メートルの高さまでしか飛んでいなかった。ニューシェパードのロケットは高度10万メートルという大気圏と宇宙の境界線を越え、カプセルはそれよりさらに高くまで行っていた。宇宙から帰ってきたロケットが地上に垂直着陸した例は過去に一度もなかった。それはまぎれもなくニューシェパードが初めてだった。

マスクにはもうひとつ気に入らないことがあった。それはスペースXがしていることと、ブルーオリジンやヴァージン・ギャラクティックがしようとしていることのちがいが、一般の人々に理解されていないことだった。スペースXのロケットは軌道に到達しているのに対し、2社のロケットは宇宙空間へ行ったといっても、あくまで弾道飛行にすぎなかった。

マスクは以前から、インタビュアーや一般の人々にそのちがいをどうにかわからせようとしていた。広報担当者に、わざわざ記者へ電話をかけさせ、ちがいを説明させたこともある。宇宙との境界線を越えるだけの宇宙飛行は、マスクにいわせれば、「上に向けて砲弾のように発射されて、4分間の自由落下をするだけ」のものだった。軌道を飛ぶのはそれとは「次元がちがう」。2007年のあるインタビューの際には、メモ用紙を取り出して、そのちがいを計算で示してみせた。そして今またツイッターで、マスク教授の物理学講義を繰り広げていた。

「だが、『宇宙』と『軌道』のちがいをはっきりさせることがたいせつだ」とマスクは書いた。「宇宙にはマッハ3の速度で行けるが、GTO（静止トランスファー軌道）に到達するためにはマッハ30の速度が求められる。必要なエネルギーは2乗で増えるので、宇宙に行くのに9単位必要だとすれば、軌道に達するには900単位必要になる」

軌道に達するためにそれほどの膨大なエネルギーが必要になるのは、宇宙船を地球の重力から脱するほど加速させて、いわば地球の周りを落ち続ける状態にしなくてはならないからだ。物体を軌道に乗せるには猛烈な速度——宇宙ステーションは時速2万8000キロで飛び、地球を90分で一周している——が必要になるということは、「軌道クラス」のロケットの着陸がいにむずかしいことを意味する。マスクがいうように、「流れ星のような火の玉からそれだけのエネルギーを取り除かなくてはいけない。ちょっとでも間違えれば、大惨事になる」。

マスクのツイートはメディアを賑わせた。メディアはベゾスからも反応を引き出して、宇宙に挑戦するふたりの億万長者の舌戦を見たがったが、ベゾスは沈黙を保った。亀は兎にやり返そうとはしなかった。少なくとも、このときは。

ニューシェパードの着陸から28日後、マスクは自社の管制室から外に走り出ると、ケープカナヴェラルの路上に立って、1・5キロほど離れた発射台に目を凝らした。そこで打ち上げを見守るつもりだった。今回の打ち上げは、ファルコン9の爆発以来初めて、またツイッターでベゾスを嘲って以来初めてとなる。

1回の失敗には耐えられても、2回連続で失敗すれば、スペースXは大打撃を受けるだろう。また今回は、ふたたび着地——それも洋上ではなく陸上での着地——を予定しており、自分がいったことを成し遂げてみせるチャンスであることからも、成功を祈る気持ちが強かった。

この2015年12月21日の飛行再開に向けて準備を進めているときには、大それた着地の試みはもとより、打ち上げについても、実施にこぎつけられるかどうか、おぼつかなかった。液体酸素燃料の温度に関わる技術的な問題にかなり手こずったからだ。なかなかうまく液体酸素燃料の温度をマイナス約180度という超低温に保つことができなかった。

超低温の燃料は、新しいロケットに取り入れられた新機軸のひとつだった。その狙いは燃料を超低温にすることで、燃料の密度を高めることにあった。燃料の密度が高ければ、それだけロケットに積む燃料を増やせ、燃料が増えれば、それだけロケットのパワーを大きくできたからだ。

今回の着陸の試みでは、地上に戻るときにふたたびエンジンを点火できるよう、少しでも多くの燃料をブースターに積んでおく必要があった。しかし燃料をこれほどまで低温に保つのはスペースXにとっては初めてのことで、思わぬ問題をもたらす可能性があった。

さらに、0・6秒単位で噴射を調節するバルブの動作にも不安があった。今回、爆発以来初めて打ち上げるロケットは、改良を施された新型のファルコン9だった。確かに、パワーは強化されていたが、まだ未熟でもあった。門の前でもじもじしている若者のようなロケットだった。

クリスマスが近づくと、業界内では、打ち上げは年末の休暇明けまで延期されるのではないかとも噂された。しかしマスクは顧客である民間通信企業から年末までに11基の衛星を打ち上げることを求められていた。予定より遅れたとはいえ、きっとやり遂げてみせるという意気込みに変わりはなかった。

そして今、午後8時30分、マスクは霧雨が降るフロリダ宇宙海岸で、フライトコマンダーのカウントダウンを聞いていた。やがてエンジンの轟音が響きわたり、炎と煙がもうもうと立ちのぼるのが見えた。スペースXのウェブ中継ではアナウンサーが「ファルコン9が発射しました」と告げた。

打ち上げ台から1・5キロほど離れた場所には、スペースXが建設したケープカナヴェラルで初の着陸台があった。着陸台は巨大なヘリポートのような形で、中央に着地の目印として、スペースXの「X」のロゴが描かれていた。この着陸台の場所はたまたま、ジョン・グレンが米国人で初めて弾道飛行をしたときに使われた発射台のすぐそばだった。歴史的な偉業に挑むのに打ってつけの場所といえた。今回の試みが成功すれば、スペースXは民間宇宙飛行産業の寵児としてますますもてはやされるだろうし、マスク自身も、宇宙エンジニアたちを巧みに導いて、誰もが不可能だと思ったことを実現させてしまうカリスマリーダーという評判を揺るぎないものにするにちがいなかった。

ベゾスを批判したツイッターでは自信のほどをのぞかせていたマスクだが、のちに語ったところによると、難易度のきわめて高い着地を成功させられる確率は60から70パーセントだと見積もっていたらしい。今回の着地までのプロセスは、気が遠くなるほど複雑だった。

発射から2分20秒後、ロケットに軌道へ達する動力を与え終わった第1段のエンジンが止まると、それから4秒後、時速6000キロで高度80キロの上空を飛びながら、第1段と第2段が切り離される。その後、第2段はエンジンを点火させて、地球周回軌道へ向かういっぽう、第1段は窒素燃料のスラスターを使って、ブースターの前後の向きを反転させる。つまり後部（尾部）を前にして飛ぶ格好になる。

そこで第1段の9基あるエンジンのうち3基がふたたび噴射して、強力なブレーキの役割を果たす。ブースターはやがて大空に「スリップ痕」を描いて上昇を止め、今度はケープカナヴェラルに向かって飛び始める。

そこからはあらかじめプログラムされたGPS座標に従って、着地点をめざす。しだいに密度が高まる大気の中を落ちながら、ブースターからはグリッドフィンと呼ばれる翼が出される。グリッドフインは横120センチ、縦150センチほどの小さなワッフルのような矩形の翼で、走る自動車の窓から突き出された子どもの手のように空気を捉えて、機体の姿勢を調節する。グリッドフィンを出したあとは、一流のダイバーのように完璧な姿勢を保って、雲を突っ切り、まっすぐに落ちていく。地上が迫ってくると、着陸に備えて、ふたたびエンジンを点火する。同時にGPSシステムで、着陸場所へ誘導される。

スペースXはこの着陸を「嵐の中で、てのひらの上にゴムのほうきの柄を立て、そのバランスを保とうとするようなもの」と表現している。

そんなことは不可能だといわれるのは当然だった。

それでも連邦航空局は着陸を了承し、スペースXに許可を与えていた。空軍も了承した。ただ、万一の場合に備え、現場に空軍の管制官を待機させた。もしロケットがタイタスヴィルの市街地のほうへ向かうなど、予定の経路から外れる兆候を示せば、遠隔操作で機体を爆破し、大西洋に破片を落下させることになっていた。

地元ブレヴァード郡の緊急事態対応センターは警戒態勢を2番目に高い「レベル2」に引き上げ、万一に備えた。さらに、スペースXが打ち上げと着陸のもようをウェブサイトで生中継することも、緊張感をいっそう高めた。成功しても、失敗しても、世界じゅうの人々にその場面を目撃されることになる。これには大きなリスクがあった。失敗すれば、巨大な火の玉の映像がメディアで繰り返し放送されることは目に見えていた。

ベゾスがニューシェパードのブースターの着陸を発表したときとは大ちがいだった。ブルーオリジンの広報担当者が明け方にジャーナリストたちを起こして、そのニュースを知らせたときには、すでに着陸から24時間近く経ち、報道発表の原稿も、見栄えのいいビデオもすでに用意されていた。

亀は確かに周到で、慎重だった。しかし兎は結果がどうなるかわからないのに、みんなにありのままを見せ、台本をその場で、みんなの前で書いていた。兎は自信過剰で、ときに嫌悪感を抱かれることもあったかもしれない。ただし度胸はあった。

ファルコン9がぶじに宇宙へ到達したあとも、マスクは屋外に留まり、そこでファルコン9の帰還を待った。10分後、その姿が空に現れた。最初は、霧深い夜の街灯のような小さな光が、遠くにちらちらと見えた。やがてその光はロープを伝わるようにまっすぐ地上に降りてきた。地上ではスペースXの従業員が息をのんで見守っていた。涙を流す者もいた。ロサンゼルスに近いカリフォルニア州ホーソーンのスペースX本社に集まった従業員たちは、大歓声を上げた。

ウェブ中継では「新たな歴史がつくられようとしています」と、スペースXのコメンテーターが宣言した。

管制室の外の路上にいたマスクは、本社にいる従業員たちには聞こえない音を聞いていた。胸を殴られるような爆発の衝撃とともに、耳をつんざくような爆音が響きわたったのだ。マスクは最悪の事態を覚悟した。

「仕方ない。少なくともあと一歩の所までは近づいたんだ」と、胸のなかでつぶやいた。

マスクは路上に立ったまま、火柱が上がるのを待ち構えた。ロケットが墜落したのであれば、爆音に続いて火柱が立ちのぼるはずだった。

火柱は上がらなかった。

急いで管制室へ駆け込むと、みんながコンピュータの画面に映し出されたものに喝采を送っていた。

そこにはファルコンがしっかりと立つ姿があった。「ファルコン9、着陸完了」と、発射指揮者が告げた。マスクが聞いた衝撃音は爆発の音ではなく、ソニックブームの音のようだった。

意図したものかどうかはわからないが、「ファルコン9、着陸完了」という言葉は、ニール・アームストロングが月面に宇宙船を着地させたときにいった言葉、「イーグル、着陸完了」を思い出させた。

カリフォルニアの本社では、何百人もの従業員たちが抱き合ったり、飛び上がったりし、まるでスーパーボウルで勝ったように大騒ぎして喜んだ。ブルーオリジンが着陸を成功させたときとまったく同じはしゃぎようだったが、こちらのほうが従業員が多いぶん、いっそうにぎやかだった。管制室の最前列に座っていた社長グウィン・ショットウェルは両手を高々と上げ、周りの仲間たちと抱き合った。ガラス張りの管制室の外に詰めかけた従業員たちのあいだからは、いつしか「USA! USA!」の大合唱が沸き起こっていた。

「USA」の連呼はここでは場ちがいだったかもしれない。今回の偉業を成し遂げたのは、国ではなく、一民間企業だったのだから。とはいえ、この大騒ぎの中ではそれも正しいように感じられた。まるで自分たちが成し遂げたことは、スペースX1社だけに留まるものではないというように。そこには未来への楽観が反映していた。長年取り組んできた不可能に見える目標が、単なる億万長者の途方もない空想ではなかったことが今やはっきり確信できた。また、40年前、多くの人から無理だといわれた壮大な夢を成し遂げてみせた世代とのつながりも、実感できた。

マスクはこの成功で、自分が長年いってきたことがほんとうに可能だったことを証明できた。これで「火星に都市を建設することへの自信が劇的に深まった」。「すべてはそのため」だった。

パーティーは翌朝まで続いた。マスクも着陸台を訪れてから、ココアビーチの砂浜のそばの会場に顔を出した。まだ作業着姿でヘルメットをかぶったままだった。酔いが回った従業員たちからヒーローとして迎えられ、20代や30代の従業員たちとハイタッチやハグを交わした。喜びに浸るマスクの顔には終始、笑みが浮かんでいた。

ホーソーン本社内でも、盛大なパーティーが開かれた。ショットウェルはパーティーの「お母さん役」として、全員が家にぶじに帰れるよう気を配った。「みんなが羽目を外しすぎないよう、目を光らせているのがわたしの役割でした」とショットウェルは振り返る。「それはもうたいへんでした」

この盛り上がりを妨げるものはひとつもなかった。ただ従業員たちは喜びながらも、胸の奥では新たなライバル――ベゾス――にマスクが嘲られたことに憤っていた。ベゾスがマスクを嘲ったのは、マスクから以前嘲られたことへのお返しだった。

なんでも秘密保持契約に署名させ、『ゴッドファーザー』のコルレオーネ家並みに「あくまでビジネス」という態度に徹するブルーオリジンは、これまでつねにおのれをきびしく律してきた。

しかしそれが今回は、いつになく感情的な反応を示した。マスクのツイッターで「最もめずらしいものではない」といわれたときも、「フレームダクトで踊るユニコーン」と笑いものにされたときも、沈黙を保ったのに。あるいはそのほかどれだけ侮辱されたり、軽視されたりして、敵対心をあおるようなことをされても、いっさい挑発に乗らなかったのに。

「おめでとう、@SpaceX ファルコンの弾道飛行ブースターの着陸は見事だった」と、ベゾスは着陸後すぐにツイートした。「これでわたしたちは仲間になったな！」

これが本心からの言葉かどうかはわからないが、誰の目にも仕返しに見えた。先にやったのはおまえのほうだろうといっているようだった。

このツイートが拡散するにつれ、スペースXの従業員もマスクも怒りを募らせた。

「あの発言はかなり辛辣だった」と、マスクはのちにいっている。

ショットウェルは「思わず目を見張ったけれど、黙っていた」。「まったくあきれた発言」だった。しかしマスクは部下たちからツイッター上で起こっていることを知らされたおかげで、冷静さを取り戻せた。マスクのファンがすでにマスクに代わって、ベゾスへの報復攻撃を繰り広げていたのだ。宇宙空間と軌道が同じではないことをマスクから何度も聞かされ、よく理解していたファンは、ベゾスの侮蔑的な発言にすぐさま反応した。

「@JeffBezos と @SpaceX では、していることの次元がちがうぞ。ご苦労様」

「@JeffBezos @SpaceX 支持者を得たければ、礼儀正しく振る舞ったほうがいい。敵愾心をむき出しにするのは、得策ではない」

「@JeffBezos @SpaceX 論より証拠」とツイートし、両社のロケットの写真を並べて掲げる者もいた。ニューシェパードは成熟したファルコン9の横に置かれると、幼稚なものに見えた。

マスクはそれらのツイッター上での反応を見ると、怒りが和らぎ、「たわごとにわざわざいい返すのはやめる」ことにした。それにもうすでに「インターネットが奴にたっぷりお仕置きをしてくれた」。

何も問題はなかった。ロケットは着陸台にしっかりと立っているのだ。その晩、ツイートの嵐が吹き荒れることはなかった。

ブランソンは同業の億万長者ふたりのあいだにはげしいライバル関係が生まれつつあるのを遠くから眺めながら、いくらか閉口していた。あれだけ衝動的で、享楽的な生き方をしているブランソンだったが、争いは好まなかった。ブランソンにはふたりの争いは醜く、どちらの益にもならないものに思えた。

「ライバル関係は、一般的にはいいことだと思う。消費者にとっては、間違いなく、歓迎すべきものだ」と、ブランソンはいった。マスクとはもう何年も前から、つき合いがあった。「イーロンのことはそれなりによく知っている。友人だよ。ネッカー島にもときどき遊びに来てくれる」。いっぽうベゾスとはこのときにはまだ知り合っておらず、ツイッター騒動について尋ねられると、しばし間を置いて、適切な言葉を探した。

「ライバルに勝つために使う手段としては、ツイートは必ずしもいい手段とはいえないと思うな」と、ブランソンはいい、すぐに次のようにつけ加えた。「ま、どちらにしても、わたしは争いには関わらないようにしているんだ」

競争相手のことを気にするより、自分たちの製品に全力を注ぐのが、いちばん賢い競争の仕方だ。スペースシップツーの爆破は大打撃をもたらした。しかしそれから1年経ち、ブランソンは戻ってきた。すでに新しいスペースシップツーが完成していた。安全性が増し、信頼性が高まった新しい宇宙船をブランソンはこれから披露するところだった。


ブランソンは真っ白なランドローバーのサンルーフに立ち、さながら二輪戦車に乗って威風堂々とコロセウムに入ってくるカエサルのように群衆に投げキッスを送り、手を振りながら、登場した。ブランソンがモハーヴェで公の場に姿を見せるのは、宇宙船が大破したとき以来だった。今、新しい宇宙船とともに表舞台に帰ってきたブランソンは、この新しい宇宙船で、過去の失敗の痛手を乗り越え、希望を取り戻したいと考えていた。

国家運輸安全委員会は9カ月に及んだ調査を終え、「人的要因への配慮不足」が宇宙船の空中分解につながったという結論を下していた。この調査では、ヴァージン・ギャラクティックの宇宙船を製造したスケールド・コンポジッツが、パイロットに必要な訓練を施さず、ヒューマンエラーを防ぐ基本的な対策を怠っていたことが明らかになった。

この事故で死亡したパイロット、マイケル・アルズベリーがフェザーシステムを解除したのが早すぎたことは確かだった。しかしそのような解除ができないようにしておくべきだったと、委員会は指摘した。今回の事故の背景には、組織の欠陥があり、フェザーシステムの操作ミスが起こりうることを想定できなかったのも、その欠陥の表れだった。委員会のメンバーのひとり、ロバート・サムウォルトが指摘したように、スケールド・コンポジッツは「パイロットがミスをしないことをすべての前提にしてしまった」。しかし、人間は必ずミスを犯す。そのミスは「たいてい組織に欠陥があることの兆候」だった。

ヴァージン・ギャラクティックはこの操作ミスの防止策として、フェザーを所定のタイミングより早く解除できないようにする制御装置を取りつけた。また自社で宇宙船をつくることを決め、スケールド・コンポジッツとの契約を打ち切った。

「今後は、すべて自社で行ないます。きょうから起こることはすべて、ヴァージン・ギャラクティックが責任を負います」とブランソンは宣言した。

そしてきょう、2016年2月19日、ついに新しいスペースシップツーの初公開の日を迎えた。ブランソンの派手な登場の仕方――にぎやかな音楽と、光の渦巻きと、よく冷えたシャンパン――はいかにもブランソンらしく、世界的なプレイボーイの盛大なショーを期待していた人たちを十分満足させた。ブランソンもその役を演じるのがとても楽しそうだった。ロックスターのような革のジャケットとジーンズという出で立ちで、髪をなびかせ、満面に笑みを浮かべて、英国人の魅力を振りまいていた。最前列の席には、本物のハン・ソロ、すなわちハリソン・フォードの姿もあった。しかしこの日、誰より著名人の威光を放っていたのは、世界で最も有名な物理学者スティーヴン・ホーキングだった。

ヴァージン・ギャラクティックの幹部のあいだでは、重大な事故を起こしたあとのイベントだけに、軽々しい印象を与えてしまうことへの懸念があった。失敗の痛手をいくらかは忘れさせ、自信を回復できる程度には華やかなものにしたかったが、一線を越えないように細心の注意を払う必要があった。とりわけ計画が大幅に遅れ、いまだにひとりも一般の人を乗せて飛んでいない状況ではそうだった。事故とその後の計画の延期は、2億2000万ドルの税金を投じて建設された近未来的な宇宙港スペースポート・アメリカの苦境も、それだけ長引かせることになった。スペースポート・アメリカはニューメキシコ州の砂漠で、ヴァージン・ギャラクティックの飛行をじりじりしながら待っていた。

ヴァージン・ギャラクティックの事故では、政府の財政を圧迫している宇宙港の問題もさることながら、何よりひとりの命が犠牲になっていた。したがってヴァージン・ギャラクティックは自分たちが浮かれておらず、まじめに宇宙をめざしていることを示す必要があった。そこで選ばれたのが、ホーキングだった。ホーキングは病気のせいで会場には来られなかったが、コンピュータ処理されたあの特徴的な声が格納庫に響きわたった。

「わたしは昔から宇宙飛行を夢見てきました」とホーキングは語った。「ですが、これまでずっとそれは文字どおり夢だと思っていました。地上に車椅子で縛りつけられている自分が、想像と理論物理学以外で、どうして宇宙の壮大さを経験することができるでしょうか」

しかし数年前、ブランソンから宇宙旅行の話を持ちかけられたホーキングは、次のように続けた。

「この宇宙船に乗って飛ぶことができるなら、それはわたしにとって、この上なく光栄なことです」

ヴァージン・ギャラクティックは過去を消し去ろうとするのではなく、過去を受け入れようとした。ある重役はアルズベリーの死と功績に触れ、むせび泣いた。CEOジョージ・ホワイトサイズも、過去から目を背けなかった。

ホワイトサイズのあいさつは「試験飛行の事故から16カ月経ちました。あの日のことは忘れられません」という言葉から始まった。

ホワイトサイズは事故の直後、「まさにこの格納庫」でブランソンと会って話をした。「わたしたちの長年の努力が社会から疑いの目を向けられるとともに、ひとりの勇敢なパイロットが、妻子や多くの友人たちを残して、この世を去ったときです。わたしたちはこの格納庫の中を歩き、まだ未完成だった製造番号2番の宇宙船の前で立ち止まりました。それはちょうどそのあたりにあったんです。そのとき、胸にこんな問いがふと浮かびました。精魂込めてつくったこの部品の数々は、わたしたちの過去を示しているのか、それとも未来を示しているのか」

祝賀と追悼、復活と葬儀の中間を行くよう絶妙な演出を施されたこのイベントが開催されている今、その答えは明白だった。しかし、これまで未熟なままやみくもに宇宙へ向かって突き進んでいたのがつまずいて、懲らしめられたことで、かつての性急さは消え、慎重に進もうという意識が芽生えていた。

このイベントの開催にあたっても、人々の期待を抑え、将来の顧客たちにこれからはけっして慌てず、安全性を最優先にすることを知ってもらうため、次のような声明を発表していた。「スペースシップツーが公開の当日、その場で打ち上げられ、宇宙へ直行すると期待されているかたもいるかもしれません。ですが、どうかそのような幻想はお控え下さい。今回のイベントは地上での祝典となります」

期待をあおることを得意としてきた企業にとって、これはきわめて異例の声明だった。ブランソンとヴァージンブランドはこれまで人々に積極的に「幻想」を抱かせ、その「幻想」を実現することに力を入れてきた。しかし人の死はあまりに厳粛だった。ヴァージン・ギャラクティックは新しい宇宙船や、宇宙への定期便の就航という大それた構想を発表するにあたって、そのような企てに伴う危険や困難との微妙なバランスを取ることを求められた。

新しい宇宙船は一連のきびしい試験をパスしていると紹介された。部品を組み立てる前の段階でも、「宇宙船に使われる全部品について、突いたり、叩いたり、伸ばしたり、圧縮したり、曲げたり、ひねったりして」強度を調べたという。宇宙船というより、まるで自動車のベビーシートの製品発表のようだった。

ブランソンを知る人たちはよく、プレイボーイのイメージはつくられたものだという。実際はもっと家庭的な人物で、驚くほどまじめで、謙虚なのだ、と。ロケットの技術的な側面についてあれこれと蘊蓄を語るのが好きなマスクやベゾスとちがって、ブランソンは技術面にはいくらか不案内なようで、いつもエンジニアをそばに置いて、専門的な質問に答えさせた。ブランソンが語るのはビジョンであって、技術面の説明ではなかった。

ブランソンがプレイボーイだったとしても、もう孫のいる65歳だった。この会場にも、100歳近くになる母親と、息子、それにきょうが1歳の誕生日の孫娘が来ていた。

格納庫の隅にはシャンパンのボトルがずらりと並んでいたが、スペースシップツーの洗礼式はシャンパンでは行なわれなかった。代わりに、ブランソン家の新メンバー、エヴァーデイア、ブロンドの髪にきらきらと輝く目をした無垢の天使が、家族に囲まれながら、哺乳瓶でスペースシップツーに洗礼を授けた。

この発表から数カ月のあいだに、マスクとベゾスは少なくとも公には仲直りした。ツイッター上での口論はメディアに取り上げられて、テクノロジー企業の億万長者どうしによる宇宙の支配権をめぐる争いとして、おもしろおかしく書き立てられていた。そんなことで話題になるのは、ふたりとも望んでいなかった。

自分のイメージに細心の注意を払っているベゾスにとって、マスクとけんかをしていると思われるのは、心外なことだった。アマゾンに戦いを仕掛けてくる競合企業があっても、それはベゾスにさらに大きな成功を収めようという気を起こさせるだけだった。そのことはオンラインの小売り業でも、宇宙事業でも変わりはなかった。ベゾスは正攻法で戦い、宇宙へ行くという壮大な挑戦に全力を注いでいた。それはアマゾンで徹底して顧客サービスに力を入れているのと同じだった。「ブルーオリジンの最大の敵は、重力です」と、ベゾスはある授賞式でいった。「その物理学的な問題を乗り越えるだけでも、十分、たいへんです。重力はこちらを観察してもいなければ、『お、あのブルーオリジンの奴らは、なかなかいいところまで来てるぞ。ちょっと重力定数を増やさないといかんな』なんていったりもしません。重力はわたしたちのことなど、ちっとも気にかけていないのです」

宇宙は広大だ。数多くの企業が進出しても、すべての企業がそこで繁栄を遂げられるだけの余地がある。宇宙事業は必ずしもゼロサムゲームにはならない。

「ビジネスの競争はスポーツの試合のように考えられてしまうことがよくあります」と、ベゾスは2016年に開かれた年次宇宙会議の「ギークワイアのアラン・ボイルによるQ&A」というセッションで語った。「スポーツの試合では、ある選手が勝者としてグラウンドをあとにすれば、もういっぽうの選手は敗者としてグラウンドをあとにすることになります。しかしビジネスの競争は、それとは少しちがいます。大きな産業はふつう、1社とか2社、あるいは3社で成り立っているわけではありません。ふつうは何十社もの企業で成り立っています。多くの企業が勝者になることがありえますし、ほんとうの大産業であれば、何百社、何千社が勝者になることだって可能です。わたしたちは今、そういう産業の誕生に向かって進んでいるんだと思います。

多ければ多いほどいいというのが、わたしの持論です。ヴァージン・ギャラクティックにも、スペースXにも、ユナイテッド・ローンチ・アライアンスにも、アリアンスペースにも、成功してほしいとわたしは思っています。もちろん、ブルーオリジンにもです。それらのすべての企業が成功できるとわたしは信じています」

スペースXのしたこととブルーオリジンのしたことが同列に扱われたとき、マスクはいらだついっぽうで、鷹揚な態度も見せた。

「全体としては、たいせつなのは人類の幸せのために宇宙飛行が進歩することだ」とマスクはいった。「もしブルーオリジンをこの世から消せるボタンがあっても、そのボタンは押すつもりはない。ジェフはジェフでいいことをしてると思うよ」

彼らを宇宙へ駆り立てているのは、ビジネスチャンスであり、冒険であり、そしてエゴだった。最後のフロンティアを切り拓くことで人類の歴史にいかに大きな足跡を残せるかを想像してみてほしい。

しかし一対一の競争ほど、彼らの意欲に火をつけたものはなかった。そのことを誰よりもよく知っているのは、本人たちだったはずだ。アマゾンはバーンズ&ノーブルという目標がなければ、今のアマゾンになっていなかっただろう。テスラもデトロイトの自動車大手に立ち向かっていなければ、今のテスラになっていなかったにちがいない。スペースXは創業時からアライアンスに狙いを定め、長年にわたる巨額契約の独占に終止符を打って、国防総省の黄金の金庫にかけられた鍵を強引にこじ開けようとしてきた。

かつての宇宙開発競争の原動力になったのも一対一の競争だった。ソ連に絶対的な優位に立たれてしまうという危機感がなければ、米国は月にたどり着いていなかっただろう。ソ連のユーリ・ガガーリンが人類で初めて地球周回軌道に達したとき、ケネディは強い衝撃を受け、ホワイトハウスでの会議中、髪の毛をかきむしったり、落ち着かなさそうに手の爪で歯を叩いたりしたという。「どうすれば追いつけるかを知る人間を見つけたい。なんとしても探し出してくれ。誰でもいい。そこにいる用務員でもかまわない」と、ケネディはいい、さらにこうつけ加えた。「これは最重要事項だ」

それから10年足らずで、ニール・アームストロングが見事にフィニッシュラインのテープを切った。人類で初めて月面を歩いたアームストロングは寛大にも、この勝利は「人類にとっての大いなる飛躍だ」と宣言した。

これでレースが終わり、勝者は勝ち誇り、敗者は完全に打ちのめされた。そこから宇宙飛行の長い停滞、あるいは後退の時代が始まった。競争がなくなると、慢心が生まれた。心地よい衰退だった。歴代の大統領は「困難だからこそ」月をめざしたケネディ時代の再来を期待し、繰り返し宇宙への挑戦を約束したが、次の大いなる飛躍――火星、月面基地、他惑星への移住――はいっこうに実現しなかった。演壇では夢と希望は立派に聞こえたかもしれない。しかし発射台では、どんな立派な言葉もむなしく響くばかりだった。

もしマスクとベゾスがアポロ計画のほんとうの後継者になるつもりなら、もし、ゆくゆくは他の惑星と行き来する交通システムを築いて、人類の宇宙進出を実現するつもりなら、並んでスタートラインに着き、用意、ドンで走り出す必要があるだろう。片方の目で、不可能に思える遠くの目標を見据え、もう片方の目で、肩越しに競争相手を見ながら。

口では鷹揚なことをいっても、実際にはふたりとも競争相手を必要としていた。ライバル関係こそ、やがてわかるように、最高のロケット燃料だった。

第14章 火星

メキシコのグアダラハラ市の会議場の前では、熱狂的なファンたちが開場の何時間も前から列をつくり始めていた。先頭に並ぶ者たちは、ビジョンの信奉者どうしでいくつかの小さな集団を形成している。まるで映画『スター・ウォーズ』の新作の公開前、チケットの販売窓口の前にテントを張って、ストームトルーパーやハン・ソロやヨーダの衣装で路上パーティーに興じながら、チケットの発売を待つことを自分たちにとっての「フォースとともにあらんことを」の儀式にしているスター・ウォーズフリークのようだった。

開場前のドアの向こうには、出番を待つ彼らのヨーダがいた。イーロン・マスクだ。マスクは完璧にやってのけようと意気込んでいた。これは大きな舞台だった。いい加減にやって、しくじるわけにはいかなかった。何カ月も前から、この２０１６年9月27日の国際宇宙会議での講演の原稿に何度も手直しを加えてきた。派手な前宣伝の効果で、ほかのことがすべてマスクの陰に隠れてしまうほど、マスクひとりに関心が集まっていた。数日間開かれる国際的な宇宙分野の会合がまるで「ジ・イーロン・ショー」のようだった。

もう今では大昔に感じられる２００２年にスペースXが設立されたとき、マスクは自分でさえうまく行くとは思っていない宇宙事業の民営化という突飛なアイデアを携えた、無名の変人でしかなかった。それが今や押しも押されもせぬ著名人だった。カルト的な人気を博し、ユーチューブで公開した自社の打ち上げと着陸の映像は何百万回も再生されていた。

かつてのNASAが政府の官僚主義を打ち破ったように、スペースXは米国の産業界の因習を打ち破って、人々に希望と感動をもたらす企業になった。今やマスクは米国の宇宙計画の新しい顔であり、探検の象徴であり、現代のJFK兼ニール・アームストロングだった。ツイッターのフォロワー数は1000万人を超えた。

グアダラハラの記者会見場には、長いあいだ待ち望まれていた講演を聞くため、世界じゅうの記者が詰めかけていた。演題は「人類を複数の惑星に住む種にする」。この講演でついにマスクが火星への具体的な移住計画を発表することになっていた。

講演の数カ月前、ワシントン・ポスト紙とのインタビューで計画の一部は明らかにされていた。それによるとマスクは2025年に人類初の火星着陸を実現することを目標に掲げ、火星と地球間に鉄道のような輸送システムを築くことを考えているようだった。NASAからもすでに、スペースXと共同で、火星に宇宙船ドラゴンを無人で送る計画が発表されていた。それは約2年おき、つまり地球と火星が最接近するときに合わせて、スペースXが火星に追加の物資を運んで、来たるべき人類の移住に備えるという計画だった。

「要するに、火星までの貨物便を就航させようという話です」と、マスクはワシントン・ポスト紙に語った。「定期の貨物便です。決まった日にきちんと運航します。出発は26カ月おき。駅を出る列車のように地球を飛び立ちます」

火星はスペースXの創業以来の目標であり、マスクがスペースXを創業した理由だった。最古参の従業員のひとり、スティーヴ・デイヴィスは2004年というまだ早い時期にマスクから「火星に着陸するためにはどれぐらいの推進剤が必要か」と書かれたメモを渡されたことを覚えているという。

初めての勤務評価の面接では、デイヴィスの仕事ぶりはまったく話題にならなかった。「話したのは、火星のことでしたよ。最初から最後まで、どうしたら火星に行けるかという話ばかりでした」

それがいよいよ、少なくともマスクの頭の中では、現実味を帯びてきた。ワシントン・ポスト紙のインタビューでも、火星計画の見通しに興奮するあまり、もう少しで口を滑らせそうだった。「早く詳しいことを話したくて、うずうずしてます」と、マスクはいった。しかしグアダラハラの講演の内容を今、明かしてしまうわけにはいかなかった。「でも、今はまだいえないんです」

火星計画の最初のミッションでは、ファルコン9の3倍に当たる27基のエンジンを搭載した超巨大ロケット、ファルコン・ヘヴィーを打ち上げる予定だった。ただし移住ミッションに向けては、火星移住輸送船――社内での呼称は「BFR（ビッグ・ファッキング・ロケット）」――をつくることを計画していた。

「BFRはこの船にぴったりの名前ですよ。それぐらい大きい」と、マスクは同じインタビューで話した。「詳しいことは9月までいえません。でも、きっとみなさんの度肝を抜きます」

「必ず度肝を抜くでしょう」とマスクは力を込めて、繰り返した。「おおいに期待してください」

そして今、ついにそのときが訪れた。会場のドアが開くと、群衆がステージに近い席を取ろうといっせいになだれ込んだ。数分ほど、前のほうの席では座席争いで混乱が生じた。

やがて騒ぎが収まると、無精ひげを生やしたマスクが、暗色のブレザーに白いシャツという姿でステージにのぼり、巨大な赤い惑星の写真の前に立った。

「さて」と、マスクは話し始めた。「火星へ行くにはどうすればいいでしょうか」

数日前には、多くの人たちがマスクは講演を中止するだろうと思っていた。さすがのマスクもそこまで鉄面皮ではないだろう、と。わずか3週間前、スペースXのロケットがふたたび派手に爆発したばかりで、その原因もわかっていなかったからだ。

今回の爆発は、打ち上げの数日前に起こった。エンジンの燃焼試験のため、発射台でロケットに燃料を注入していたところ、なんらかの重大な不具合が発生して、突然、ロケットが爆発したのだ。黒い煙がもくもくと上がり、フロリダの海岸を覆った。けが人はいなかったが、轟音は数キロ先まで聞こえた。

1年ほどで2回めとなるこの大爆発でスペースXはまたロケットを失った。ただし今回、ロケットに搭載されていたのは国際宇宙ステーションに運ぶ物資ではなく、1億9500万ドルのイスラエルの衛星だった。この衛星はサハラ砂漠以南のアフリカの途上国にインターネットを提供するため、フェイスブックによって使われる予定になっていた。

爆発だけでも十分大きな失敗だった。しかしスペースXは時間を節約しようとして、この2億ドル近くする衛星を燃焼試験前にロケットに載せていた。あとから考えればそれはあまりに軽率だった。そんなことをしたら無用なリスクを冒すことになる。通常の作業手順では、ペイロードの搭載は燃焼試験のあと、ロケットが発射できる状態であることがすべて確認されたあとに行なわれるものだ。おそらく常識的にもそうするのがふつうだろう。しかしスペースXは常識に縛られることを嫌い、残っている打ち上げをできるだけ早く進めようとしていた。

フェイスブックのCEO、マーク・ザッカーバーグはアフリカ滞在中にその報告を受けて、フェイスブックにこう書き込んだ。「今、ちょうどアフリカにいます。スペースXの打ち上げの失敗でわたしたちの衛星が破壊されたことを知らされました。とても残念です。あの衛星はアフリカ大陸のおおぜいの起業家とすべての一般の人たちにインターネットへの接続をもたらすはずのものでした」

翌晩の「レイトショー」では司会のスティーヴン・コルバートが爆発の映像を紹介した。「ドッカン！ じつに見事な爆発でしたね！」とコルバート。「今回は人は乗っていませんでした。何よりです。これは大事なことですが、けが人はひとりも出ていません。ただし、衛星は載せていました。サハラ以南のアフリカにインターネットを提供するための衛星だったそうです。おかげでサハラ以南の人たちは、きれいな飲み水が手に入らないだけでなく、イェルプ〔レビューサイト〕でそのことを愚痴ることもできなくなりました」

調査チームが事故の原因を調べ始めるとともに、スペースXはふたたび打ち上げを一時停止せざるをえなくなった。1年前の爆発のときには、すぐに何がいけなかったのか、どう直せばいいのかがわかった。ところが今回の爆発は謎めいていた。発射台に立っていただけのロケットがなぜ突然、爆発したのか。

マスクもすっかり困惑したようだった。爆発から1週間経ってから、今回のロケットの喪失は「14年間で最もむずかしく、複雑な失敗になりそうだ」とツイートした。

そのツイートには次のようにつけ足された。「気になるのは、通常の注入作業中に爆発が起こったことだ。エンジンは停止してたし、熱源となるようなものは何もなかった」。マスクは原因究明のため、一般の人々にも情報の提供を呼びかけた。さらに次のように書き、正体不明の要素にも触れた。「調査チームはロケットが火炎に包まれる数秒前に聞こえた小さな爆発音に注目している。その爆発音はロケットか、またはそれ以外の何かから出たもののようだ」

インターネットでは陰謀説が飛びかい、中には「それ以外の何か」とはなんらかの飛翔体ではないかとか、銃弾やUFOではないかとか言い出す者もいた。マスクもツイッター上で、何かがロケットに当たった可能性について問われると、「そういう可能性も排除していない」と答えて、憶測に拍車をかけた。

当時は公にしていなかったが、スペースXは破壊工作の線で真剣に調査を進めていた。「何者かがロケットを狙撃したのではないかと考えた」とマスクは当時を振り返っている。「銃弾の跡のような穴が見つかったんだ。それで、高性能ライフルを使って、しかるべき場所からロケットを狙えば、まさにこういう穴があくはずだと推測した」

当初、スペースXは爆発の原因がさっぱりわからず、困り果てていた。「そういうときはまず外部の力を疑うものです」と、スペースXの社長グウィン・ショットウェルはのちにいっている。「まったくふつうでは起こりえない爆発に思えましたから」

もし誰かがロケットを狙撃したとすると、早急にその証拠を見つける必要があった。「さっそく、空軍と連邦航空局に科学捜査のデータを集めるよう要請しました」とショットウェルはいう。

最初に疑ったのは、なんらかの理由で上段のヘリウムの容器が爆発した可能性だった。そこでテキサス州マグレガーにあるスペースXの試験場で再現実験を行なった。しかしショットウェルによれば、「それらの容器はそう易々とは爆発しなかった」。

そこで次に、ライフルを用意して、「撃ってみた」。「容器にできた跡は、機体から回収した容器にあった跡とそっくりでした」とショットウェルはいう。「実験自体はいたって簡単でした。なにしろ、テキサスですからね。誰でも銃を持っていて、すぐに撃たせてもらえます」

スペースXが足踏みするあいだに、ユナイテッド・ローンチ・アライアンスはペイロードを軌道へ運ぶ打ち上げの日程を早めることで、スペースXから顧客を奪おうと攻勢をかけた。もともと打ち上げの実績では、ライバルを圧倒していた。100回以上打ち上げを行なって、一度も失敗がなかった。

「われわれがすべてのお客様から求められているのは、予定どおりに打ち上げを実施すること、最短日程を約束すること、ミッションを100パーセントの成功率で完遂することです」と、アライアンスのCEO兼社長、トリー・ブルーノは声明の中で述べた。「これらの要望に応えるため、われわれは1年以上かけて、準備をしてきました。その結果、受注からわずか3カ月でお客さまに打ち上げを提供できることになりました」

両社の競争はかつてなく熾烈さをきわめていた。スペースXは数年に及んだ訴訟に勝ち、儲けの大きい国防総省の安全保障に関わる打ち上げ契約に入札する権利をついに獲得した。これにより、この契約を10年にわたって独占してきたアライアンスは、スペースXによって最大の収入源を脅かされることになった。

しかしファルコン9の爆発から2週間後、両社の長年の戦いは思わぬ展開を見せた。スペースXの社員がケープカナヴェラルのアライアンスの施設に予告なしに現れて、奇妙な要求をしたのだ。屋上を見させてもらえませんか、と。

スペースXが入手したあるビデオに、この屋上とおぼしき場所に影が現れ、続いて白い点が光る場面があるのだと、その社員は理由を説明した。アライアンスの建物はスペースXの発射台から1・5キロほど離れていたが、見通しはよく、スペースXの発射台がはっきりと見えた。

スペースXの社員はあくまで友好的に振る舞い、非難するそぶりは見せなかったが、破壊工作の嫌疑をかけるのはただごとではなかったし、そこには何か裏の意図があるようにもアライアンスには感じられた。アライアンスはスペースXの社員を建物の中に入れず、代わりに空軍を呼んだ。空軍が屋上を調べたところ、不審なものは何も見つからなかった。

マスクがグアダラハラで演壇に上がったときにも、爆発の謎はまだ解明されておらず、陰謀説は消えていなかった。

「さて、火星へ行くにはどうすればいいでしょうか」と、マスクは講演の冒頭で問いかけた。

答えは、大型ロケットだった。その大きさがどれほどのものかを示すため、マスクはスクリーンにロケットと人間が並んで立つ絵を映し出した。画面がズームアウトして、ロケットの全体が現れるにつれ、人間はどんどん小さくなり、最後にはほとんど見えないぐらいになった。

「ほら、かなり大きいでしょう」と、マスクは平然とした口調でいった。

このロケットはもともと「火星移住輸送船」の名で知られていたが、火星より先まで行けることから、今では「惑星間輸送システム」と呼ばれていた。

どちらにせよ、その大きさは桁ちがいだった。120メートルの高さがあり、42基のエンジンを搭載していた。100人以上を乗せられる宇宙船は、軌道上で燃料を補給して、時速約10万キロで火星まで飛ぶことができた。マスクは夢のような未来を描き出してみせ、初飛行後40年から100年で、火星に100万人が暮らす「自給自足都市」を建設できると約束し、火星に集団で移り住む「火星移住団」の構想を繰り広げた。

火星までの旅は「楽しくて、胸の躍るものにしたい」といって、次のようにも語った。「窮屈だったり、退屈だったりしたら、耐えられませんよね。客室は無重力状態を楽しめるものにします。映画館にも、講堂にも、レストランにもなります。絶対に飽きさせません。すばらしい時間をすごしていただけるでしょう」

講演のハイライトは、美しい4分間のビデオ映像だった。巨大なブースターの離陸に始まって、宇宙船による宇宙の旅が描かれ、やがて宇宙船の大きな窓の外に火星が姿を現す。赤みを帯びた金色の球体は、大気の層を光輪のように輝かせ、まさに人類の約束の地に見えた。

ビデオの最後には、かつては生命を育んでいたといわれる火星の荒涼とした赤い景色が、時間の経過とともに、緑と水にあふれる地球のような景色に変貌を遂げるさまが描かれた。

マスクの言葉はうそではなかった。確かに度肝を抜く内容だった。すべてが度肝を抜いた。巨大なロケットしかり、窓から迫力のある火星の眺めを楽しめる宇宙船しかり、火星を温暖化させ、地球のように人間が住める環境にするというアイデアしかりだ。

しかしそれらはすべて空想的すぎるきらいもあった。超現実の世界に踏み込んでいて、ある宇宙の専門家の言葉を借りれば、よくできたSFと同じように「もっともらしいが、現実的ではない」構想だった。とりわけ、スペースXの発射台が灰と化し、ロケットの打ち上げが停止されている現状では、なおさらそう感じられた。それにいうまでもなくスペースXは衛星と物資しか打ち上げたことがなく、人間は地球低軌道にすら、一度も送ったことがなかった。

日程に至っては冗談と思えるほど非現実的だった。2018年にファルコン・ヘヴィーで初飛行を行なうというが、ファルコン・ヘヴィーは計画の後れや技術的な問題にたびたび見舞われ、まだ一度も飛んでいなかった。火星に行くのはいまだにきわめてむずかしいミッションだ。火星と地球は26カ月おきに近づくとはいえ、平均で約2億2000万キロ離れている。無人機による火星探査はフライバイ（通過）を含め、過去に4国によって43回行なわれているが、そのうち成功と見なされているのはわずか18回しかない。もちろん企業によって行なわれたことは一度もない。

もしマスクがいったとおりのことを成し遂げられたら、「エンジニアリングの並外れた偉業であり、範囲でも、規模でも、費用でも、マンハッタン計画を上回るものになる」と、NASAジェット推進研究所の太陽系探査チーフエンジニア、ジェントリー・リーは指摘した。

マスクが示した日程に従って火星移住計画を進めるためには、「過去のいかなるプロジェクトよりもはるかに急ピッチで新しい技術を開発し、導入する必要がある」。

マスクの夢に疑問を抱いたのは、専門家だけではない。ニュースメディア、ザ・ヴァージのジャーナリストで宇宙分野の報道の第一人者、ローレン・グラッシュも、講演後、講演で取り上げられなかった肝心な点をマスクに質《ただ》した。

「深宇宙の放射線からどう身を守るかや、火星でどう生きるかには、あまり詳しく触れておられませんでしたが、生命維持システムや住環境などの面については、どういうアイデアをお持ちでしょうか?」と、グラッシュは尋ねた。

細部にこだわるいつものマスクと比べると、その答えはひどくぞんざいだった。マスクは質問の要点を無視して、「放射線はさほど大きな問題にはなりません」とだけしかいわなかった。

この講演ではそのほかにもうひとつ大きな疑問が残された。いったいその莫大な費用を誰が払うのか、だ。マスクは「自分が最大の出資者になる」といった。しかし冗談めかして、クラウドファンディングサイト「キックスターター」で資金調達をしなくてはいけないとも口にした。

「この夢が実現可能であることを示せれば、やがて雪だるま式に支援は増えるはずです」とマスクはいい、詳しいことは説明しなかった。

しかし、マスクが講演で語ったことは具体的なビジネスプランというよりは、願望だった。最終的には「官民の協力」で進めることになるという考えも、現実味を欠いた。NASAは独自の火星計画を持っていたし、すでに火星に行くためのロケットと宇宙船もつくり始めていた。

ブッシュ時代のコンステレーション計画はオバマ政権で中止されたが、ロッキード・マーティンの宇宙船オリオンは廃止を免れた。2014年、オリオンは高度5800キロまで飛び、宇宙船としては過去40年で最も遠くまで達した。この初めての試験飛行は宇宙飛行士を乗せずに実施されたが、N

ASAはこのミッションの成功を有人宇宙探査の「新時代の幕開け」と称えた。

ただ、その後ほどなく、オバマ政権の宇宙計画にもコンステレーション計画のときと同じようなコストの超過とスケジュールの遅れが生じているという指摘が、政府監査院によってなされた。ブッシュ時代のアレスVに代わる新しいロケット「スペース・ローンチ・システム（SLS）」はいまだに一度も打ち上げられておらず、批評家たちのあいだでは「セネト〔上院〕・ローンチ・システム」ではないかと揶揄されていた。火星に行くことより、議員の選挙区での雇用創出のために計画されたもののように見えたからだ。

230億ドルのSLSオリオン計画が発表されると、政府監査院はNASAの「費用の見積もりのずさんさ、監視の甘さ、リスクの過小評価」に警告を発した。NASAの火星ミッションは2030年代に予定されていたが、とうてい実現しそうになかった。ベテランの宇宙ジャーナリストたちは「火星への旅」をしきりにアピールするNASAにすっかり閉口し、あからさまにNASAを嘲った。議会の一部でもNASAへの支持は弱まり始めていた。

「われわれは進むべき道をまちがえてしまった」と、カリフォルニア州選出の共和党下院議員ダナ・ローラバッカーは発言した。

しかしだからといって、議会がNASAのSLSオリオン計画を中止して、その予算をマスクの火星ミッションに回してくれるわけではなかった。マスクがいくらNASAより先に火星に行くと約束しても。

講演前の数週間、マスクはスペースXの精鋭チームとともに毎週土曜日、火星計画を練り、講演の準備を重ねてきた。しかし講演後の質疑応答のセッションのことまでは、気が回らなかったようだ。

会場には誰でも使えるマイクが何本も用意されていて、質疑応答はすぐにしっちゃかめっちゃかになった。一般の聴衆がこの機会に乗じて、マスクに好き勝手なことを聞き始めたからだ。アルドと名乗る若者は、酔ったような口ぶりで、ちょうどバーニングマンから帰ってきたところだといった。バーニングマンとは、ネヴァダ砂漠に有志が集まって、1週間ほど共同生活を送る、1年に1回開催されているイベントだ。アルドはそれがいかに寒くて、埃っぽくて、不快だったか、下水があふれていかにひどいめにあったかをひとしきりしゃべってから、次のように訊いた。

「火星もそんな感じですか？　毎日、砂嵐ですか？」

別の男は「ちょうどあなたみたいに、火星に初めて立った人物」が主人公だという漫画をマスクに渡したがった。しかしステージの前の警備員に押しとどめられて、それは果たせず、捨て台詞を吐いた。「ここから投げちゃってもいいですか？」

さらにある女性からはこんな質問というより要望も飛び出した。「すべての女性を代表して、ステージに上がって、キスを、幸運を祈るキスをさせてもらえませんか？」

マスクがもぞもぞし、聴衆がにぎやかに囃したて始めた。もはや酒場か何かのような雰囲気だった。「ありがとう」と、マスクはぎこちなくいった。「お気持ちだけ、もらっておきます」

このようにマスクの話を真剣に受け止めていない人がいたとしても、おおぜいの人が、少なくとも興味をかき立てられたことはまちがいなかった。あれだけの長い列ができたのがその証拠だった。ホールの中へなだれ込んだ人々の熱気に示されているように、宇宙や科学や探検への関心がふたたび高まっていた。宇宙とか、科学とか、探検とかの話題で、米国の社会がこれほどの盛り上がりを見せるのは、とても久しぶりのことだ。

マスクの火星計画は単なる幻想なのかもしれなかった。浮かれた聴衆がステージに投げ込もうとした漫画にふさわしいフィクションなのかもしれなかった。しかし、そんなことは関係なかったのだろう。きっと本物に見えるようにすること、実現可能に思わせることが、最大の眼目だったのだろうから。

スペースXはそもそも、ショットウェルがかつていったように、「不可能にも思える大胆な目標をかかげよ。誰がなんといおうと、ひるむな。突き進め。限界を打ち破れ」をモットーにする企業だ。不可能にも思えることを成し遂げるのが目標なら、ロケット1基の爆発ぐらい、どうということはない。それは行き止まりではなく、いわば減速帯のでこぼこのようなものだ。あくまで一時的な障害にすぎず、すべての終わりではない。

亀が「ゆっくりはスムーズ、スムーズは速い」というモットーのもと、いささかも焦っていないとしたら、兎は気が短いことの利点を存分に生かそうとしていた。宇宙計画の停滞にはもはやがまんできなかった。この国はアポロ計画を再現しようとして、何度も失敗を繰り返してきた。もういい加減、金のむだ遣いをやめるべきときではないか。

マスクやスペースXのことを知る人にはわかっていたように、どん底の状況——発射台の大破、打ち上げの停止、事故原因の調査、懐疑的な意見、競合企業の逆襲——に置かれた今こそ、最も大それた計画を発表する絶好のチャンスだった。

講演をキャンセルするなど、ありえなかった。

スペースXはこの頃、レトロなデザインの火星旅行のポスターを発表した。テレビアニメ『宇宙家族ジェットソン』のジェットソン家のような観光客が火星のマリネリス峡谷をジェットパックで飛んだり、「太陽系の最高峰」オリンポス山のロープウェーに乗ったり、雄大な景色を眺めながら「火星の月旅行」に思いを馳せたりする場面が描かれたポスターだった。マーケティングとファンタジーが融合したこのポスターは口コミで広まり、新しい有人宇宙飛行のリーダーの登場を象徴するものになった。

NASAは数々の実績にもかかわらず、もはや有人宇宙飛行のリーダーという称号を独占できなかった。スペースシャトル計画は妥協の産物だった。安全でなおかつ低コストの宇宙飛行を実現するという目標は達成できなかった。逆に、コストがかさんだうえに危険で、14人の宇宙飛行士の命を奪う結果に終わった。ブッシュ政権のコンステレーション計画は、人類をふたたび月へ送ることをめざしたが、オバマ政権で中止された。コンステレーション計画に代わるNASAの新しい計画は、火星への到達を目標に掲げたが、しばらくはその目標を達成できそうになかった。SLSロケット、宇宙船オリオンともに、予算が超過し、スケジュールに遅れが出ていた。

そこにNASAの代役を務めるべく現れたのが、マスクだった。

「スペースXだけではなく、広く宇宙業界全体に創造的な刺激をもたらすことが彼の役割です」と、ケネディやニクソンの宇宙計画に関する著書がある著名な宇宙歴史家ジョン・ログスドンは述べている。「彼のような人物が現れるのは、ほんとうに久しぶりです」

あるいは初めてかもしれない。スペースXが存続していること自体、奇跡的といえた。それは攻撃的で妥協のないビジネス戦略と、独創的なエンジニアリング、そして何より想像力によってもたらされた勝利だった。ひとりの民間人が宇宙企業を立ち上げ、成功させることは、マスクがこれから成し遂げようとしていることと同じぐらい度外れたことだった。

そのことを立証するかのように、マスクはグアダラハラの聴衆にスペースXの創業期のたわいない写真を紹介した。まだ従業員が数人しかいなかった頃、社内パーティーにマリアッチ〔メキシコ音楽の楽団〕を招いたときに撮られた写真だ。

「ちょっと見てください。これはこの会社を立ち上げた頃のわたしたちの写真です。2002年です。当時のスペースXにはカーペットとマリアッチしかありませんでした。ほかにはなんにもありません。2002年の時点では、それがスペースXのすべてだったんです」とマスクはいった。「何かを成し遂げられる確率は、たぶん10パーセントぐらいだろうと思っていました。ロケットを軌道まで飛ばすことだってたいへんですし、ましてや軌道より先へ行くとか、火星という目標を真剣に考えるとかなれば、なおさらです。でも、最後にはこういう結論に至ったんです。断固とした志を持った人間が宇宙分野に新たに参入しなければ、人類が宇宙で暮らす時代や、広大な宇宙に進出する時代はいつまでもやってこないだろう、と」

それが今では、ホーソーンと、マグレガーと、ケープカナヴェラルに合わせて5000人以上の従業員を擁していた。さらにカリフォルニア州のヴァンデンバーグ空軍基地に発射台を持つほか、テキサス州ブラウンズヴィルでは、自前の発射台を建設していた。それが完成すれば、国の施設の過密なスケジュールを気にせず、最適なタイミングを選んで、打ち上げを行なえるようになる。

安全保障に関わる打ち上げの入札参加をめぐって、スペースXが米空軍を訴えていた裁判では、最終的に和解が成立し、国防総省がファルコン9に認可を与えた。これで長年、儲けの大きい打ち上げの契約を求めてきたスペースXが、10年にわたって数十億ドル規模の契約を独占してきたアライアンスと、ついに受注を争えることになった。

この勝利は、スペースXの法務部長ティム・ヒューズにいわせると、「10年越しの苦闘」の終わりだった。

「創業時からわたしたちは一貫して、競争に参加させてほしいと訴えてきました。実力で負けるのは、仕方ありません」と、ヒューズはいった。「ですが、競争は盛んにするべきです。ホームチームと見なせるチームにプレイの機会を与える必要があります。ホームチームとは、100パーセント米国製のロケットをつくっているチームのことです。エンジンやほかの重要なパーツにロシア製を使っていないチームです」

しかし空軍が実施した最初の打ち上げの競争入札では、アライアンスは参加をしぶった。価格の安さで勝負する企業──スペースX──が有利で、アライアンスの強みである経験や実績が評価されないというのが、その理由だった。

また、そもそも議会によって、アライアンスがアトラスVに使っているロシア製エンジンの使用が制限されてしまっており、そのような規制のもとでは応札は不可能だと、アライアンスは述べた。

スペースXや他社にはそれは単なるいいわけに聞こえた。

「怖じ気づいたんですよ。そうとしか思えません」とショットウェル。「彼らは負けたくなかった。でも戦ったら負けると、自分たちでもわかったんでしょう」

スペースXを創業した瞬間から、兎はずっと先頭を走り続け、その過程でほかの者のために新しい道を切り拓いてきた。マスクはNASAに民間の企業を信頼させることに成功しもすれば、空軍と法廷で戦って、勝利を収めもした。宇宙をふたたびかっこいいと思われるものにもした。しかもそれを真っ先にした。おかげで、マスクの活躍をきっかけに、民間による宇宙産業が本格的に胎動し始めた。

リスクの大きい宇宙産業は長年、投資家から避けられてきたが、投資も活発化し始めた。非営利団体、宇宙財団によると、2014年の世界全体の宇宙経済の規模は3300億ドルにのぼった。これは前年から9パーセントの上昇、2005年の1760億ドルからはほぼ倍増だった。2015年には、グーグルとフィデリティ・インベストメンツがマスクの新しい構想を支援するため、スペースXに10億ドル出資した。それは何千個もの小型衛星で地球を覆い、世界の隅々までインターネットを行き渡らせるという大胆な計画だった。

スペースXの人気は出資の申し込みを断らなくてはいけなくなるほど高まった。シリコンバレーを代表するベンチャーキャピタリストで、初期のスペースXに出資していたスティーヴ・ジュルヴェットソンも、出資の申し込みを断られたひとりだ。

「すさまじい人気ですよ。受けきれないほどの申し込みがあるというのですから」とジュルヴェットソンはいう。

2017年半ば、新たに3億5000万ドルの資金を調達したスペースXの企業価値は210億ドルと見積もられた。これはニューヨーク・タイムズ紙で報じられたように「未上場企業としては世界で指折りの企業価値」だった。

打ち上げのコストを劇的に下げられる再利用可能なロケットが現実味を帯びてきたことのほかに、衛星の小型化が著しく進んだことも、宇宙産業の成長を大きく後押しした。何十年ものあいだ、衛星はごみ収集車ぐらいの大きさがあって、何億ドルもする高価なものだった。しかしテクノロジーの進歩により、最新の衛星は靴箱ぐらいの大きさにまで小さくなり、コストも大幅に安くなった。

新しい衛星技術に目をつけた起業家はマスクだけではない。リチャード・ブランソンの支援を受ける企業ワンウェブも、やはり何百個もの極小衛星を打ち上げる計画を立てている。それによってインターネットにアクセスできない数十億の人々にデジタル経済へ参加する機会を提供するという。

グーグルのラリー・ペイジとエリック・シュミットは、小惑星での鉱業を計画しているプラネタリー・リソーシズに出資した。貴金属が豊富な小惑星は「太陽系におけるダイヤモンドの原石」だと、同社の共同創業者エリック・アンダーソンはＣＮＢＣに語っている。

小惑星では「希少金属や工業用貴金属のほか、燃料も採掘できる」と、アンダーソンはいう。「ですから、小惑星にガソリンスタンドを設置することも可能です。そうすれば、『スタートレック』の宇宙船のように太陽系じゅうを行き来できるようになります」

まるでジェイムズ・キャメロンの映画に出てきそうな話だ。いや、もしかすると、ほんとうにそうなるかもしれない。じつはプラネタリー・リソーシズのアドバイザーには、当の映画監督も名を連ねているのだ。しかし小惑星の鉱物はすでに法律の対象にもなっている。２０１５年、オバマ大統領は宇宙で採掘した資源の所有権をその採掘者に与える法律に署名した。これにより宇宙の鉱物は投資銀行の注目も集めることになった。

「宇宙での採掘が商業化するのは、まだまだ先でしょう。それでも、宇宙へのアクセスをさらに容易にし、宇宙での製造業経済を促進する可能性を秘めています」と、ゴールドマン・サックスのあるアナリストは投資家向けの書簡に書いている。「宇宙での採掘は一般に思われているほど非現実的な話ではありません。（中略）フットボールの競技場ぐらいの大きさの小惑星には、２５０億ドルから５００億ドル相当のプラチナが埋蔵されています」

バジェット・スイーツ・オブ・アメリカの創業者で大富豪のロバート・ビゲローは、軌道に乗ると風船のように膨らむケブラーのような素材を使って、すでに宇宙用の住居を開発している。またメイド・イン・スペースというベンチャー企業は、宇宙に製造施設を築くことをめざし、国際宇宙ステーションに初めて３Ｄプリンターを持ち込んだ。

このような新興企業のうねりは教育機関にも影響を及ぼし、航空宇宙工学のトップ校にアポロ時代を彷彿とさせる活況をもたらした。パデュー大学では、航空宇宙工学部の志願者がいっきに50パーセント増えた。

「わが校への入学希望者が激増したのは、ヴァージンやスペースXやブルーオリジンの影響です」と、パデュー大学航空宇宙工学部のスティーヴン・ハイスター教授はいう。「受け入れられる人数に限りがあるので、とても優秀な学生にも入学をあきらめてもらわなくてはなりません。（中略）わたしはかなりの古株で、１９８０年代にこの大学を卒業しました。もうだいぶ長いこと、ここにいますが、今がいちばんわくわくしていますよ」

そのわくわくを生み出した最大の功績者はマスクだった。マスクはこの新しい産業の顔であり、事実上のリーダーだった。新しい産業の代表としてステージに上がり、一般の人たちの思い思いの質問にも答えた。マスクは兎だった。**突き進め。限界を打ち破れ。**ブルーオリジンを含め、あとを追う者たちはみんな、火星に向かって邁進するスペースXにその成功のいくらかを負っていた。

マスク自身がワシントン・ポスト紙に語ったとおり、マスクの目標は人々の宇宙への関心をふたたび呼び覚ますこと、「人々をたきつけること」だった。火星は「史上最大の冒険になる」とマスクはいった。グアダラハラでの講演の目的は、「火星へ行くのは不可能ではないと思わせること、自分たちが生きているあいだに実現できることだと思わせること、自分も行けるのだと思わせること」にあった。

マスクは20万ドルという破格の安さで火星旅行を提供するという。いずれは、かつてブランソンが弾道飛行の宇宙旅行の料金として提示した金額で、火星まで行って帰ってこられるようになるという。もちろん、その実現は容易ではなく、危険も伴う。マスクがいったように「人が死ぬこともある」だろう。

しかし偉大な夢はすべて、スーパーマンを演じた俳優クリストファー・リーヴがいったように、初めはできるはずがないと思え、やがて、できそうにないことに思え、最後には、できないはずはないと思えるようになる。必要なのは信じることだ。不信という深い森を通り抜ければ、疑心が消え、それまで思いも寄らなかった問いが胸に浮かぶ。マスクがいっていることがすべてほんとうだったら？

第15章 ──「大転換」

外に看板はなかった。ロゴもない。あるのは番地表示だけだ。ありふれた外観の倉庫の中へ入り、受付で、以前に来社したことがあるかどうか、すでに守秘義務の誓約書は提出しているかどうかを問われたあと、階段を上がると、そこには宇宙関連の品があちこちに展示されていた。企業のロビーというより、風変わりな博物館に来たようだった。

床に硬い木材を張ったロビーの中央には、『スタートレック』で使われた恒星間宇宙船エンタープライズ号の模型が据えられていた。そのほかにはロシアの宇宙服や、実際には建設されなかった幻の宇宙ステーション、火星での利用を想定したらしいドーム形の宇宙用住居が目を引いた。怪物ロケットエンジンのポスターや、フランスのトロアで1780年頃に使われていた金床《かなとこ》などというアンティークな品もあった。

壁には気持ちを鼓舞する引用句が記されていた。例えば、そのひとつはレオナルド・ダ・ヴィンチのこんな言葉だ。「ひとたび空を飛んだら、地上を歩くとき、空を見上げずにいられなくなる。あそこに自分はいたんだ、あそこにまた戻りたいという思いが湧いてくるから」

しかしジェフ・ベゾスのコレクションの中心をなすのは、ロビーの吹き抜け部分にそびえ立つ、弾丸のような形の宇宙船模型だった。それはジュール・ヴェルヌの小説に出てきそうな5人乗りの宇宙船の模型で、エンジンのすぐ下に火のついた炉があり、今にもロビーから飛び立ちそうに見える。船内にはプラッシュ張りのソファーと、『海底二万里』や『月世界旅行』を並べた書棚がしつらえられているほか、ウイスキーのキャビネットと拳銃もあった。細部までこだわってつくられており、風変わりでありながら、懐かしさの感じられるデザインだった。

ロビーは子ども時代の夢を実現したような空間だった。おとぎ話の冒険の世界が表現され、宇宙時代の初期の品々が並べられ、SFと芸術を融合させた展示物が飾られていた。もし従業員用のラウンジにロケットがあるだけでは、さして風変わりな場所に来たとは感じない来訪者がいても、従業員の飼い犬が自由に走り回っている光景に加え、社の紋章を見れば、ふしぎな会社に来たと思うだろう。紋章は盾ではなく壁に、壁画のように描かれていた。まるでその紋章を代々受け継いでいく気のようだった。

紋章の図柄は芸術作品と呼べるぐらい凝っていた。宇宙の各高度に到達するために必要な速度とともに、地球や星々のサイケデリックな絵が全面に描かれ、中央には、空を見上げる一対の亀の姿があった。亀の絵はおそらく亀と兎の競走の勝者へのオマージュで、計画的で段階的な取り組み方を称えたものだろう。ただしその下には、人間はやがて死すべき運命であり、一刻たりとも時間をむだにしてはいけないことを戒める砂時計の絵があしらわれていた。

ベゾスはアマゾンで巨万の富を築く前、サザビーズのオークションで宇宙の記念品を落札できず、悔しい思いをしたことがあった。しかしその後、それを埋め合わせてあまりあるほどの品を収集した。このロビーには、マーキュリー計画時代のNASAのヘルメットも、アポロ1号の訓練服も、スペースシャトルの耐熱タイルもあった。

さらに部屋の隅には、変わった芸術作品が置かれていた。それはさまざまな色の糸のリール442本を縦横にぎっしりと並べたものだった。一見、巨大な裁縫箱の中身のようで、いろいろな色のリールが雑然と並んでいるだけのようだ。だが壁に吊されたガラス玉を通して見ると、レオナルド・ダ・ヴィンチの肖像画が魔法のように浮かび上がってきた。

宇宙関連の品々ばかりの中にこの作品が混ざっているのは、奇異な感じがした。まるで学芸員がまちがって航空宇宙博物館に印象派の絵画を展示してしまった――例えば、F－1エンジンの隣にドガの踊り子の絵を掛けてしまった――ようだった。しかしこのベゾスのワンダーランドの壁に記された絵本作家ドクター・スースの次の言葉を読めば、その謎は解けた。「ふだん見ないような動物を捕まえたかったら、ふだん行かないような場所に行かなくてはいけない」。これは宇宙への挑戦にも当てはまる。宇宙に行くためには、ふつうでは見えないものをプリズムを通して見ることが求められた。

「ジュピター2」と呼ばれる会議室で、ベゾスはブラックコーヒーを片手に持って、ゆったりと椅子に座り、小さな皿からナッツをつまんで食べた。長年秘密主義を貫いてきたブルーオリジンがとうとう態度を変え始め、1年前には本社に少数の記者のグループを招いてさえいた。しかしこのようにベゾスが一対一のインタビューに応じるのはきわめてまれだった。2013年に自身が買収したワシントン・ポスト紙に対してすら、それは変わらなかった。今回の会見は、数カ月にわたって要請を続けた結果、ついに実現したものだった。

決め手となったのは、わたしが資料保管庫から見つけ出した1961年のある報道発表だったようだ。それはベゾスの祖父ローレンス・P・ガイスの功績を称えたもので、ガイスが高等研究計画局から原子力委員会に戻ったときに書かれたものだった。わたしはあるイベントの終了後、むりやりベゾスに近づいて、この報道発表のコピーを手渡した。インタビューに応じてもらうための最後の手段だった。祖父ガイスはベゾスにとって特別な人だ。こちらがどこまで深く調査をしているかを示せば、相手の心を動かせるのではないか、そうわたしは期待した。

世界はベゾスをもっぱらアマゾンというレンズを通して見ているが、ベゾスという人物を正しく理解するには、もうひとつの情熱の対象である宇宙というレンズを通して見る必要がある。現在は、有人宇宙飛行の歴史において重要な時期だ。後世のためにもっと詳しく事実を書き残しておかなくてはいけない。どうか一度、ロケットづくりにかける思いについて、じっくり話を聞かせてもらえないだろうか。

ベゾスは報道発表のコピーに目を落とし、祖父の写真を見ながら、わたしの嘆願に耳を傾けた。ベゾスから返ってきたのは、「検討させてほしい」というどちらともつかない答えだった。数カ月後、「検討」はようやく承諾に変わった。

ワシントン・ポスト紙の編集主幹マーティン・バロンが、同紙主催の会議でベゾスにインタビューしたことがある。バロンの立場は微妙で、危険もはらんでいた。「ジャーナリズムの世界では、自社のオーナーにインタビューすることはリスクの高い行為と見なされる」とバロンはいう。そのことは今回、ワシントン・ポスト紙の記者としてベゾスのインタビューに臨むわたしにも当てはまった。

ベゾスは会議室の椅子に座ると、くつろいだようすで、長年の宇宙への情熱やこれから成し遂げたい目標について、機嫌よく話し始めた。今もアマゾンが本業であることに変わりはなかった。特に本を売るだけの店からほとんどなんでも売る店へと発展してからは、アマゾンの仕事に忙殺されていた。それでも毎週水曜日は、シアトルのアマゾン本社から南へ30キロほど下ったワシントン州ケントにあるブルーオリジン本社に出社した。水曜日は宇宙のための日だった。

高校時代のベゾスのガールフレンドがあるインタビューで、ベゾスは宇宙企業の設立資金を稼ぐためにアマゾンを創業したのだと話していた。２０１７年５月の水曜日に行なわれた今回のインタビューで、ベゾスはそれを「ある程度はほんとうだ」と認めた。ブルーオリジンの創業を可能にしたのは、８００億ドルを超える莫大な資産だった。

マスクも当初、１億ドルの私財をスペースＸに投じたが、スペースＸはその後、ＮＡＳＡから40億ドルの契約を獲得した。いっぽう、ベゾスはみずからＮＡＳＡの役を担い、ブルーオリジンの資金をほぼ全額、自分ひとりで負担している。「アマゾン株を10億ドルぶん売却しては、それをブルーオリジンに投じる」のがブルーオリジンのビジネスモデルだと、冗談をいったこともある。２０１３年、ワシントン・ポスト紙を買収したときには、２億５０００万ドルを費やした。しかし、宇宙事業ではベリー・ビッグ・ブラザーだけでその10倍の25億ドルを注ぎ込んでいる。政府からの出資はいっさい受けていない。

それでもアマゾンには本気で情熱を傾けており、単なるブルーオリジンの「礎石」ではないと、ベゾスは語った。

インタビューの少し前、ベゾスはアカデミー賞の授賞式に出席していた。その授賞式ではアマゾン・スタジオの映画『マンチェスター・バイ・ザ・シー』が見事オスカーに輝いた。また家庭用ＡＩアシスタント、アレクサがヒットして、アマゾンはＡＩの分野にも深く進出し始めていた。さらには食料品にも。このインタビュー後ほどなく、アマゾンは食料品店チェーン、ホールフーズを買収する。アマゾンにはベゾスが手を離せない「日中の仕事」が山ほどあった。

「すごく愛着があるんだ」と、ベゾスは話した。

とはいえブルーオリジンにも同じように愛着があった。例えば、アレクサにドナルド・トランプをどう思うかと尋ねると、次のような答えが返ってくる。「政治に関しては、大きく考えたいと思います。深宇宙探査に資金を投じるべきでしょう。いつか火星からの質問に答えられたら、うれしいですね」。またベゾスは映画『スター・トレック・ビヨンド』にもエイリアン役で出演を果たしていた。

インタビューの数日前、ベゾスはシアトル航空博物館を訪問した。大西洋の海底から引き上げたアポロ時代のエンジン、F-1の展示がちょうど始まったところだった。ベゾスは学校の子どもたちの団体にエンジンの回収作業や宇宙に対する興味のほか、どれほど自分が小さい頃から「宇宙や、ロケットや、ロケットエンジンや、宇宙飛行に夢中だったか」について語った。

「誰にでも夢中になれるものはあるんだよ」とベゾスは床に座った子どもたちに話した。「それは自分で選ぶものではなくて、向こうからやってくるものなんだ。でも、ぼんやりしていてはいけないよ。いろんなことに関心を持つことがたいせつだ。そうすればきっと夢中になれるものが見つかる。きみたちにとって、それはすばらしい贈り物になる。夢中になれるものが見つかれば、どの道を進めばいいかがわかる。生きがいを見出せる。就職もできる。一生続けられる仕事や天職だって見つかる」

ベゾスが自分の天職を知ったのは、ニール・アームストロングが月面に最初の一歩を印すのを見た5歳のときだった。

会議室でベゾスは、月ミッションと宇宙に魅了された瞬間のことは「鮮明に覚えている」と話した。テレビの周りには祖父母と母親がいた。「家族の興奮は今でもよく覚えているよ。それからその白黒テレビのことも」

最もはっきり記憶に残っているのは、「何かすごいことが起こっている」と感じたことだった。

すごいことはブルーオリジンでも起こっていた。この会議室からさほど離れていない工場フロアでは、人を乗せることのできる新しいニューシェパードの製造が着々と進んでいる最中だった。

ブルーオリジンはこの1年で、同じニューシェパードのブースターを5回連続で打ち上げていた。

打ち上げ間に施す改良は最小限に留めながらも、毎回、着陸を成功させ、再利用可能なことを証明した。ブースターには、飛行試験を1回終えるたび、亀の絵が描かれた。亀はもちろんゆっくり段階的に進むことの象徴だ。またこの飛行試験では、「打ち上げ。着陸。繰り返し」という新しいモットーもつけ加わった。

次のステップではいよいよ有人の弾道飛行に挑むことになる。最初に乗るのは、テストパイロットではなく、テストパッセンジャーの予定だ。自動運転でロケットを飛ばし、テストパッセンジャーには乗客の視点から、飛行の体験を評価してもらう。座席の座り心地はどうか？　眺めはどうか？　手すりの位置は適切か？　その後、最初の宇宙観光客を乗せて飛ぶ。そのときにはベゾス自身も搭乗する。

「宇宙に人を送ることが、わたしの唯一の関心事なんだ。一般の人々が宇宙に行けるようにしたい」とベゾスはいう。

子どもの頃の夢は、宇宙飛行士になることだった。しかし成長し、ロケット工学を学ぶと、エンジニアにもなりたいと思うようになった。アームストロングはヒーローだったが、アポロ時代にサターンVロケットの開発を指揮したドイツ出身のエンジニア、ウェルナー・フォン・ブラウンにも憧れを抱いた。

今の宇宙計画の状況をフォン・ブラウンはどう思うだろうかと尋ねると、ベゾスは次のように答えた。「遠い宇宙まで行っていないことには、すごくがっかりすると思う。あれ以来、ひとりも月に戻っていないなんて、信じられないんじゃないかな。宇宙の滞在者数の最高記録がいまだに13人だと知ったら、きっと怒り出すよ。『きみらはいったい何をやっていたんだ。わたしが死んで、すべて止まってしまったのか。おい、しっかりやれ！』とね」

ヴァージン・ギャラクティックが宇宙旅行の宣伝を始めてから数年経ち、今、その競争相手が現れようとしていた。リチャード・ブランソンはヴァージンブランドの売りである豪華さを宇宙旅行でも約束していた。しかしベゾスにはアマゾンでの長いカスタマーサービスの経験があり、それをブルーオリジンでも生かすことができた。

ブルーオリジンのウェブサイトによると、乗客には打ち上げの2日前、西テキサスに来てもらうという。「頭が冴えて、集中しやすい辺境の地」で、「生涯にまたとない経験に向けた準備をする」ためだ。訓練は丸1日かけて行なわれ、ロケットと宇宙船の概要の説明から、安全に関する講義、ミッションの演習、「無重力環境での動作」まで、「宇宙飛行士の体験を存分に楽しむために必要なことをすべて」学ぶ。

打ち上げ当日の朝、全6人の乗客は打ち上げ予定時刻の30分前に乗船する。壁に白いパッドが張られた船内に入ると、それぞれレイジーボーイのリクライニングチェアのようなゆったりした座席に座り、シートベルトを締める。各座席の横には、宇宙で使用される窓としては史上最大という大きな窓が取りつけてある。

ロケットが炎と煙を吐き出して、地上を飛び立つと、ほどなくブースターが切り離され、宇宙船はすぐに宇宙の境界線を越える。乗客たちはそこでシートベルトを外して、4分間、無重力になった船室内を漂う。同時にスラスターの噴射で宇宙船が回転し、乗客たちに360度の景色を見せてくれる。4分後、乗客たちは座席に戻って、シートベルトを締める。宇宙船はパラシュートで降下を始め、やがて砂漠に着陸する。全行程合わせて10分から11分の旅だ。

顧客に人生に一度の体験を約束するといって、大々的に宇宙旅行を売り出したのはこれまでブランソンだけだった。しかし今、ブルーオリジンも売り込みを始め、同じように高揚したトーンで自社の宇宙旅行を宣伝していた。

「この巨大な窓から外を初めてのぞくときには、青と黒のパノラマの中に吸い込まれるような感覚を覚えるでしょう」と、元NASAの宇宙飛行士で、ブルーオリジンの人間工学設計を担当するニコラス・パトリックが、ウェブサイトにアップされたプロモーションビデオで語っている。「どちらの方角にも、何百万光年先までがはっきり見えます。宇宙の広さを実感できるでしょう。シートベルトを外したとたん、自由になれます。地上では経験したことのない、絶対に経験できない動きが可能になります。これらはほかの乗客といっしょに体験することですが、きわめて個人的な体験でもあります。宇宙の計り知れない奥深さの一端を感じられるでしょう」

また、地球とのつながりにも気づかされるだろう。少なくとも宇宙飛行士たちは必ずそういう発言をしている。宇宙へ行って、故郷を発見した、と。アポロ8号のクルーは月の裏側を回って戻ってきたとき、月の地平線の向こうに「薄青い点」のような地球がのぼってくるのを見た。それは半分だけ太陽に照らされて、暗闇の中にぽつんと浮かぶ、華奢な惑星だった。そのときに船内から撮影された「地球の出」の写真は、スチール写真の歴史において最も象徴性を帯びた1枚となった。

2017年半ば、ベゾスは存命のアポロ時代の宇宙飛行士たちを招いて、ウィスコンシン州オシュコシュの航空ショーで、ニューシェパードのブースターと、近々有料で観光客を乗せる宇宙船の実物大模型を披露した。錚々たるメンバーが顔を揃え、さながらアポロ計画の同窓会のようだった。まず月面を歩いたバズ・オルドリンがいた。それからアポロ8号のジェイムズ・ラヴェルとフランク・ボーマンがいた。ラヴェルとともにアポロ13号に乗ったフレッド・ヘイズがいた。さらにアポロ7号のウォルター・カニンガムと、NASAの伝説的なフライトディレクター、ジーン・クランツの姿もあった。

ひとりひとり順番に、ベゾスの宇宙船に乗り込んだ。仲間の多くはすでにこの世になく、「次の大いなる飛躍」の約束が果たされるのを目にすることはできない。しかし残された者たちがこうして今、アポロ計画と「次の大いなる飛躍」を隔てていた裂け目を渡った。船内に入ると、それぞれ巨大な窓の横にしつらえられたリクライニングシートの上で体を伸ばしたり、無重力状態時の支えに使われる手すりをさすったりした。ベゾスは感極まった。憧れのヒーローたちが今、自分の宇宙船に乗っていた。

「宇宙は人間を変えます」とベゾスはいい、宇宙飛行士たちを歓迎した。「宇宙へ行ったことがある人と話をすると、必ず、こう教えてくれます。宇宙から地球を眺めて、地球の美しさや、そのもろさや、大気の層の薄さを目にすると、自分たちの故郷がたまらなくいとおしく感じられる、と」

そのことを誰よりもよく知っているのは、この宇宙船に集まってくれた男たちだった。

「ほんとうに感激した」と、ベゾスはのちにこのときのことを振り返っている。「さまざまな感情が湧いてきたよ。自分の子どもも、4人のうち3人来ていたんだ」

宇宙はベゾスの数十年来の夢だった。無重力状態を体験することや、地球の輪郭や宇宙の暗さを見ることを心から楽しみにしていた。

「わたしは行きますよ。絶対に行きます。その日が待ち遠しくて、仕方ありません」

ベゾスがトーク番組「チャーリー・ローズ」でそう語ったのは2007年のことだ。その夢が今、ついに実現に近づいていた。

ブルーオリジンは長年、秘密主義に徹してきた。甲羅の中に閉じこもって身を守る亀だった。注目されるのを嫌い、兎に人気をさらわれても気にしなかった。

「ブルーオリジンに関しては、話すべきことができたときに話す」と、ベゾスはかねがねいっていた。とうとう話すべきことができたブルーオリジンは、きわめてわずかずつながら、口を開き始めた。２０１６年の初頭から数カ月かけて、ニューシェパードの打ち上げが続けられ、ブルーオリジンが画期的な着陸の成功に対して一連の賞を授与される中、ベゾスはスピーチやインタビューを通じて、宇宙との境界線を少し越えて戻ってくるだけの旅行よりもはるかに壮大な構想を描いていることを明かした。

何年にもわたって研究と試験を重ねてきたベゾスは、初のプレスツアーに招いた少数の記者団に向かって、「口先だけではないほんとうにエキサイティングでクールなものは、この向こう側で生まれようとしています」と語った。

マスクの名前は出さなかったが、「宇宙に携わる人間は、とかく大言壮語を吐きがちです」とベゾスはいった。「注目度の高さと実績のあいだにこんなに極端なずれがある業界はほかにありません」

マスクについて尋ねられると、次のように答えた。「わたしたちは多くのことについて、とてもよく似た考え方をしています。未来の構想に関しては、そっくり同じというわけではありませんが」

ベゾスもマスク同様、火星に行きたいと思っていたが、同時に「ほかのあらゆる場所」にも行きたいと考えていた。マスクは火星を「惑星の要修理物件」と呼び、将来、小惑星の衝突で地球上の人類が絶滅の危機に瀕したときに備え、火星を人類が住める場所にしたいと考えていた。

ベゾスは火星を人類の予備の惑星にするというアイデアには懐疑的なようだった。「いつか火星に移住したいなんて話す友人もいます。でもそういう友人には、『南極で3年間暮らしてみて、それから考えたほうがいい』と助言しています」と、ワシントン・ポスト紙主催の会議でベゾスは語った。

「南極は火星と比べたら、楽園ですよ」

また別のときには、「考えてもみてください。火星にはウイスキーも、ベーコンも、スイミングプールも、海も、ハイキングの森も、都会もないんです。いつかは火星も繁栄するのかもしれません。でもそれははるかに先の話でしょう」とも指摘している。

NASAは太陽系のすべての惑星に行っている、ともベゾスはよくいう。「それで、NASAがいうには、やはり地球がいちばんだそうです。この惑星は最高だ、と。地球には滝もあれば、砂浜も、椰子の木も、すばらしい都市も、レストランも、パーティーも、このようなイベントだってあります。そんな惑星を地球以外に探し出そうとしたら、それはそれは長い時間がかかりますよ」

したがって、賢明なのは、地球と呼ばれる「この宝」を大事にすることだ。「火星を代替案にするのは得策ではありません」とベゾスはいう。「従来案を確実に実行することが、最良の代替案です。では従来案は何かといえば、それはこの惑星を末永く滅びさせないことです」

この主張はことあるごとに口にされていて、もはや板についた選挙演説のようだった。ただしいっぽうで、地球の保全のために宇宙を利用するという考えも、ベゾスは高校生のとき以来抱き続けていた。

「要するに、地球の保全ということです」と、ベゾスは1982年、高校の卒業生代表のスピーチのあとにマイアミ・ヘラルド紙に語った。当時は18歳で、地球全体を国立公園にするべきだと唱えていた。それから40年後、ベゾスのスピーチにはわずかな修正が施された。「国立公園」といっていたのが「居住と軽工業の区域」に変わった。

しかし要点は変わっていない。「重工業」をすべて宇宙に移すということだ。ベゾスは今これを「大転換」と呼んでいる。宇宙でエネルギー資源を採掘し、地球はそのままにしておこうというアイデアだ。この惑星の資源には限りがある。発展を続ける世界の需要に、地球の資源はもはや追いつけなくなっていると、ベゾスはいう。

「太陽系ではほんとうにありとあらゆるおもしろいことができる。けれど、人類にとっていちばん有意義なのは、地球近傍天体で資源を採掘して、そこに製造のインフラを築くことだと思うんだ」と、ベゾスはブルーオリジンの会議室で語った。「これぞ大いなることだよ」

ただしそれはだいぶ先の話であり、「誰かが人間の寿命を劇的に延ばしてくれないかぎり」、自分はそのときにはこの世にいないだろう、ともつけ足した。しかし、だいぶ先といっても、それほど遠い未来の話ではない。「人類にはあと数百年しか時間がない」

「もしベースラインのエネルギー利用が毎年数パーセントずつ複利的に増え続けたら、数百年後には、需要に追いつくためには、地球の表面を全部太陽光パネルで覆わなくてはいけなくなる」と、ベゾスはいう。「宇宙に行かなければ、地球の人口を制限しなくてはいけない。エネルギーの利用も制限しなくてはいけない。でも、そういうのは自由社会とは相容れないことだ。それにそもそも、つまらない。わたしは孫のそのまた孫の世代にはわたしよりももっと多くのエネルギーを使ってほしい。そのためには太陽系に深く進出する以外に方法はない。そうすることが地球という宝を保つことにもつながる」

繰り返しいわれているブルーオリジンの目標は「何百万もの人々が宇宙で生活し、仕事をする」ことだった。しかし長期的には、それよりさらに壮大な展望を描いていた。「望めば、太陽系に1兆人が暮らすことだって可能です」と、ベゾスはワシントンで開かれたある授賞式で述べた。「そうなれば、1000人のアインシュタイン、1000人のモーツァルトが現れるでしょう。いったいどれだけすごい文明が築かれることでしょうか」

アマゾンを立ち上げたときにはすでにインフラがあった。おかげで1995年でもう、新興のインターネット企業が成功を収めることができた。今、ベゾスは宇宙に輸送網を築き始めたいと考えていた。アポロ時代の米国の偉業がベゾスの宇宙進出の原点になったいっぽうで、この国の有人宇宙飛行計画は以来「長いあいだ足踏みしたまま」だった。ベゾスはヴァニティ・フェア誌主催の「ニュー・エスタブリッシュメント・サミット」のインタビューで、米国の西部開拓に貢献したかつての鉄道のような「貨物の輸送航路」を宇宙に築く計画について、まるでマスクのように語っている。

「わたしがブルーオリジンを通じて成し遂げたいと思っているのは、宇宙にインフラを築くことなんです。インフラがあれば、爆発的な起業の増加を促せるでしょう。この21年間、わたしがインターネットの世界で目にしてきたのと同じようにです」とベゾスは話した。

アマゾンには最初から必要なインフラが用意されていた。インターネットのケーブルは敷設されていたし、宅配業者が商品を顧客に届けてくれた。「決済のシステムもすでにあったので、自社で手がける苦労がありませんでした。クレジットカードと呼ばれるものです。それはもともとは旅行者のために導入されたものでした。

アマゾンはそれらのインフラを利用し、新しい組み合わせ方をし、いくらか独創的なことをしただけです。（中略）現在の宇宙産業では、そういうことは不可能です。インターネットなら、学生ふたりが寮の部屋でひとつの産業を刷新することもできます。必要なインフラがすでにあるからです。宇宙産業では、寮の一室の学生ふたりにはたいしたことは何もできません」

そこでベゾスは自分の莫大な資産を使って、宇宙にそのインフラの土台を築いていこうと決心した。それを自分がこの世に残す遺産のひとつとするために。

「80歳になって、人生を振り返ったとき、わたしはこういえるでしょう」と、ある授賞式でベゾスはいった。「ブルーオリジンの仲間たちの助けを借りて、宇宙へのアクセスを廉価で、大金の要らないものにするインフラを築いた。そしてそのインフラによって、わたしがインターネットの世界で目にしたような爆発的な起業の増加が次の世代で起こった、と。わたしはとても幸せな80歳を迎えられるでしょう」

しかし最初の一歩はどちらかというと地味なものだった。ブルーオリジンはまずは信頼性と効率性と低価格を兼ね備えたロケットの打ち上げを何度も何度も繰り返して、習熟し、宇宙へ行くことを日常的な営みにする必要があった。弾道飛行の宇宙旅行は、一部の者からは子どもだましだと嘲られていた。例えば、あるSF作家は、超大金持ちのための逆向きのバンジージャンプみたいなものといった。しかしベゾスにいわせれば、きわめて重要なものだった。弾道飛行は有益な練習になるからだ。「どんなことでも1年間に数回行なうだけでは、上達しないものです」と、ベゾスは2016年のある質疑応答でいった。「ロケットの打ち上げも同じで、それぐらいの頻度では上達しません。1年間に12回しか執刀していない外科医に手術を頼みたいでしょうか。手術を受けるなら、週に20回から25回執刀している外科医を探すべきです。それぐらいの回数をこなして初めて、練習を積んでいるといえます」

したがって、宇宙旅行には一般の人々に宇宙を体験してもらうほかに、宇宙へ行く能力を磨くという意味もあった。

「観光事業から新技術が生まれることはよくありますよ」と、ベゾスはワシントン・ポスト紙主催の公開討論会で述べている。「しかも新技術というものはしばしば、ほかの分野でも用いられ、とても重要な役割を果たしています」。例えば、画像処理ユニット（GPU）はもともとはビデオゲーム向けに開発されたものだが、今では、機械学習に使われているとベゾスはいう。

10分間の宇宙への小旅行に加え、ブルーオリジンの将来の計画にはもっと遠くまで飛べる大型ロケットの導入も含まれていた。社内でそのロケットは「ベリー・ビッグ・ブラザー」の通称で呼ばれてきたが、新たに「ニューグレン」という正式な名がつけられた。初めて軌道飛行に到達した米国人ジョン・グレンにちなむ命名だ。

ニューグレンはニューシェパードよりはるかに強力で、モンスター級のロケットだった。7基のエンジンを搭載し、推力は170万キロを誇り、高さはサターンVにほぼ匹敵する95メートルあった。ジョン・グレンは2016年末に95歳で他界したが、亡くなる11日前、ベゾスに手紙を書いて、ロケットに名前が冠されたことに「深く感激した」と述べた。1962年にグレンが歴史的な軌道飛行を成し遂げたのは、「あなたがこの世に生を享ける2年前でした」と、グレンは書いていた。1998年、グレンが77歳でスペースシャトルに乗り、宇宙へ戻ったとき、その2年後に創業されるブルーオリジンはまだなかった。それでも「あなたはすでに宇宙旅行の機会を高度な訓練を積んだパイロットやエンジニアや科学者だけでなく、わたしたちみんなにもたらすという目標をお持ちでした。

元祖グレンとして、わたしは断言します。一般の人々がジェット旅客機に乗るのと同じように宇宙船に乗る日が、将来、必ずやってきます。そのときには、それが今年のあなたの歴史的な偉業に負うところが大きいことがきっとわかるでしょう」

米国を代表する宇宙飛行士の死の数日前に届いたこの手紙は、マーキュリー、ジェミニ、アポロというNASAの有人飛行計画の幸福な日々と、これから始まろうとしている新しい時代、ベゾスにいわせれば新しい「宇宙探査の黄金時代」の架け橋となるものだった。

ベゾスがつくる最初──そして最小の──軌道飛行用ロケット、ニューグレンは、衛星や人を地球低軌道に運ぶだけではなく、それ以上のことができるロケットになるという。フロリダで、ブルーオリジンはニューグレンのための巨大な製造施設を建設中だった。またスペースXの第39A発射台から目と鼻の先にある第36発射台も、新たにつくり替えていた。この1年間で、ブルーオリジンは大規模な新規採用を行なっており、従業員数は今では1000人近かった。

ニューグレンの打ち上げは早くても3年後だったが、2017年初頭、ベゾスは最初の顧客となるフランスの人工衛星運営企業ユーテルサットと契約を交わしたと発表した。これによりそれまで長年欠いてきたもの——実収入——がもたらされるとともに、スペースXとの競争が待つ市場へ参入することになった。

ニューグレンの開発にも、時間をかけて段階的に取り組むブルーオリジンのいつもの姿勢が示されている。宇宙へ行った最初の米国人の名をつけたニューシェパードの開発には、およそ10年かかった。そして今回のニューグレンは、2020年に初飛行を予定されており、その次の10年の努力の結晶になりそうだ。

「10年ごとに大きな成果が生まれているんだ」とベゾスはブルーオリジン本社の会議室で語った。「わたしが80歳になるまでにあと2回か、2回半、そのサイクルがめぐってくる。それがどういうものになるかは、今、わたしが決めることではないと思う。まだ早すぎるからね。でも元気でいられたら、ぜひそれを見てみたい。もしそのときにもう自分がこの世にいないとしても、その仕事は必ず誰かに引き継いでおくつもりだ。見てみたいね。未来がどうなるか、とても興味を引かれる」

ブルーオリジンに来られるのは週1日だけなので、時間は貴重だった。ベゾスは立ち上がって、次のミーティングへ向かった。水曜日は宇宙のための日だった。

「さあ、ロケットをつくりに戻るぞ！」ベゾスはそういって、ロビーを抜けて去っていった。

数百年後の未来を予測するのはむずかしい。ただ、ベゾスには5歳のときの夢を実現するための壮大な計画があった。ベゾスがどこへ行きたいと思っているかは、最近の発表から読み取ることができる。

次のロケットの名はニューアームストロングだという。

エピローグ ふたたび、月へ

ポール・アレンはあきらめきれなかった。

民間機で史上初めて宇宙の境界線を越えるという偉業を成し遂げたあと、アレンはリチャード・ブランソンにスペースシップワンの技術ライセンスを供与していた。宇宙飛行の危険に恐れをなし、もうほかのことに関心と財産を振り向けたいという思いからだった。

しかし宇宙や飛行機は子どもの頃からずっと好きだったことであり、その情熱が冷めたわけではなかった。２０１１年、アレンは世界最大の飛行機をつくることを発表した。アメリカンフットボールのフィールドより広い翼幅を持つその飛行機は、第二次世界大戦中に開発された史上最大の飛行機スプルース・グースを上回る大きさだった。スプルース・グースは最大７００人の兵士を乗せられる飛行機として設計されたが、結局、１９４７年に１回飛んだきりに終わった。

アレンの飛行機は旅客を乗せるように設計されたものではなく、空中発射ロケットを機体につり下げて、高度１万メートルまで運ぶための飛行機だった。機体が大きいので、スペースシップワンよりもはるかに強力なロケットを運べた。また衛星や、実験装置や、宇宙飛行士を宇宙と大気圏の境界線までではなく、軌道へ送り込むことも可能だった。

Ｘプライズを獲得した時点（２００４年）では、アレンが商業宇宙活動の先頭に立っていたが、今、商業宇宙活動を牽引するのは、イーロン・マスク、ジェフ・ベゾス、ブランソンという３人の大富豪実業家たちだった。3人ともそれぞれの計画を推し進め、それらが実現可能であることを示していた。アレンもふたたびその仲間に加わりたかった。

「誰でも一生のあいだに実現したい夢をいくつか持っているものです」と、アレンはあるときにいった。「この夢にはほんとうに胸が高鳴ります」

アレンがこの発表をしたのは、スペースシャトルが最後の飛行を終え、NASAが突然、宇宙飛行士を宇宙へ送る手段を失って間もない頃だった。スペースXなど民間の数社が進歩を見せ始めてはいたが、有人宇宙飛行の未来は不確かになっていた。アレンは「政府出資の宇宙飛行が縮小すれば、そのぶん民間出資の取り組みのチャンスは拡大する」といい、自身のベンチャー事業によって「米国が宇宙探査の最先進国」であり続けられるようにしたいと抱負を語った。

この発表から5年後、飛行機はまだ飛べる段階まで達していなかった。それでも形はできつつあった。バート・ルータンはすでにスケールド・コンポジッツから身を引いていたが、アレンは「ストラトローンチ」と名づけたこの飛行機の製造をスケールド・コンポジッツに依頼していた。製造はモハーヴェ空港の巨大な格納庫で行なわれた。機体があまりに大きく、足場を組むのにも特別な建築許可を得なくてはならないほどだった。

2017年8月、わたしはシアトルのオフィスにアレンを訪ねて、話を聞いた。シアトル・シーホークスのスーパーボウルのトロフィーが置かれた、港の見える部屋で、アレンは椅子に座り、飛行機の完成は間近だと語った。完成前でも、機体の大きさは並みではなかった。翼幅は滑走路と同じぐらいの長さがあるように見えた。実際、117メートルもの長さがあり、ライト兄弟がキティホークで初の動力飛行を成功させたときの飛行距離より長かった。ランディングギアには、合計28個の車輪がついていた。胴体はふたつあって、総重量は約60万キロにのぼった。6基の747エンジンを動力源とし、ケーブルの総延長は約100キロに達した。

航空史上、類を見ない飛行機だった。アレンは宇宙に興味があるほかに、古い飛行機にも造詣が深かった。第二次世界大戦で使われた飛行機を収集しては、念入りに修復していた。収集を行なう場所は、かつての戦場だった。例えば、ドイツの戦闘機メッサーシュミットはフランスの砂浜で、何十年も埋まっていたのを掘り出した。ソ連イリューシン設計局のIL－2M3シュトルモヴィクは、ロシア北西部で4機の残骸を回収し、それらを組み合わせることで再現した。

アレンはそれらのコレクションを披露するため、ワシントン州エヴァレットに博物館まで開いた。フライング・ヘリテージ&コンバット・アーマー・ミュージアムと名づけられたその博物館には、グラマン社のF6F－5ヘルキャットや、B－25爆撃機なども展示されている。

「よく大学の図書館に入り込んでは、ジェインズシリーズの『第二次世界大戦の戦闘機』とかそういう本を書棚から探し出していたよ。12歳ぐらいだったかな。何時間も夢中で、飛行機のエンジンについて書かれた本を読んだ」とアレンは話した。「いろんなものの仕組みがどうなっているのか、知りたかったんだ。飛行機のエンジンから、ロケットや原子力発電まで。空を飛ぶものの精妙さや、力強さや、優雅さに魅了された」

今、アレンは過去のどんな飛行機よりも力強く、精妙な飛行機をつくり、宇宙への扉を開こうとしていた。アレンがビジョンとして掲げるのは、ほかの宇宙の覇者たちと同じく、宇宙飛行のコストを下げて、宇宙に行きやすくすることだった。ベゾスは以前、宇宙へのアクセスを低コストで、安定したものにすれば、「爆発的な起業の増加を促せるでしょう。この21年間、わたしがインターネットの世界で目にしてきたのと同じようにです」と述べたことがあった。

アレンも宇宙のフロンティアとインターネットのあいだに類似を見ていた。

「宇宙へ行くことが日常化すれば、今のわたしたちには想像がつかないほどイノベーションが加速するだろう」とアレンはいった。「そこで大事になるのが、新しいプラットフォームだ。それが誰にでも使えて、便利で、安いものであれば、先見の明のある人や起業家たちを引きつけて、ますます多くの新しいコンセプトの実現を促せるにちがいない。

30年前、パーソナルコンピュータ革命が起こって、何百万もの人々がコンピュータの力を手に入れると、人類が潜在的に持っていた能力が無限に引き出され始めた。20年前、ウェブ時代の到来とそれに続くスマートフォンの普及では、何十億もの人々が地理的にも商売でも、制約から解放された。そして今、地球低軌道へのアクセスの拡大で、同じような革命的な変化が生まれようとしている」

昔は冷蔵庫ぐらいあったコンピュータが、今ではポケットに収まるほどのサイズになったのと同様、巨大で高価だった人工衛星も靴箱ぐらいにまで小さくなり、値段も下がってきた。何千個もの衛星の一群を打ち上げることで、さまざまなことが可能になる。世界じゅうの隅々にまでインターネットを行き渡らせることもできれば、農家の人たちが農作物の状態を常時監視できるようにすることもできる。もちろん国防総省が敵国を監視するのにも役立つ。

「小型衛星はほんとうにすばらしい可能性を秘めているよ。通信の手段としても、危機的な地球環境を監視する手段としても」と、アレンは語った。アレンがとりわけ関心を持っているのは、「大きな問題になってきている海での密漁」の取り締まりに、どう宇宙を利用できるかだった。

２０１７年半ば、米空軍の新長官へザー・ウィルソンがモハーヴェ空港の格納庫を訪問し、国家安全保障の衛星の打ち上げにストラトローンチをどう活用できるかについて話し合った。宇宙が急速に戦争の最前線になる中、衛星の打ち上げの迅速化と低コスト化を図りたい空軍は、空港から離着陸できるストラトローンチに大きな期待を寄せた。

Xプライズの飛行で怖じ気づいたアレンだったが、ふたたび有人宇宙飛行のことを考え始めていた。「この再挑戦については時間をかけて、とことん考えた。しだいにやってみたいという気持ちが、ひるむ気持ちよりも大きくなった」とアレンは自伝に書いている。

「何よりも胸が躍るのは、人間が何日も、何週間も宇宙に滞在することだ。リチャード・ブランソンとヴァージン・ギャラクティックに大人数の弾道飛行の宇宙旅行を譲ったことはまったく後悔していない。けれど、ジョン・グレンのフレンドシップ7を思い出させる軌道飛行には、それとは比較にならないほどの興奮を覚える」

スペースシップツーは弾道飛行用の宇宙船だったが、ヴァージン・ギャラクティック社内では、人間を軌道まで送れるもっと強力なロケットの開発が検討されていた。２０１７年には、ブランソンとアレンがストラトローンチからそのロケットを発射できないかどうか話し合い始めた。それが実現すれば、大物ふたりがふたたび手を組むことになり、話題を呼ぶことはまちがいなかった。

まだ具体的なことは話し合われていないが、「ぜひまたいっしょにやりたいと思っている」とブランソンはコメントした。「もともといっしょに始めたわけだからね。それがまたいっしょにやれるとなれば、こんなにうれしいことはないよ」

アレンもその可能性を否定はしなかった。ただ、自身の計画を後回しにはしたくなかった。アレンは確実で効率のいい衛星の打ち上げ方法を築くほかに、もっと大きなことも考えていた。史上最大の飛行機となるストラトローンチは、ロケットを同時に3基運べた。爆撃機に搭載されたミサイルのように、機体腹部にロケットを3基取りつけることが可能だった。ただし最大積載量にはそれでもまだだいぶ余裕があった。アレンは再利用可能なスペースシャトルの構想も練っていた。ブラックアイスと名づけたそのスペースシャトルは国際宇宙ステーションまで飛ぶことができ、衛星や実験装置を軌道に運べるほか、やがては人も乗せることができるものだった。

最終的な目標は、宇宙で「航空業」を手がけることだと、ストラトローンチを開発するストラトローンチ・システムズのCEOジャン・フロイドはいう。「ロケットが飛行機に変わります。ですから、100パーセント再利用可能な飛行機を飛行機で運ぶわけです。使い捨てはいっさいありません。再利用できないのは燃料だけです」

この「宇宙飛行機（スペースプレーン）」は世界のほとんどどこからでも発射でき、衛星を軌道へ運べるだけでなく、少なくとも3日間、宇宙に留まれる。ただし、まだ開発段階だった。既成概念の枠を越える冒険的な理論なので、失敗に終わる可能性もあった。

「完全に再利用可能なシステムをつくって、毎日とはいわないが、毎週、空港方式で繰り返し運航できるようになればと思っているんだ」と、アレンはシアトルのオフィスで話した。

有人宇宙飛行もいつかはまた手がけてみたいという。「マーキュリー時代に宇宙に魅了された人間だからね、それはもちろん頭にある。でも今は、［宇宙ステーションへの］物資輸送ミッションを除くと、衛星の打ち上げが宇宙飛行の中心になっている。それが現実だ。衛星は今やテレビから世界のデータまで、ありとあらゆることに欠かせない。カラハリ砂漠のデータが手に入るのは、衛星のおかげだ」

いっぽうヴァージンは新しいスペースシップツー、通称ユニティの試験飛行に取り組んでいた。母機ホワイトナイトツーで宇宙飛行機をモハーヴェ砂漠の上空へ運んでは切り離すという試験を何度も何度も繰り返した。毎回、少しずつ試験のレベルを上げ、ようやく空中分解事故を起こした2014年の試験飛行と同レベルにまで近づいた。

試験を進めながら、ブランソンは長年いい続けている決まり文句を相変わらず口にしていた。初飛行の日はまもなくだ、と。いつまでたってもそれは「まもなく」だった。とはいえもう10年の歳月が流れた。ブランソンも70の声を聞き、じりじりし始めていた。それは顧客たちも同じだった。

「わたしもいつまでも若くはない。急がなくちゃいけない」ブランソンはそう語った。

今や、ブルーオリジンとの競争も始まっていた。競争はブランソンの望むところだった。両社の宇宙旅行はかなりちがうものになるだろう。片や宇宙飛行機のヴァージン・ギャラクティック、片やもっとオーソドックスなロケットのブルーオリジンの対決だ。

「きっといっぽうに乗ったら、別のほうにも乗ってみたいと、おおぜいの人が思うんじゃないだろうか」とブランソンはいう。「両方に乗ってもらって、どっちがよかったかを比べてもらえたら、おもしろいだろうね」

とはいえ、ブランソンは勝つのは自分たちだという自信を早くものぞかせた。「宇宙船で宇宙へ行って、その宇宙船で戻り、最後は車輪で着陸するほうが、他社で検討されているいくつかの方法より、きっと多くの人に気に入ってもらえる。わたしたちはそう信じている。それが正しいことを確かめられる日が待ち遠しいよ」

2017年2月、スペースXは国際宇宙ステーションへの物資輸送ミッションでファルコン9を打ち上げ、爆発事故から堂々たるカムバックを果たした。打ち上げが行なわれた場所は、スペースシャトルの最終飛行以来長く使われていなかった第39A発射台だった。この打ち上げは、休眠状態だった歴史的な発射台にとっても、復活を告げるものになった。

1カ月前、スペースXは爆発の原因を突き止めたと発表していた。原因はライフルの銃弾ではなく、第2段の液体酸素タンク内にある圧力容器の不具合にあった。タンクがゆがんで、超低温の液体酸素の推進剤がライニングに溜まっていたところに、断線か摩擦が生じて、発火したという。

航空宇宙局は破壊工作の可能性を退け、スペースXに打ち上げの再開を許可した。マスクはこの一件を次のように締めくくっている。「自然に生じた損傷だった。時間がかかったが、同じ不具合を再現することもできた。だが今回の件で、破壊工作の危険が現実のものであることがわかり、セキュリティを強化した」(数カ月後、CBSの「ザ・レイトショー・ウィズ・スティーヴン・コルバート」の番組スタッフがボーイングの社員に伴われて、スペースXの第39A発射台の使用状況を見ようと施設の入り口付近に立っていたところ、警備員に呼び止められ、尋問され、身分証の提示を求められるということがあった)

爆発事故の件では不正行為の証拠は見つからなかったが、スペースXは計画を推し進め、さらなる失敗にもまだ持ちこたえられると自信を示した。ただし二度の爆発事故で財政や評判に打撃を受けたのは確かだった。

「銀行に現金がありますし、借金も抱えていません」とグウィン・ショットウェルは記者会見で話した。「ですから、財政面の心配はしていません。それでも、失敗をした年には、収入を増やすのはむずかしくなります。ですので、昨年、財政面できびしくない年だったとは申し上げません。正直にいえば、2015年も同様でした。ですが、財政の健全性は保たれていますし、従業員の志気の高さも変わりません。万一、また失敗をしても、持ちこたえられるでしょう。それに備えるのがわたしの役目です」

ファルコン9の今回の打ち上げがアポロ時代にサターンVを打ち上げたのと同じ聖地で行なわれたことは、新産業のリーダーというマスクの地位を揺るぎないものにするのに十分だった。マスクもこの打ち上げを「このうえない名誉」と語った。午前9時すぎ、ロケットが雷鳴のような轟音を響かせて飛び立ち、やがて低く垂れ込めた厚い雲の中へと消えた。しかし10分後、ロケットはまた雲の下に現れた。そして着陸台に向かって降下し、最後に静かに着陸した。

この頃にはスペースXではブースターの着陸はほとんど日常業務になりつつあった。「飛行証明済み」と呼ばれる、1回打ち上げられたことのある第1段のストックがどんどん増えていた。どれも着陸台か海上のドローン船への着地に成功したロケットだった。ただし、それらのロケットブースターはまだ一度も再利用されてはいなかった。つまり2回以上打ち上げられたロケットブースターは1基もなかった。確かに着陸はひとつのショーとしてはすばらしく、ユーチューブで何百万回も再生されていた。しかしビジネスの観点からいうと、着陸ばかりしていてふたたび飛ばないのでは、まったく意味がなかった。

マスクがよくいうように、打ち上げのコストの70パーセントはブースター（第1段）で占められていた。9基のエンジンを搭載したファルコンでは、とりわけブースターが高価で、重要だった。

1回飛んだことのあるブースターの初の打ち上げは1カ月後、やはり第39A発射台で行なわれた。打ち上げ後、感極まったマスクはこれを「宇宙の歴史における画期的な一歩」、スペースXが15年間めざしてきたことだと述べた。さらに、これはゆくゆくは宇宙飛行のコストの大幅な低下、今の100分の1あるいはそれ以下への低下につながるものだといい、「宇宙を開拓して、宇宙文明を築き、人類を複数の惑星に暮らす種にするうえでの鍵になる。刺激的で活気に満ちた未来をもたらすだろう」と語った。

爆発事故を乗り越えたスペースXは、2017年には1年を通じて快進撃を続けた。成し遂げたミッションの数は70件、総額は約100億ドルにのぼった。従業員は6000人を数え、48時間で2回のミッションを敢行したときもあった。世界の打ち上げ市場におけるシェアはぐんぐん拡大した。

ただ、ファルコン・ヘヴィーの開発には手こずっていた。計画が数年遅れ、マスクも、27基のエンジンを同時に燃焼させる超重量級ロケットは「自分たちが当初思っていたよりはるかにむずかしい。考えが甘かった」と認めざるをえなかった。最初の打ち上げは火の玉に終わる可能性があるとも述べた。

「爆発しても発射台に被害が及ばないぐらいまでは、高く飛ぶようにしたい。正直にいえば、それでも成功と見なしたいぐらいだ」とマスクは吐露した。「ものすごい重圧を感じてるよ」

また、国際宇宙ステーションへ宇宙飛行士を運ぶことになっている宇宙船ドラゴンの開発でも、NASAのきびしい要求を満たすのに苦労していた。NASAの一部にはマスクに対して、火星の話なんてしていないで、NASAの最も大切な積み荷——人間——を宇宙ステーションへ運ぶことに専念するべきだと、にがにがしく思う向きもあった。NASAにとってスペースXを選んだことは大きなギャンブルだった。2回爆発事故を起こしているファルコン9にはまだ自分たちの宇宙飛行士を乗せるつもりはなかった。有人飛行を任せるにはロケットの安全性に確信が持てる必要があった。

マスクはそれをスペースXの最優先事項にするといい、火星計画を先送りして、宇宙ステーションにクルーを送り届けるミッションに全力を尽くすと約束していた。ところが2017年初頭、火星への移住計画だけでは物足りないとでもいうように、スペースXの旅程に新たな行き先をつけ加えると突然、発表した。その行き先とは、これまでずっと避けてきた月だった。

この月へのミッションでは、民間人ふたりに月の周回軌道を回る観光旅行を楽しんでもらうといい、「史上最も高速で、最も地球から遠い場所まで飛ぶ旅行になる」と、マスクは発表した。

ふたりの名前や旅行代金は明らかにしなかったが、この月へのミッションも「1969年にアポロ計画によって打ち立てられた金字塔を越える」ためのひとつのステップになると述べた。この1週間の月旅行では、月面への着陸はしないが、人類は数十年ぶりに地球低軌道の外へ出ることになるという。

火星ほどではないにしても、月へ行くむずかしさは並大抵ではない。スペースXがいまだにひとりも人を乗せて飛んだことがないことを考えるなら、ほとんど無謀な企てといえた。この旅行で宇宙船は月周回軌道上を、地球から48万キロ離れた所まで飛んでから、月の重力のスリングショットで地球に戻ってくる。

打ち上げ同様、帰還もきわめて危険だ。大気圏再突入時の宇宙船の速度は、宇宙ステーションから戻るときに比べ、40パーセント増す。再突入できる角度も極端に狭く、少しでもずれると大気圏に弾かれるように宇宙へ戻ってしまう。

マスクがグアダラハラの講演で披露した怪物ロケットは、まさに度肝を抜く大きさで、専門家からは現実離れしているといわれた。その後、マスクはそれにいくらか修正を施して、2017年9月、もう少し常識的なサイズの巨大ロケット、BFR（ビッグ・ファッキング・ロケット）の開発計画を発表した。

とはいえ、ロケットのサイズは縮小されても、目標の大きさは変わらなかった。BFRは火星での都市建設に役立つほか、月でのベースキャンプの建設にも使えるという。

「今年は2017年です。本来ならもう今頃、月に基地ができているはずでした」とマスクはスピーチで述べた。「これはいったいどういうわけですか?」

マスクはさらに意外な構想を明らかにした。巨大ロケットと宇宙船は世界最大の旅客機エアバスA380より広い客室を備え、地球上のどこへでもおおぜいの人を乗せて1時間以内で行けるという。大気圏外を最高時速約2万7000キロで飛び、例えば、ニューヨークから上海までなら39分で着く。ニューヨークとロサンゼルスはわずか25分で結ばれる。

「わたしたちがつくっているものは月や火星に行けるのですから、ほかの場所に行けてもふしぎはないでしょう」とマスク。

新しいシステムは地球低軌道上の国際宇宙ステーションへの輸送をはじめ、さまざまな人や物資の輸送ミッションに対応できる。また、衛星を打ち上げることもでき、事実上、ファルコン9とファルコン・ヘヴィー、それにドラゴンに取って代わるものになるという。つまり、宇宙業界に破壊的な変化をもたらしたスペースXは次は自社に破壊的な変化を起こそうというわけだ。

それでも、火星が最終目標であることに変わりはないとマスクは強調した。ステージのスクリーンには、2022年までに火星への物資輸送ミッションを2回行なうという大胆な日程表が映し出された。

「これはミスプリントではありませんよ」とマスクはいいつつ、「願望も入っていますが」とも認めた。

2024年までにはさらに4回火星へ行く計画で、そのうちの2回は、宇宙船に100人を乗せて行き、もう2回は物資だけを運ぶという。乗客にはふたりまた3人に1室ずつ寝室が用意される。

スペースXはこれまでに幾たびも度外れたことを成し遂げ、みんなを驚かせてきた。打ち上げの実績も重ねてきた。不可能だと思われていた着陸も成功させたし、宿敵アライアンスとの戦いにも勝利を収めた。しくじることもあったが、そのたびに華々しいロケットの打ち上げによって失敗を乗り越えてきた。

今、兎はふたたび現実と空想の境をぼやけさせるような途方もない構想を打ち出して、道なき道を突き進んでいた。また目を見張るようなことをやってのけそうだった。少なくともそういう予感を抱かせた。

人々はスペースXのいうことを信じ始めていた。

マスクが月へ行く計画を発表したとき、ベゾスはすでにNASAにブルーオリジンの月ミッションについて、ひそかに話していた。

ブルーオリジンはNASAの首脳陣に「ブルームーン」と名づけたその秘密の計画を明かし、アマゾンの配送サービスのような輸送事業への支援を求めた。それは「人類が将来、月へ移住するとき」に備えて月に物資を運ぶ輸送事業だった。

「今こそ、米国は月に戻るべきときです。さらに今回は、そこに留まるべきです」。ワシントン・ポスト紙がNASAの首脳に配られた7ページの報告書を入手すると、ベゾスは同紙にそう話した。「月に永続的に住むというのはなかなか簡単には実現できないでしょうけれど、めざす価値はあります」。月への飛行は2020年にも始められるはずだが、そのためにはNASAの協力が欠かせないと、ベゾスは述べた。ただ、自身も「その実現のためには喜んで私財を投じる」つもりだった。

オバマ大統領はNASAに火星をめざさせるいっぽうで、月は「一度行った場所」と切り捨てていた。確かに、それはそのとおりだった。宇宙飛行士たちが月に「旗と足跡」を残してきたことはまちがいない。しかし人類はまだ月に住んだことはない。ベゾスたちが月に行くといっているのはそういう意味だった。

ベゾスは月の南極にあるクレーター「シャクルトン」に貨物を運ぶことを計画していた。月の南極では、宇宙船の動力源になる太陽光がほぼ常時降り注いでいる。また科学者たちがクレーターの永久影に凍った水があることも発見している。水は人間の生存に不可欠なものであるだけでなく、酸素と水素に分解すれば、資源としても使える。つまり燃料にもなるのだ。これは月を宇宙の巨大なガソリンスタンドにできることを意味する。

地球の周回軌道を回っている国際宇宙ステーションは、規模は小さいが、永続的なコロニーだ。月も同じように永続的なコロニーになりうる。しかも大きいので、いくつもの国がそれぞれの基地を設置することができる。

月周回軌道上で使える宇宙用住居を開発しているロバート・ビゲローは、次のようにいう。「火星へ行くにはまだ機が熟していない。だが、月はちがう」と。

ベゾスの考えも同じだった。

「まず最初に月へ行って、月を拠点にできれば、火星にも行きやすくなるはずだ」とベゾスは述べている。

ここでふたたび月だ。

よみがえる人類史上最大の偉業……。あれから長い歳月が流れ、月面を歩いた12人の宇宙飛行士たちはすでにひとりまたひとりとこの世を去っていた。

最初に故人となったのは、アポロ15号のジェイムズ・アーウィンだった。1991年のことだ。

それから7年後、アポロ14号のアラン・シェパードが他界した。

その1年後には、アポロ12号のピート・コンラッドが亡くなった。

さらに２０１２年にアポロ11号のニール・アームストロング、２０１６年にアポロ14号のエドガー・ミッチェルが逝った。

２０１７年1月には、最後に月を歩いた人間、アポロ17号のジーン・サーナンが生涯を閉じた。サーナンは月を去るとき、次のようにいった。「われわれは来たときと同じように地球へ戻る。だが神のご意思により、全人類の平和と希望を携え、ふたたび戻ってくるだろう」。サーナンの予想では、月に戻ったあとは、遅くとも20世紀末までに「次の大いなる飛躍」が実現し、人類は火星に達するはずだった。

すでに宇宙時代の黄金期から50年がすぎようとしていた。アポロ計画の宇宙飛行士たちによって切り拓かれた道を進もうとする者は現れず、予言は成就していなかった。

しかしここに新しい世代が誕生していた。彼らは子どもの頃の夢をよみがえらせ、ヒーローたちの偉業を再現し、自分たちがかつて受けた感銘を今ほかの人々に与えようとしていた。

ベゾスは5歳のとき、アームストロングが月面を歩くのを見た。マスクはそのとき、まだ生まれていなかった。しかしふたりは並外れた資産と野心によって、冷戦時代の宇宙競争を再演していた。かつての米ソの役割を演じるこのふたりの宇宙の覇者には、数十年前のアポロ計画の後継者たらんとする意気込みがあった。ふたりを競争に駆り立てているのは、戦争や政治ではなく、金とエゴと冒険心、それに人類の宇宙進出の先陣をなすという千載一遇のチャンスだった。

ふたりがスタートラインに並び、号砲が鳴らされたとき、先に飛び出したのは、兎だった。**突き進め。限界を打ち破れ。**兎は土煙を巻き上げて、勢いよく突っ走った。いっぽう亀の歩みは遅かった。それでも一歩一歩、着実に前進を続けた。**ゆっくりはスムーズ、スムーズは速い**と静かに唱えながら。

レースが始まってすでに何年も経つが、まだほんの序盤だ。レースの道のりは今から予想できないほど長い。数年がやがて数十年になり、数世代になるだろう。レースは亀と兎がいなくなったあとも長く続き、やがてはふたりの想像を超えたものになる。宇宙は果てしなく広い。そこにはもはやフィニッシュラインはない。

謝辞

本書では4人の億万長者、イーロン・マスク、ジェフ・ベゾス、リチャード・ブランソン、ポール・アレンを取り上げた。4人とも複数の会社を経営し、時間がいくらあっても足りない身だ。そんな彼らが快く時間を割いて、さまざまな話や考えを聞かせてくれたことは感謝の念に堪えない。また、数多くの重役陣や関係者と話をすることを許可してくれたことにも謝意を表したい。おかげで本書の内容を計り知れないほど充実させられた。

本書の主人公のひとり、ジェフ・ベゾスはわたしの雇用主であるワシントン・ポスト紙のオーナーでもある。この点について、ひと言、申し上げておきたい。自分を解雇できる立場にある人物について本を書くことに、まったく気後れがなかったといえばうそになるだろう。しかし編集主幹マーティ・バロンのリーダーシップのもと、ワシントン・ポスト紙はジェフの企業を特別扱いしないことを明確にしている。本書でも遠慮したり、ひいきしたりせず、あくまで厳正中立な記述を心がけた。

わたしがワシントン・ポスト紙に報道助手として採用されたのは、20歳のときだ。以来、同紙で長年、報道の仕事に携わってきた。数々のすばらしいジャーナリストと仕事をともにする機会にも恵まれ、今ではすっかりワシントン・ポスト紙の価値観が自分のDNAに刻み込まれている。マーティは今回、快く本書の執筆を了承してくれた。キャメロン・バー、エミリオ・ガルシア＝ルイス、トレイシー・グラント、デイヴィッド・チョからも同じように寛大な許可を賜った。

3人の編集者、リンダ・ロビンソン、ダン・ベイアーズ、ケリー・ジョンソンはさまざまな段階の原稿を読んで、誰よりも本書の執筆を助けてくれた。その温情にあふれた支援は、このうえなく心強かった。３人にはどれだけ感謝しても感謝しきれない。またデル・クエンティン・ウィルバーにも、助言と情熱と鋭い指摘に対し、心からお礼を申し上げたい。

本書で取り上げた企業の広報担当者はじつに辛抱強いかたばかりだった。度重なる問い合わせに嫌な顔ひとつせず、丁寧に応じてくれた。スペースXのジョン・テイラー、ジェイムズ・グリーソン、ショーン・ピット、アマゾンのドリュー・ハードナー、ブルーオリジンのケイトリン・ディートリック、ヴァージン・ギャラクティックのクリスティン・チョイ、ウィル・ポメランツ、ヴァルカンのスティーヴ・ロンバルディ、ジム・ジェフリーズである。ここにその名を記して、謝意に代えたい。またNASAのタバサ・トンプソンとマイク・キュリーにも感謝を捧げる。

熱心な宇宙産業の支持者である商業宇宙飛行連盟のエリック・ストールマーとトミー・サンフォードは、わたしのために惜しみなく時間を割いてくれた。その豊富な専門知識には啓発されるところが多かった。またジェイムズ・マンシー、ロリ・ガーヴァー、デイヴィッド・ウィーヴァー、ジョージ・ホワイトサイズ、ブレットン・アレクサンダー、ティム・ヒューズ、フィル・ラーソン、マイク・フレンチ、ステュー・ウィット、ブレンダン・カリー、リッチ・レシュナーをはじめ、宇宙業界の多くのかたがたからも、政策や政治、宇宙に関して教えていただいた。あらためてここでお礼を申し上げたい。

わたしはワシントン・ポスト紙を休職する前から本書の取材を始め、新しい産業の草創期の混乱に満ちた日々をつぶさに記録に残していた。とはいえ、ジェフ・ファウスト、ジョエル・アチェンバック、エリック・バーガー、アイリーン・クロッツ、フランク・ムアリング・ジュニア、ローレン・グラッシュ、アラン・ボイル、スティーヴン・クラーク、ケネス・チャン、ミリアム・クレイマー、ジエイムズ・ディーンをはじめ、宇宙担当記者たちの数々の優れた記事に多くを負っていることはまちがいない。

本書の執筆にあたっては、本書のために行なった数多くのインタビューのほかに、多数の文献も参考にした。とりわけ次の3冊はここで特別に名をあげておきたい。アシュリー・バンス著『イーロン・マスク　未来を創る男』（講談社）、ブラッド・ストーン著『ジェフ・ベゾス　果てなき野望』（日経BP社）、ジュリアン・ガスリー著『Xプライズ　宇宙に挑む男たち』（日経BP社）の3冊である。

ワシントン・ポスト紙の休職中は、幸い、ウィルソン・センターを執筆と熟考の拠点に使わせてもらえた。ジェイン・ハーマンとロバート・リトワックの厚意に感謝したい。

エージェントのレイフ・サガリンはどんなときも変わらぬ熱意でこの企画を応援してくれた。パブリック・アフェアーズの編集者ジョン・マヘイニーには本書の発案から出版に至るまで、終始、たいへんお世話になった。入念に原稿の整理をしてくれたアイリス・バスとサンドラ・ベリスにも感謝したい。

執筆の途中では壁にぶつかることもあったが、それを乗り越え、最後までやり遂げられたのは、ひとえに両親や家族の愛と支えがあったからにほかならない。最高の子どもたち、アニー、ハリソン、パイパーはいつもわたしの心を喜びで満たし、この世でいちばんたいせつなものを思い出させてくれた。最後になったが、つねにわたしを支え、鋭い視点で原稿を読んでくれた妻ヘザーに深甚なる謝意を捧げたい。毎日励ましてくれて、ありがとう。きみへの愛は永遠だ。

358　また別のときには：Davenport, "Jeff Bezos on Nuclear Reactors in Space, the Lack of Bacon on Mars and Humanity's Destiny in the Solar System."
360　アポロ時代の米国の偉業が：Calla Cofield, "Spaceflight Is Entering a New Golden Age, Says Blue Origin Founder Jeff Bezos," *Space.com*, November 25, 2015, https://www.space.com/31214-spaceflight-golden-age-jeff-bezos.html.
360　80 歳になって：Ibid.
361　弾道飛行の宇宙旅行は：John Thornhill, "Mars Visionaries Herald a New Space Age," *Financial Times*, August 21, 2017.
361　どんなことでも 1 年間に数回：Alan Boyle, "Interview: Jeff Bezos Lays Out Blue Origin's Space Vision, from Tourism to Off-planet Heavy Industry," *Geekwire*, April 13, 2016.
362　ジョン・グレンは 2016 年末に：Brian Wolly, "Read the Letter Written by John Glenn to Honor Jeff Bezos for Blue Origin," *Smithsonian Magazine*, December 8, 2016, https://www.smithsonianmag.com/innovation/read-letter-written-sen-john-glenn-honor-jeff-bezos-blue-origin-180961366/.
362　米国を代表する宇宙飛行士の死：Cofield, "Spaceflight Is Entering a New Golden Age."

エピローグ　ふたたび、月へ
366　誰でも一生のあいだに実現：Kenneth Chang, "Tycoon's Next Big Bet for Space: A Countdown Six Miles Up in the Air," *New York Times*, December 13, 2011.
367　アレンは宇宙に興味：https://www.flyingheritage.com/Explore/The-Collection/Russia/Ilyushin-Il-2M3-Shturmovik.aspx.
367　よく大学の図書館に：Clare O'Connor, "Inside Microsoft Mogul Paul Allen's Multi-Million Dollar WWII Airplane Collection," *Forbes*, June 4, 2013.
368　宇宙へ行くことが日常化：Christian Davenport, "Why Microsoft Co-founder Paul Allen Is Building the World's Largest Airplane," *Washington Post*, June 20, 2016.
374　計画が数年遅れ：https://www.youtube.com/watch?v=sDNdYgh5124.
378　月周回軌道上で使える宇宙用住居を：Christian Davenport, "An Exclusive Look at Jeff Bezos's Plan to Set Up Amazon-like Delivery for 'Future Human Settlement' of the Moon", *Washington Post*, March 2, 2017.

323　ブルーオリジンの最大の敵は：Christian Davenport, “Jeff Bezos on Nuclear Reactors in Space, the Lack of Bacon on Mars and Humanity's Destiny in the Solar System,” *Washington Post*, September 15, 2016.
325　どうすれば追いつけるか：*John M. Logsdon, John F. Kennedy and the Race to the Moon* (New York: Palgrave Macmillan, 2010), 77–78.

第14章　火星

328　要するに、火星までの：Christian Davenport, “Elon Musk Provides New Details on His ‘Mind Blowing’ Mission to Mars,” *Washington Post*, June 10, 2016.
329　「さて」と、マスクは：“Making Humans a Multi-planetary Species,” https://www.spacex.com/mars.
333　われわれがすべてのお客様から：“United Launch Alliance Announces RapidLaunch, the Industry's Fastest Order to Launch Service,” September 13, 2016, https://www.ulalaunch.com/ula-announces-rapidlaunch.aspx.
333　スペースXの社員がケープカナヴェラル：Christian Davenport, “Implication of Sabotage Adds Intrigue to SpaceX Investigation,” *Washington Post*, September 30, 2016.
335　しかしそれらはすべて空想的：Christian Davenport, “Elon Musk on Mariachi Bands, Zero-G Games, and Why His Mars Plan Is Like ‘Battlestar Galactica,’” *Washington Post*, September 28, 2016.
335　もしマスクがいったとおりの：Ibid.
337　230億ドルのSLSオリオン計画：“NASA Human Space Exploration: Opportunity Nears to Reassess Launch Vehicle and Ground Systems Cost and Schedule,” U.S. Government Accountability Office, July 27, 2016.
340　スペースXだけではなく、広く：Christian Davenport, “Elon Musk Offers Glimpse of Plans to Deliver Humans to Mars,” *Washington Post*, September 27, 2016.
343　すさまじい人気ですよ：Christian Davenport, “Why Investors Are Following Musk, Bezos in Betting on the Stars,” *Washington Post*, January 28, 2016.
343　2017年半ば、新たに3億5000万ドル：Katie Benner and Kenneth Chang, “SpaceX Is Now One of the World's Most Valuable Privately Held Companies,” *New York Times*, July 27, 2017.
344　宇宙での採掘が：Lauren Thomas, “In a New Space Age, Goldman Suggests Investors Make It Big in Asteroids,” CNBC, April 6, 2017.

第15章 「大転換」

351　アマゾン株を10億ドル：Christian Davenport, “Jeff Bezos Shows Off the Crew Capsule That Could Soon Take Tourists to Space,” *Washington Post*, April 5, 2017.
351　しかし、宇宙事業では：Caleb Henry, “Blue Origin Enlarges New Glenn's Payload Fairing, Preparing to Debut Upgraded New Shepard,” *SpaceNews*, September 12, 2017.
352　誰にでも夢中になれる：Alan Boyle, “Video: Watch Amazon's Jeff Bezos Talk with Kids About Apollo's Space Legacy—and Share Life Lessons,” *Geekwire*, May 20, 2017, https://www.geekwire.com/2017/jeff-bezos-kids-apollo/.
354　ブルーオリジンのウェブサイトによると：https://www.blueorigin.com/new-shepard.
357　ブルーオリジンに関しては：Christian Davenport, “Why Jeff Bezos Is Finally Ready to Talk About Taking People to Space,” *Washington Post*, March 8, 2016.
357　マスクの名前は出さなかったが：Ibid.

planet/ii-how-21st-century-spaceship-should-land-180951621/.
289　NASAの元宇宙飛行士で、オービタル：Marcia Dunn, "Space Station Supply Launch Called Off in Virginia," Associated Press, October 28, 2014.
291　最初のフライトは2009年のはず：Virgin Galactic Overview, https://web.archive.org/web/20070331154530/http://virgingalactic.com/htmlsite/overview.htm.
291　ヴァージン・ギャラクティックは25万ドルで：Ibid.
292　NBCとは「打ち上げ前夜の……」："NBCUniversal Announces Exclusive Partnership with Sir Richard Branson's Virgin Galactic to Televise First Commercial Flight to Space," press release, November 8, 2013.
293　根っからのショーマン："G Force Training with Virgin Galactic," October 8, 2014, https://www.virgin.com/richard-branson/g-force-training-virgin-galactic.
293　シーボルトとアルズベリーは家族ぐるみ：Christian Davenport and Jöel Glenn Brenner, "Two Pilots Who Were Close Friends, Now Tied Together by One Fatal Flight," *Washington Post*, November 3, 2014.
294　シーボルトはこのミッションを：事故の詳細は国家運輸安全委員会の調査記録による。https://www.ntsb.gov/news/events/Pages/2015_spaceship2_BMG.aspx.
301　それでもNASAのスライドには：Jeff Foust, "Progress Anomaly Strains Space Station Supply Lines," *SpaceNews*, April 28, 2015.
303　今の従業員の大多数は：Christian Davenport, "Hearing Elon Musk Explain Why His Rocket Blew Up Shows Why He's Such an Intense CEO," *Washington Post*, July 20, 2015.

第13章　「イーグル、着陸完了」
305　さらにロケットの先端に搭載された："Blue Origin Makes Historic Rocket Landing," November 23, 2015, https://www.blueorigin.com/news/news/blue-origin-makes-historic-rocket-landing.
306　ベゾスは晴れ晴れ：Christian Davenport, "Jeff Bezos Sticks Rocket Landing, Stakes Claim in Billionaires' Space Race," *Washington Post*, November 24, 2015.
308　この発射台は10年以上：Christian Davenport, "Jeff Bezos's Blue Origin Space Company to Launch from Historic Pad at Space Coast," *Washington Post*, September 15, 2015.
309　宇宙との境界線を越えるだけ：Christian Davenport, "The Inside Story of How Billionaires Are Racing to Take You to Outer Space," *Washington Post*, August 19, 2016.
310　マスクがいうように：Hoffman, "Elon Musk Is Betting His Fortune on a Mission Beyond Earth's Orbit."
313　スペースXはこの着陸を："X Marks the Spot: Falcon 9 Attempts Ocean Platform Landing," December 16, 2014, https://www.spacex.com/news/2014/12/16/x-marks-spot-falcon-9-attempts-ocean-platform-landing.
314　仕方ない：Christian Davenport, "After SpaceX Sticks Its Landing, Elon Musk Talks About a City on Mars," *Washington Post*, December 22, 2015.
315　これで「火星に都市を……」：Ibid.
318　国家運輸安全委員会は9カ月：NTSB press release, "Lack of Consideration for Human Factors Led to In-Flight Breakup of SpaceShipTwo," July 28, 2015.
319　委員会のメンバーのひとり：Christian Davenport, "NTSB Blames Human Error, Compounded by Poor Safety Culture, in Virgin Galactic Crash", *Washington Post*, July 28, 2015.

第11章　魔法の彫刻庭園

260　メリーランド州のアサティーグ島：Martin Weil, "Storm Rips Apart Commercial Fishing Boat off Maryland's Coast," *Washington Post*, March 8, 2013.

263　タイタニック号は濡れた砂：David Concannon, "Titanic: The First Dive of the New Century," *Fathoms Magazine*, no. 6.

264　F-1エンジンほど畏怖：ベゾス・エクスペディションズがビデオを制作し、ウェブサイトで進捗状況を公開した。http://www.bezosexpeditions.com/updates.html.

266　今回の探査に用いられる：https://www.blacklaserlearning.com/adventure/how-do-you-recover-an-apollo-rocket-engine-from-over-2-miles-beneath-the-bermuda-triangle/.

266　データを分析したのち：Bezos Expeditions, http://www.bezosexpeditions.com.

268　「船の中を歩いていると……」：Ibid.

268　今、わたしが立っている場所：Ibid.

270　世界のどこの船乗りも、みんな：Ibid.

272　ベゾスは2013年7月19日：Ibid.

273　ミミズ炒め：Michael Y. Park, "Eating Maggots: The Explorers Club Dinner," *Epicurious*, March 17, 2008, https://www.epicurious.com/archive/blogs/editor/2008/03/eating-maggots.html.

273　クラブの会長が：Lynda Richardson, "Explorers Club: Less 'Egad' and More 'Wow!,'" *New York Times*, December 3, 2004.

274　ジェフはみなさんを宇宙に：https://archive.org/details/ECAD2014720_201502.

第12章　「宇宙はむずかしい」

280　あくまで試験飛行：Christian Davenport, "SpaceX Rocket Blows Up over Texas," *Washington Post*, August 25, 2014.

281　「マスクは不屈の精神と……」：Nicole Allan, "Who Will Tomorrow's Historians Consider Today's Greatest Inventors?" *Atlantic*, November 2013, https://www.theatlantic.com/magazine/archive/2013/11/the-inventors/309534/.

282　国家の安全保障に関わる："The Air Force's Evolved Expendable Launch Vehicle Competitive Procurement," U.S. Government Accountability Office, March 4, 2014, https://www.gao.gov/assets/670/661330.pdf.

283　国防担当のある記者は：Aaron Mehta, "Elon Musk on Russian Assassins, Lockheed Martin and Going to Mars," *Defense News*, June 10, 2014, http://intercepts.defensenews.com/2014/06/elon-musk-on-russian-assassins-lockheed-martin-and-going-to-mars/.

284　想像してみてください：Ibid.

285　スペースXは近道をして：Christian Davenport, "ULA Chief Accuses Elon Musk's SpaceX of Trying to 'Cut Corners,'" *Washington Post*, June 18, 2014.

287　2つの世界の最良のもの：Joel Achenbach, "Jeff Bezos's Blue Origin to Supply Engines for National Security Space Launches," *Washington Post*, September 17, 2014, embedded video, https://www.washingtonpost.com/national/health-science/jeff-bezos-and-blue-origin-to-supply-engines-for-national-security-space-launches/2014/09/17/59f46eb2-3e7b-11e4-9587-5dafd96295f0_story.html?noredirect=on&utm_term=.2de3752f9f98.

287　連中が力を合わせて：Andrea Shalal, "Boeing-Lockheed Venture Picks Bezos Engine for Future Rockets," Reuters, September 17, 2014.

289　これが21世紀の宇宙船：Tony Reichardt, "That Is How a 21st Century Spaceship Should Land," *Smithsonian Air & Space*, May 30, 2014, https://www.airspacemag.com/daily-

204　さらなる研究と実験：“A Correction,” *New York Times*, July 17, 1969.

第9章　「信頼できる奴か、いかれた奴か」

208　マスクはこのチームの機転に：https://www.youtube.com/watch?time_continue=11&v=CUmnzaDGifo.

213　例えば、ファルコン9を：Irene Klotz, “SpaceX Cuts Cost by Battling Bureaucracy：Bash Bureaucracy, Simplify Technology,” *Aviation Week & Space Technology*, June 15, 2009.

214　ファルコン1を組み立てたとき：Reingold, “Hondas in Space.”

215　ロケットの航空電子機器：Ibid.

215　ストラップについても：John Couluris, NASA Oral History Project, January 15, 2013.

215　スペースXでは、そういうものは：Ibid.

216　計画を遂行するうえで：Shotwell, NASA Oral History.

217　部品などの設計の話：Michael Horkachuck, NASA Oral History Project, November 6, 2012.

223　大統領が提出した：Joel Achenbach, “Obama Budget Proposal Scraps NASA's Back-to-the-Moon Program,” *Washington Post*, February 2, 2010.

223　コンステレーション計画を始めた：Joel Achenbach, “NASA Budget for 2011 Eliminates Funds for Manned Lunar Missions,” *Washington Post*, February 1, 2010.

229　大統領はわたしが信頼：Marc Kaufman, “One Giant Leap for Privatization?” *Washington Post*, June 4, 2010.

229　成功するかどうかばかり：Marcia Dunn, “PayPal Millionaire's Rocket Making 1st Test Flight,” Associated Press, June 3, 2010.

229　ホワイトハウスは退役する：Andy Pasztor, “Space Pioneer Elon Musk Faces Big Risks with Upcoming Launch,” *Wall Street Journal*, June 4, 2010.

232　ウォールストリート・ジャーナル紙の記者が：Andy Pasztor, “Amazon Chief's Spaceship Misfires,” *Wall Street Journal*, September 3, 2011.

第10章　「フレームダクトで踊るユニコーン」

238　このショッピングセンターは：Gary White, “Miracle City Mall Was Once a Bright Spot in Titusville,” *The Ledger*, July 23, 2011.

242　広報担当者も：Scott Powers, “NASA Picks SpaceX to Run KSC Launch Complex,” *Orlando Sentinel*, December 13, 2013.

243　マスクはBBCに：Jonathan Amos, “Mars for the ‘Average Person,’” BBC News, March 20, 2012.

243　ロサンゼルス近郊のスペースX：Brian Vastag, “SpaceX's Dragon Capsule Docks with International Space Station,” *Washington Post*, May 25, 2012.

244　これは宇宙旅行の：Kenneth Chang, “First Private Craft Docks with Space Station,” *New York Times*, May 25, 2012.

254　アライアンスはスペースニューズ誌：Dan Leone, “Musk Calls Out Blue Origin, ULA for ‘Phony Blocking Tactic’ on Shuttle Pad Lease,” *SpaceNews*, September 25, 2013.

254　ブルーオリジンは上院議員：Alan Boyle, “Billionaires' Battle for Historic Launch Pad Goes into Overtime,” NBC News, September 18, 2013.

255　とするなら：Leone, “Musk Calls Out Blue Origin.”

第８章　四つ葉のクローバー

178　ハンガリーの作曲家：https://www.darpa.mil/about-us/mission.

178　国防高等研究計画局は長年：Robert M. Gates and the DARPA media staff, *DARPA: 50 Years of Bridging the Gap* (Washington, DC: Faircount LLC, 2008).

180　打ち上げは当初：Leonard David, "SpaceX Private Rocket Shifts to Island Launch," *Space.com*, August 12, 2005.

181　まるで自分の家を建てたら：Ibid.

184　歴史に示されているとおり：Michael Griffin, NASA Johnson Space Center Oral History Project, Commercial Crew & Cargo Program Office, interviewed by Rebecca Wright, January 12, 2013.

185　NASAは「誰がわたしたちに……」：Gwynne Shotwell, NASA Oral History Project, January 15, 2013.

185　NASAから見積もり：Ibid.

186　打ち上げの成功のためには："SpaceX Aims to Regain Momentum with New Rocket Launch," CBS News, January 13, 2017.

186　３回連続で失敗：David, "SpaceX Private Rocket Shifts to Island Launch."

188　その後、マスクは努めて：Tariq Malik, "SpaceX's Inaugural Falcon 1 Rocket Lost Just After Launch," *Space.com*, March 24, 2006.

190　NASAが近年："NASA Awards Two Contracts to Develop Private Spaceship," Bloomberg News, August 19, 2006.

190　もう聞き飽きました："NASA Picks 2 Firms for Private Spaceship," Associated Press, August 19, 2006.

191　誰にとっても初めて：Marc Timm, NASA Oral History Project, June 12, 2013.

192　民間企業がこれまで：Scott Horowitz, NASA Oral History Project, March 1, 2013.

193　資金の支給は：Irene Klotz, "U.S. Rocket Firm Puts Malaysian Satellite in Orbit," Reuters, July 14, 2009.

194　グリフィンはあとから当時を：Griffin, NASA Oral History.

196　いつまでも見ていたい：Carl Hoffman, "Elon Musk Is Betting His Fortune on a Mission Beyond Earth's Orbit," *Wired*, May 22, 2007.

196　神経をすり減らす：Tariq Malik, "SpaceX's Second Falcon 1 Rocket Fails to Reach Orbit," *Space.com*, March 20, 2007.

196　スペースXは怖じ気づかずに：John Schwartz, "Launch of Private Rocket Fails; Three Satellites Were Onboard," *New York Times*, August 3, 2008.

196　さらに次のようにつけ加えた：Jeremy Hsu, "SpaceX's Falcon 1 Falters for a Third Time," *Space.com*, August 3, 2008.

197　事業が苦戦する中で：Shotwell, NASA Oral History.

197　３回めと４回め：Hans Koenigsmann, NASA Oral History Project, January 15, 2013.

198　わたしたちが名前を省く：https://www.nasa.gov/feature/the-making-of-the-apollo-11-mission-patch.

202　NASAの担当者が："Tesla and SpaceX: Elon Musk's Industrial Empire."

203　ゴダードは「夢想家」：*Apollo 11: How America Won the Race to the Moon*, Associated Press, August 21, 2016.

203　ゴダード教授は："A Severe Strain on Credulity," *New York Times*, January 13, 1920.

203　ゴダードはこれに：https://www.nasa.gov/missions/research/f_goddard.html.

203　わたしの知らない問題に："Apollo 11."

guinnessworldrecords.com/news/60at60/2015/8/1987-first-people-to-cross-the-atlantic-in-a-hot-air-balloon-392904.
145　慎重にバーナーを調節：Branson, *Losing My Virginity*, 247.
145　後年ブランソンが：Michael Specter, "Branson's Luck," *New Yorker*, May 14, 2007.
145　そして1977年："I Found the Policeman Who Arrested Us for Selling Never Mind the Bollocks," https://www.virgin.com/richard-branson/i-found-the-policeman-who-arrested-us-for-selling-never-mind-the-bollocks.
146　1回めの挑戦は：Branson, *Losing My Virginity*, 217.
151　前途にいかに困難な課題：Jill Lawless, "Space-Flight Tickets to Start at $208,000," Associated Press, September 28, 2004.
152　今後数年のうちに何千人："Now Virgin to Offer Trips to Space," CNN, September 27, 2004, http://www.cnn.com/2004/WORLD/europe/09/27/branson.space/.
152　弊社はパイオニアでありたい："200 on Pan Am Waiting List Are Aiming for Moon," *New York Times*, January 9, 1969.
153　申込者はぐんぐん：Jeff Gates, "I Was a Card-Carrying Member of the 'First Moon Flights' Club," https://www.smithsonianmag.com/smithsonian-institution/i-was-card-carrying-member-first-moon-flights-club-180960817/.
154　月への商業飛行はいずれ：Robert E. Dallos, "Pan Am Has 90,002 Reservations: Public Interest Grows in Flights to the Moon," *Los Angeles Times*, February 10, 1985.
156　クールでセクシーで：Allen, *Idea Man*, 243.

第7章　リスク
162　米国は人間の冒険心で：Musk, "Mars Pioneer Award" acceptance speech.
165　ガイドブックに書かれている：David Goodman, *Best Backcountry Skiing in the Northeast*：50 Classic Ski Tours in New England and New York (Boston: Appalachian Mountain Club Books, 2010).
166　現代の社会では：Paul O'Neil, *The Epic of Flight*：*Barnstormers & Speed Kings* (New York: Time-Life Books, 1981).
167　もしわたしたちが死んでも：John Barbour, *Footprints on the Moon* (Associated Press, 1969).
167　フライトディレクターを務めた：Nova online, interview with Gene Kranz, https://www.pbs.org/wgbh/nova/tothemoon/kranz.html.
169　マスクには昔から放浪癖：Kerry A. Dolan, "How to Raise a Billionaire: An Interview with Elon Musk's Father, Errol Musk," *Forbes*, July 2, 2015.
169　母方の祖父："Tesla and SpaceX: Elon Musk's Industrial Empire," Segment Extra, "Elon Musk on His Family History," *60 Minutes*, March 30, 2014.
169　人跡未踏の地を旅する：Fay Goldie, *Lost City of the Kalahari: The Farini Story and Reports on Other Expeditions* (Cape Town: A. A. Balkema, 1963).
170　夜はガイドが：Ibid.
170　わたしが何より興奮する：Musk, "Mars Pioneer Award" acceptance speech.
172　ベテラン議員ジェイムズ・オーバースターは："Commercial Space Transportation: Beyond the X Prize," hearing before the Subcommittee of Aviation of the Committee on Transportation and Infrastructure, US House of Representatives, 109th Congress, February 9, 2005.

2005.
110　**2005年3月5日**：http://www.museumofflight.org/aircraft/charon-test-vehicle.

第5章　「スペースシップワン、政府ゼロ」
113　**しかしほかの空中発射される機体とちがって**：Ed Bradley, "The New Space Race," *60 Minutes*, December 28, 2005.
115　**すばらしく荒っぽい**：スペースシップワンのXプライズでの飛行についてはおもにディスカバリー・チャンネルの2005年のドキュメンタリー *Black Sky: Winning the X Prize* による。
116　**まったく首をかしげる**：Eric Adams, "The New Right Stuff," *Popular Science*, November 1, 2004.
120　**米国の宇宙計画はルータンには**：Andrew Pollack, "A Maverick's Agenda: Nonstop Global Flight and Tourists in Space," *New York Times*, December 9, 2003.
122　**ルータンはポピュラー・サイエンス誌に**：Adams, "The New Right Stuff."
123　**これでおまえがどういう**：Julian Guthrie, *How to Make a Spaceship: A Band of Renegades, an Epic Race, and the Birth of Private Spaceflight* (New York: Penguin, 2016), 339〔ジュリアン・ガスリー（門脇弘典訳）『Xプライズ　宇宙に挑む男たち』日経BP社、2017年〕.
124　**「わかっている」と、ルータン**：Paul Allen, *Idea Man*：A Memoir by the Cofounder of Microsoft (New York: Portfolio/Penguin, 2011)〔ポール・アレン（夏目大訳）『ぼくとビル・ゲイツとマイクロソフト』講談社、2013年〕.
125　**ただ、メルヴィルの身を**：Guthrie, *How to Make a Spaceship*, 341.
129　**ビニーによる最初の動力飛行**：Ibid., 229.
130　**Xプライズの獲得までは**：Ibid., 235.
130　**ところが急に、シーボルト**：Ibid., 360–361.
135　**10月4日の朝**：Andrew Torgan, "Making History with SpaceShipOne: Pilot Brian Binnie Recalls Historic Flight," *Space.com*, October 2, 2014.
136　**こんなにびくびく**：Allen, *Idea Man*, 240.

第6章　「ばかになって、やってみよう」
140　**燃料タンクを失って**：Richard Branson, *Losing My Virginity: How I Survived, Had Fun, and Made a Fortune Doing Business My Way* (New York: Crown Business, 2007), 241〔リチャード・ブランソン（植山周一郎訳）『ヴァージン　僕は世界を変えていく』阪急コミュニケーションズ、2003年　増補版〕. 気球飛行についてはおもに同書にもとづく。
141　**気づくと、時速100キロ**：Howell Raines, "2 Trans-Atlantic Balloonists Saved After Jump into Sea off Scotland," *New York Times*, July 4, 1987.
142　**しかし最初のフライトで**：Eve Branson, *Mum's the Word: The High-Flying Adventures of Eve Branson* (Bloomington, IN: AuthorHouse, 2013).
143　**また、ブランソンの遠い親戚には**：The Penguin Q&A: Richard Branson, https://www.penguin.co.uk/articles/in-conversation/the-penguin-q-a/2015/nov/06/sir-richard-branson/.
144　**欠航便に乗る予定**："Entrepreneurship Rubs Off When Filling Your First Plane," https://www.virgin.com/richard-branson/entrepreneurship-rubs-when-filling-your-first-plane.
144　**ボーイングに電話して**：Branson, *Losing My Virginity*, 191–192.
144　**何かとても楽しい宣伝**：Matt White, "1987: First People to Cross the Atlantic in a Hot-air Balloon," Guinness Book of World Records, August 18, 2015, http://www.

&order-by=DESC.
88　**ガイスはその後、原子力委員会に**：Mark Leibovich, *The New Imperialists: How Five Restless Kids Grew Up to Virtually Rule Your World* (Upper Saddle River, NJ: Prentice Hall, 2002), 70.
88　**義理の息子の**：Brad Stone, *The Everything Store: Jeff Bezos and the Age of Amazon* (Boston: Back Bay Books/Little, Brown, 2013), 142〔ブラッド・ストーン（井口耕二訳）『ジェフ・ベゾス　果てなき野望』日経ＢＰ社、2014年〕.
88　**ジャッキーはニューメキシコ銀行に**：Ibid.
89　**彼に興味を持ったことはない**：Josh Quittner, "An Eye on the Future: Jeff Bezos Merely Wants Amazon.com to Be Earth's Biggest Seller of Everything," *Time,* December 27, 1999.
89　**人生への決定的な影響を**：Bezos Expeditions, http://www.bezosexpeditions.com/updates.html.
89　**牛のワクチン接種や**：Josh Quittner and Chip Bayers, "The Inner Bezos," *Wired*, March 1, 1999.
90　**祖父の車にエアストリームの**：Jeff Bezos, "We Are What We Choose,"2010 Baccalaureate Remarks, Princeton University, May 30, 2010, https://www.princeton.edu/news/2010/05/30/2010-baccalaureate-remarks.
92　**この図書館に通い始めて**：Academy of Achievement, Washington, DC.
92　**もうその日からはスタートレック**：Ibid.
94　**買い物に出る前に**：Ibid.
94　**F-1は高さ約5.6メートル**：https://www.nasa.gov/topics/history/features/f1_engine.html.
95　**両親はときどき、ドアを**：Ibid.
96　**要するに、地球の保全**：Sandra Dibble, "Ex-Dropout Leads His Class," *Miami Herald*, June 20, 1982.
96　**彼は人類の未来はこの惑星には**：Quittner and Bayers, "The Inner Bezos."
96　**1974年、米国を代表する**：Walter Sullivan, "Proposal for Human Colonies in Space Is Hailed by Scientists as Feasible Now," *New York Times*, May 13, 1974.
98　**オニールは基礎課程の講座**：Papers of Gerard O'Neill at the Archive at the Smithsonian National Air and Space Museum Steven F. Udvar-Hazy Center, Chantilly, Virginia.
99　**オニールは「ありきたりの……」**：Ibid.
102　**これはまいったね**：ケヴィン・スコット・ポークのインタビューより。ポーク著 *Gaiome: Notes on Ecology, Space Travel and Becoming Cosmic Species* (Booklocker.com, Inc., 2007) でも言及。
103　**目録によるとそのセットは**：Russian Space, History Sale #6516, Property of the Industries, Cosmonauts, and Engineers of the Russian Space Program, Sotheby's, December 11, 1993.
103　**今回の目録の中で**：Douglas Martin, "Space Artifacts of Soviets Soar at a $7 Million Auction," *New York Times*, December 12, 1993.
107　**それがひとたび完成すれば**：Alan Boyle, "Where Does Jeff Bezos Foresee Putting Space Colonists? Inside O'Neill Cylinders," *Geekwire*, October 29, 2016, https://www.geekwire.com/2016/jeff-bezos-space-colonies-oneill/.
109　**ベゾスはこの質問に**：Jeffrey Ressner, "10 Questions for Jeff Bezos," *Time*, July 24,

第3章 「小犬」
69 キスラーは2003年に：Greg Lamm, "Rocket Maker Loses $227M Deal," *Puget Sound Business Journal*, July 4, 2004.
69 これに対してサースフィールドは：Citizens Against Government Waste press release, "NASA Yanks Sole-Source Contract After GAO Protest," June 24, 2004.
74 ある空軍の高官は：ノースロップ訴訟についてはおもにJonathan Karp and Andy Pasztor, "Can Defense Contractors Police Their Rivals Without Conflicts?" *Wall Street Journal*, December 28, 2004にもとづく。
75 われわれはあらゆる努力：Ibid.
76 ノースロップはわたしたちが：Ibid.
76 南アフリカで過ごした幼少時代：Vance, *Elon Musk*, 40.
77 これほど大規模な事例は：Renae Merle, "U.S. Strips Boeing of Launches; $1 Billion Sanction over Data Stolen from Rival," *Washington Post*, July 25, 2003.
78 スペースXは2005年10月：Space Exploration Technologies Corporation v. The Boeing Company and Lockheed Martin Corporation, US District Court, Central District of California, case number CV05-7533, October 19, 2005.
79 ロッキードとボーイングは：Leslie Wayne, "A Bold Plan to Go Where Men Have Gone Before," *New York Times*, February 5, 2006.
79 あまりに頻繁に失敗：Vance, Elon Musk, 124.
80 すごいものがほんとうに：Sandra Sanchez, "SpaceX: Blasting into the Future—A Waco Today Interview with Elon Musk," *Waco Tribune-Herald*, December 22, 2011.
80 マスク自身、成功の確率を：Megan Geuss, "Elon Musk Tells BBC He Thought Tesla, SpaceX 'Had a 10% Chance at Success,'" *Ars Technica*, January 13, 2016.
82 何せこの男は：http://www.10000yearclock.net/learnmore.html.

第4章 「まったく別の場所」
84 アイゼンハワーは午前10時31分：Official White House Transcript of President Eisenhower's Press and Radio Conference #123, https://www.eisenhower.archives.gov/research/online_documents/sputnik/10_9_57.pdf.
84 かつて戦略情報局の一員：Memo from C. D. Jackson regarding Soviet satellite, October 8, 1957, https://www.eisenhower.archives.gov/research/online_documents/sputnik/10_8_57_Memo.pdf.
85 当時テキサス州選出の上院議員：Matthew Brzezinski, *Red Moon Rising: Sputnik and the Hidden Rivalries That Ignited the Space Age* (New York: Henry Holt, 2007), 173–175〔マシュー・ブレジンスキー（野中香方子訳）『レッドムーン・ショック　スプートニクと宇宙時代のはじまり』NHK出版、2009年〕.
86 1960年代には、法律や道義に反しない：Charles Piller, "Army of Extreme Thinkers," *Los Angeles Times*, August 14, 2003.
86 まだ若手ながら：Atomic Energy Commission, Meeting No. 410, 10:30 a.m., Thursday, May 18, 1950.
87 この機関は発足前から物議を：Richard J. Barber Associates, Inc., "The Advanced Research Projects Agency: 1958–1974," December 1975, https://apps.dtic.mil/dtic/tr/fulltext/u2/a154363.pdf.
87 局内向けの通達：Department of Energy Archives, minutes of meetings, 1961, https://www.osti.gov/opennet/search-results.jsp?full-text=L.%20Gise%20ALOO&sort-by=RELV

whales-andy-beal.
43　単独で研究していて：R. Daniel Mauldin, "A Generalization of Fermat's Last Theorem: The Beal Conjecture and Prize Problem," *Notices of the American Mathematical Society* 44, no. 11 (December 1997).
43　われわれはもうすっからかんだ：https://www.pokerlistings.com/poker-s-greatest-all-time-whales-andy-beal.
45　ブルーボネットはそれ自体が町：Thomas L. Moore and Hugh J. McSpadden, "From Bombs to Rockets at McGregor, Texas," American Institute of Aeronautics and Astronautics, January 2009.
46　これは子どもの頃から：Craig, *The Professor, the Banker, and the Suicide King*, 88.
47　ほかのみんなが倒産：Melinda Rice, "The Beal Conjecture: How smart is Andrew Beal? Smart enough to astonish some of the smartest people on earth," *D Magazine*, February 2000.
48　そのことで夜、眠れなく：Ibid.
48　2000年初め、ビール・エアロスペース：Beal Aerospace, news release, "Beal Aerospace Test Fires Engine for BA-2 Rocket," March 6, 2000.
50　2000年10月、ビールは：Andrew Beal, press release, "Beal Aerospace Regrets to Announce That It Is Ceasing All Business Operations Effective October 23, 2000."
52　親には内緒だった：Tom Junod, "Elon Musk: Triumph of His Will," *Esquire*, November 14, 2012.
53　インターネットは人間の本質を：Elon Musk, "The Future of Energy and Transport," Oxford Martin School, University of Oxford, November 14, 2012.
53　いいでしょう：Elon Musk, "Stanford University Entrepreneurial Thought Leaders" lecture, October 8, 2003.
53　ペイパルと合併したX.com：Ibid.
54　NASAの科学者が小惑星の大きさ：https://www.youtube.com/watch?v=xaW4Ol3_M1o.
56　わたしたちはふたりとも宇宙に：Junod, "Elon Musk."
56　もちろん、そういう計画：Elon Musk, "Mars Pioneer Award" acceptance speech, 15th Annual International Mars Society Convention, August 4, 2012.
57　アポロが最高到達点：Patt Morrison Q & A with Elon Musk, "The Goal is Mars," *Los Angeles Times*, August 1, 2012.
58　また機体に翼がある：Elon Musk, Stanford lecture.
58　宇宙は相変わらず国の独占領域：初期のスペースXについては、Ashlee Vance, *Elon Musk: Tesla, SpaceX, and the Quest for a Fantastic Future* (New York：Ecco, 2015)〔アシュリー・バンス（斎藤栄一郎訳）『イーロン・マスク　未来を創る男』講談社、2015年〕に詳しく書かれている。
61　2002年3月14日、マスクは：Ibid.
61　宇宙時代の黎明期である：打ち上げデータはBryce Space and Technologyによる。
62　ホンダのシビックなら：Jennifer Reingold, "Hondas in Space," *Fast Company Magazine*, February 1, 2005.
64　ロケットの開発の歴史：Jeff Foust, "The Falcon and the Showman," *Space Review*, December 8, 2003.
65　このワシントンDCで、このロケットを：Ibid.

原注

第１章　「ばかな死に方」

19　**早くここを出発したほうがいい**：墜落事故に関する記述はジェフ・ベゾス、タイ・ホランド、ブリュースター郡の保安官ロニー・ドッドソンへのインタビューのほか、Gail Diane Yovanovich, "Chopper Crashes with Amazon.com Exec Aboard," *Alpine Avalanche*, March 13, 2003 などの記事や、連邦航空局、国家運輸安全委員会などの連邦機関による調査報告書にもとづく。

22　**当時は、ベゾスがウォール街の仕事を辞めて**：Saul Hansell, "Amazon Cuts Its Loss as Sales Increase," *New York Times*, July 23, 2003.

24　**あれは褒め言葉だったんだ**：Paul Geneson, "Dynamic Paseno: Charles 'Cheater' Bella," *El Paso Plus*, September 2, 2009.

24　**地元の猟区管理者**：Daniel Perez, "Cheater Bella Can't Escape Stigma of '88 Jailbreak," *El Paso Times*, July 11, 1997.

25　**事件の朝**：Joline Gutierrez Krueger, "NM Had Its Own Love-Fueled Prison Break," *Albuquerque Journal*, June 17, 2015.

25　**女はかなりの巨体**：Interview with Charles Bella, "Passion and Adventure," *Texas Monthly*, March 1990.

26　**あまっこの恋人って野郎が銃でおれの顔をひっぱたいて**：Ibid.

28　**よくいうでしょう、走馬灯のように**：Alan Deutschman, "Inside the Mind of Jeff Bezos," *Fast Company Magazine*, August 1, 2004.

30　**売却の目的は明かしていない**：Mylene Mangalindan, "Buzz in West Texas Is About Jeff Bezos and His Launch Site," *Wall Street Journal*, November 10, 2006.

30　**謎の購入者**：Ibid.

31　**わたしは自分から出しゃばっていったわけではない**：Sandi Doughton, "Amazon CEO Gives Us Peek into Space Plans," *Seattle Times*, January 14, 2005.

31　**2005年1月のある月曜日**：John Schwartz, "Add to Your Shopping Cart: A Trip to the Edge of Space," *New York Times*, January 18, 2005.

32　**2000年の創設以来**：Brad Stone, "Bezos in Space," *Newsweek*, May 4, 2003.

32　**ある業界関係者はエコノミスト誌に**："One Small Step for Space Tourism…," *Economist*, December 16, 2004.

34　**スティーヴンスンはさまざまな役割**：Neal Stephenson, http://www.nealstephenson.com/blue-origin.html.

39　**ベゾスがブルーオリジンにお金を注ぎ込もうと**：Steve Connor, "Galaxy Quest," *Independent*, August 4, 2003.

39　**彼らは有人宇宙飛行の意義を**：Brad Stone, "Amazon Enters the Space Race," *Wired*, July 2003.

第２章　ギャンブル

41　**もっと賭け金を高くしたい人はいませんか**：ビールのラスベガス旅行については おもに Michael Craig, *The Professor, the Banker, and the Suicide King: Inside the Richest Poker Game of All Time* (New York: Grand Central Publishing, 2006) による。

42　**ゲームの参加者全員が困惑**：https://www.pokerlistings.com/poker-s-greatest-all-time-

クリスチャン・ダベンポート　Christian Davenport

2000年よりワシントン・ポスト紙の記者を務め、近年は金融デスクとして宇宙・防衛産業を担当。外傷性脳損傷の退役軍人を扱った作品で放送界のピュリッツァー賞といわれるピーボディ賞を受賞しているほか、所属する取材チームはピュリッツァー賞の最終候補に3度選ばれている。著書に“As You Were: To War and Back with the Black Hawk Battalion of the Virginia National Guard”がある。現在は妻と3人の子どもとともにワシントンDCに住む。

黒輪篤嗣【訳】　Atsushi Kurowa

翻訳家。上智大学文学部哲学科卒。ノンフィクション、ビジネス書の翻訳を幅広く手がける。おもな訳書に『ハイパーインフレの悪夢』、『アリババ』（ともに新潮社）、『レゴはなぜ世界で愛され続けているのか』（日本経済新聞出版社）、『ドーナツ経済学が世界を救う』（河出書房新社）などがある。

カバー・扉写真　Photo/Getty Images
装幀　新潮社装幀室

宇《う》宙《ちゅう》の覇《は》者《しゃ》　ベゾスvsマスク

著者　クリスチャン・ダベンポート
訳者　黒《くろ》輪《わ》篤《あつ》嗣《し》
発行　2018.12.15

発行者　佐藤隆信
発行所　株式会社新潮社
〒162-8711 東京都新宿区矢来町 71
電話　編集部　03-3266-5611
　　　読者係　03-3266-5111
https://www.shinchosha.co.jp
印刷所　株式会社光邦
製本所　株式会社大進堂

乱丁・落丁本は、ご面倒ですが小社読者係宛にお送りください。
送料小社負担にてお取替えいたします。価格はカバーに表示してあります。

ISBN978-4-10-507081-6 C0030